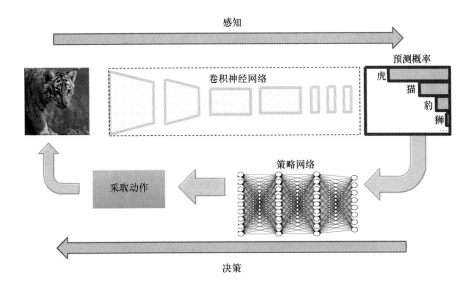

●图 1.1　在监督学习中增加"决策"的模块

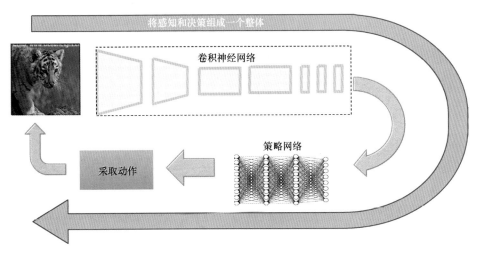

●图 1.2　由监督学习问题扩展的强化学习过程

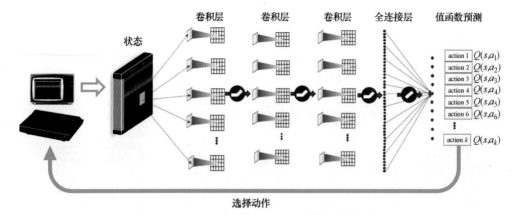

●图 3.1　深度 Q 学习的网络结构

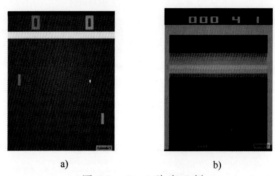

a)   b)

●图 3.8　Atari 游戏示例

a) Pong　b) Breakout

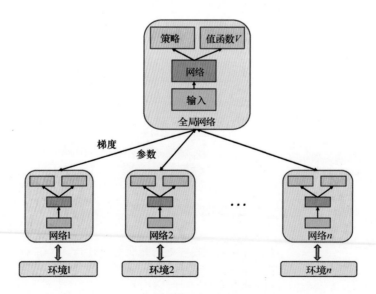

●图 4.1　异步策略梯度算法

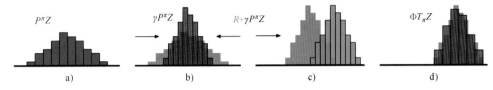

● 图 6.2 离散值分布函数在 Bellman 公式计算后的投影过程

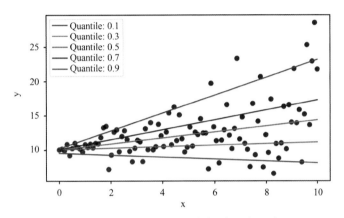

● 图 6.4 使用 sklearn 进行分位数回归示意图

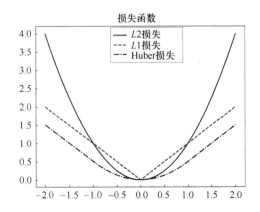

● 图 6.7 对比 $L2$ 损失，$L1$ 损失和 Huber 损失三种损失函数

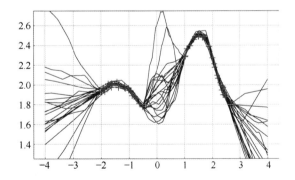

● 图 7.4 使用重采样神经网络来拟合数据点

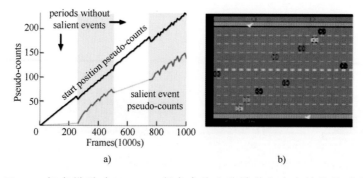

●图 7.6　概率模型对 FreeWay 任务中状态的计数和真实计数的对比

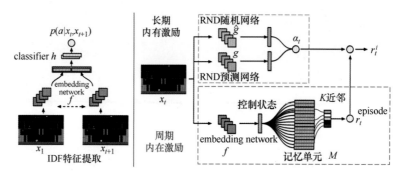

●图 7.11　Never-Give-Up 算法的模型结构

●图 8.4　机械臂和机械手环境的示意图

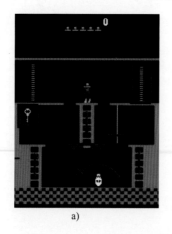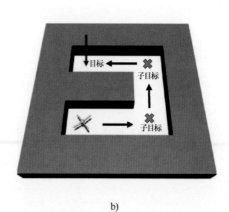

●图 9.1　复杂强化学习任务示例

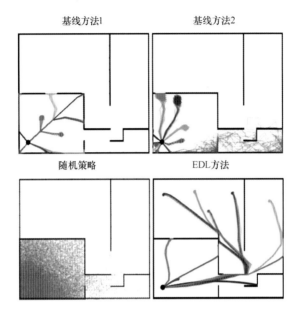

基线方法1　　　　　　基线方法2

随机策略　　　　　　EDL方法

•图 10.5　在 2D 导航任务中技能可视化对比

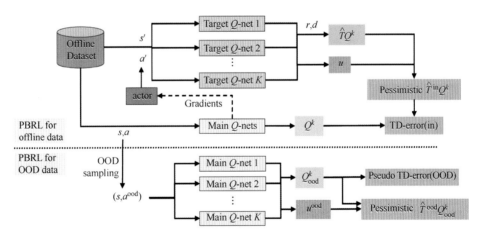

•图 11.4　PBRL 算法整体结构示意图

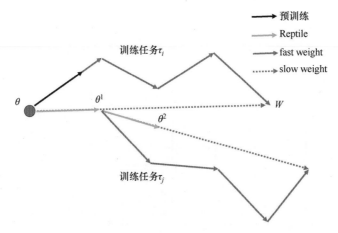

• 图 12.5　Reptile 算法与预训练方法的梯度更新过程对比

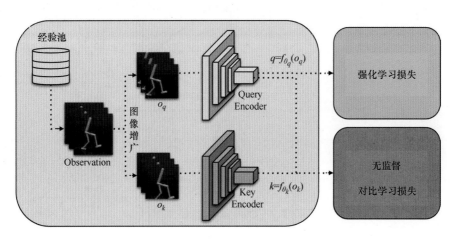

• 图 13.7　CURL 算法的基本结构

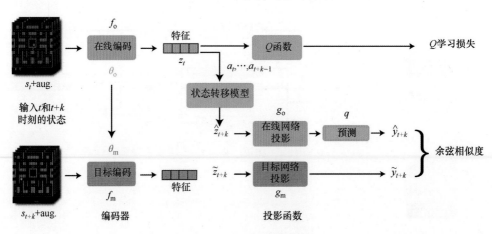

• 图 13.13　SPR 模型结构

•图 13.14　CARLA 自动驾驶场景

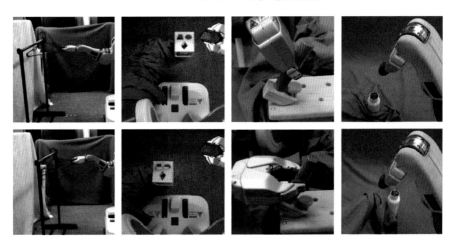

•图 14.1　机械臂操作任务

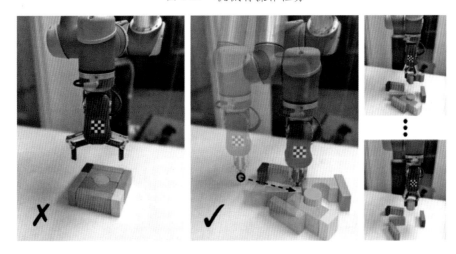

•图 14.2　机械臂抓取任务

•图 14.4　足式机器人

•图 14.5　足式机器人在不同地形运动

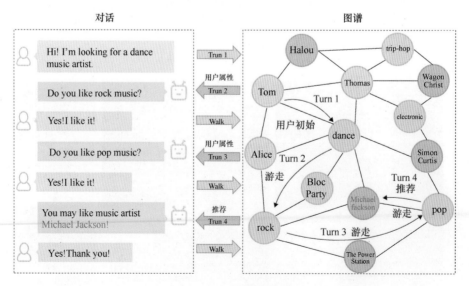

•图 17.1　多轮对话推荐系统中的对话和图谱

人工智能科学与技术丛书

REINFORCEMENT LEARNING
FRONTIER ALGORITHMS AND APPLICATIONS

强化学习

前沿算法与应用

白辰甲　赵英男　郝建业　刘鹏　王震

编著

机械工业出版社
CHINA MACHINE PRESS

　　强化学习是机器学习的重要分支，是实现通用人工智能的重要途径。本书介绍了强化学习在算法层面的快速发展，包括值函数、策略梯度、值分布建模等基础算法，以及为了提升样本效率产生的基于模型学习、探索与利用、多目标学习、层次化学习、技能学习等算法，以及一些新兴领域，包括离线学习、表示学习、元学习等，旨在提升数据高效性和策略的泛化能力的算法，还介绍了应用领域中强化学习在智能控制、机器视觉、语言处理、医疗、推荐、金融等方面的相关知识。

　　本书深入浅出、结构清晰、重点突出，系统地阐述了强化学习的前沿算法和应用，适合从事人工智能、机器学习、优化控制、机器人、游戏开发等工作的专业技术人员阅读，还可作为计算机、人工智能、智能科学相关专业的研究生和高年级本科生的教材。

图书在版编目（CIP）数据

强化学习：前沿算法与应用/白辰甲等编著 .—北京：机械工业出版社，
2023.3

（人工智能科学与技术丛书）

ISBN 978-7-111-72478-0

Ⅰ.①强…　Ⅱ.①白…　Ⅲ.①机器学习　Ⅳ.①TP181

中国国家版本馆 CIP 数据核字（2023）第 040475 号

机械工业出版社（北京市百万庄大街 22 号　邮政编码 100037）
策划编辑：李晓波　　　　　责任编辑：李晓波
责任校对：龚思文　陈　越　责任印制：任维东
北京富博印刷有限公司印刷
2023 年 5 月第 1 版第 1 次印刷
184mm×240mm · 19 印张 · 4 插页 · 419 千字
标准书号：ISBN 978-7-111-72478-0
定价：109.00 元

电话服务　　　　　　　　　网络服务
客服电话：010-88361066　机 工 官 网：www.cmpbook.com
　　　　　010-88379833　机 工 官 博：weibo.com/cmp1952
　　　　　010-68326294　金 书 网：www.golden-book.com
封底无防伪标均为盗版　机工教育服务网：www.cmpedu.com

序　言
PREFACE

从达特茅斯人工智能暑期研讨会开始，人工智能登上了人类历史舞台，蓬勃发展。人工智能发展历史上所遭遇的第一个重大挫折出现于 20 世纪 70 年代，当时人们发现智能算法虽然可实现简单逻辑推理，但是仅能在实验室预先设计的"玩具"问题上取得成效，难以在一般性问题上发挥作用。

1970 年，英国科学研究理事会（British Science Research Council）委托剑桥大学应用数学家和流体力学家詹姆斯·莱特希尔教授（James Lighthill）领导一个专家组对英国人工智能发展进行评估。该专家组于 1973 年提交了一份《人工智能：全面报告》（Artificial Intelligence：A General Survey），这一报告后来被称为"莱特希尔报告"。该报告对人工智能进展和成效给出了较为悲观的结论，指出该领域迄今为止的发现尚未产生当时承诺的重大影响。

这一报告发表后引起了极大反响，英国广播公司（BBC）于 1973 年 6 月邀请莱特希尔本人和 1971 年图灵奖获得者麦卡锡等科学家围绕"通用机器人是海市蜃楼（The general purpose robot is a mirage）"这一主题进行了一场电视辩论，不过这一辩论节目最终未能播出。"莱特希尔报告"的发表使得人工智能第一次跌入了低谷。

可以说，人工智能从其诞生之日就被寄予了犹如人类一样具有"学会学习（learning to learn）"的能力，即智能体从不断与其所处的环境交互中进行学习，通过"尝试与试错"和"探索与利用"等机制在所处状态采取行动，不断与环境交互，根据所获得的奖惩来改进行动策略，序贯完成决策任务。

在强化学习中，学习信号以奖励形式出现，智能体在与环境交互中取得最大化收益，这种学习方式既不是从已有数据出发，也不是依赖于已有知识的学习方式，以"一张白纸绘蓝图"之智勇，从"授之以鱼"迈向"授之以渔"。可以说，强化学习使得人工智能的研究逐渐走出了低谷。

本书的作者长期从事强化学习领域研究，积累了丰富的科研经验。本书围绕强化学习这一基础理论，系统地阐述强化学习的前沿算法和应用，内容包括值函数学习、策略梯度学习、值分布式学习、基于模型学习、多目标学习、层次化学习、离线学习、元学习等强化学习方法，同时介绍了强化学习在智能控制、机器视觉、自然语言、医疗等领域的应用。这是一本难得的高效学习、掌握和应用强化学习的参考书。

中国新一代人工智能包含从数据到知识到决策的大数据智能、从处理单一类型媒体数据到不同模态（视觉、听觉和自然语言等）综合利用的跨媒体智能、从"个体智能"研究到聚焦群智涌现的群体智能、从追求"机器智能"到迈向人机混合的增强智能、从机器人到智能自主系统等智能形态，本书内容可为学习和应用新一代人工智能技术提供有益帮助。

"欲粟者务时，欲治者因势"。强化学习作为一种通用的策略学习框架，向人们展示了其强大的能力和应用前景。祝贺本书出版，祝贺本书作者所取得的亮丽成果。

浙江大学　吴　飞

2023 年 2 月

前　言
PREFACE

强化学习（Reinforcement Learning，RL）是机器学习的重要分支，被认为是实现通用人工智能（AI）的重要途径。国家《新一代人工智能发展规划》明确将强化学习列入亟须建立的"新一代人工智能基础理论体系"的重要组成部分。在基于环境感知和深度特征提取的基础上，强化学习侧重解决"决策"问题。求解最优策略的过程非常类似于人类学习的过程，通过与环境的交互和试错不断改进自身策略，获取更大的回报。强化学习与监督学习方法的主要区别在于，强化学习是一个主动学习的过程，没有特定的训练数据，智能体（Agent）需要在不断地与环境交互的过程中获得信息来用于自身策略的学习。一个典型的强化学习的应用是围棋智能体，通过将"输赢"定义为奖励，智能体可以通过自我博弈来最大化奖励，从而学习到复杂的策略。

近年来，包括算法层面和应用层面，整个强化学习领域都获得了突飞猛进的发展。在算法层面，强化学习的研究领域逐步细分，向下延展为许多子问题。将 Q 学习和策略梯度法与深度网络进行结合，发展出了可以在图像观测和连续控制任务中实际应用的策略学习方法；通过学习值函数分布，能够建模值函数的分布，从而获得环境的内在随机性；通过对环境模型的学习，可以利用环境模型在策略学习中有效提升样本利用效率；通过增强策略的探索能力，使算法能够解决稀疏奖励下的策略学习问题。同时，将一般策略学习扩展为多目标策略、层次化策略，以及增加技能学习的模块，能够使算法应用于更为复杂的大规模任务。另外，一些新兴的研究领域包括离线强化学习、表示学习、元强化学习等，旨在提升强化学习在交互困难的任务中的可用性，提升数据高效性和策略的泛化能力。在应用领域，强化学习已经逐步在工业界落地，在包括游戏 AI、智能控制、机器视觉和语言处理等领域都有成功的应用案例。同时，在智慧医疗、搜索推荐和金融交易等领域也在不断探索新的落地场景。

目前，强化学习的快速发展是令人振奋的。然而，强化学习也面临很多现实的挑战，如样本效率仍然较低，策略的可靠性较差，在安全性要求较高的场景中难以应用等。这些问题都在等待研究人员和从业者来逐步解决。衷心地希望各位读者通过学习，也能加入到解决这些挑战的行列中。本书将对以上所述的前沿算法和应用进行详细介绍。通过学习本书，读者可以理解强化学习前沿的算法和应用中的核心知识，构建较为完整的强化学习理论和实践体系。

本书特色： 本书从经典强化学习出发，系统地阐述强化学习的前沿算法和应用。对于算法中的复杂理论，作者尽可能用通俗的语言阐述其基本原理。对于希望深入理解算法的读者，本书也对理论进行了深层解释，但是不理解这些内容并不影响对方法的整体把握。每章的最后一节将会集中展示本章方法的实用案例，并讲解其核心的实现步骤。

读者对象： 本书适合从事人工智能、机器学习、优化控制、机器人、游戏开发等工作的专业技术人员阅读，还可作为计算机、人工智能、智能科学相关专业的研究生和高年级本科生的教材。

阅读本书： 第1~4章属于前沿算法的基础内容，介绍强化学习的基本问题，基于值函数和基于策略的基本算法，该部分应当首先阅读。第5~13章分别介绍特定的算法类别，读者可以顺序阅读，也可以选择自己感兴趣的章节阅读。第14~17章介绍前沿应用部分，其中每个应用可能包括几种算法。建议读者先阅读前沿算法部分，再阅读前沿应用部分。本书附录部分包括学习资源和其余附加知识的介绍。

由于作者水平有限，书中错漏之处在所难免，恳请读者批评指正。

作　者

CONTENTS 目录

第 4 章 CHAPTER.4

策略梯度迭代的强化学习算法 / 41

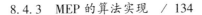

第1章

▶▶▶▶▶▶▶

强化学习简介

1.1 从监督学习到强化学习

　　传统机器学习方法的学习对象是一个静态的数据集。以监督学习为例，深度神经网络通过对静态数据集进行特征提取，可以得到图像的高层特征。在此基础上，通过给定的类别标签，可以完成分类任务。如图 1.1 中上半部分所示，输入一张图片，分类器可以给出该图片属于"虎"的概率。根据正确的类别标签和交叉熵损失函数，可以训练该深度模型，从而提升分类器给出正

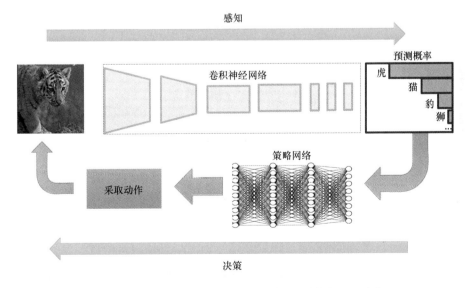

● 图 1.1　在监督学习中增加"决策"的模块（见彩插）

确类别的概率。静态数据集中一般包含很多图像和标签，模型可以不断训练来获得更好的预测结果。

与监督学习方法研究的问题不同，强化学习研究的问题是如何决策。我们以人类如何进行决策为例进行分析。人类如果通过视觉系统观察到了如图 1.1 所示的图片，在经过大脑对其分类得到"虎"的类别判断后，会有一个"决策系统"来针对类别判断采取动作。例如，一个可能的动作是"逃跑"。在该例子中，人类进行决策包含两步。第一步是针对图像观测进行"感知"，人类的感知系统非常复杂，不仅包括了图中所示的目标分类，还可能包含场景分割、行为判断、关键点检测等，甚至融合了听觉、触觉系统和许多先验知识，从而得到一个融合的特征。在该特征的基础上，大脑的"决策系统"会根据条件反射、知识、以往的经验等做出决策。图 1.1 中给出的过程其实是将人类决策的过程抽象成的一个可供"机器"学习的过程。其中，"感知"模块可以通过一个神经网络，根据传感器（如相机）的输入进行特征提取；而"决策"模块根据特征提取的结果来输出"动作"。

更进一步，可以将"感知"和"决策"两个模块合并。类似于人类的决策过程，"感知"模块的主要目标是对场景的理解，不一定要进行特定的任务（如分类）。因此可以将两个模块合并，构建一个由"观测"直接到"动作"的处理流程，如图 1.2 所示。与监督学习的另一个不同点是，图中的流程是一个不断循环的过程。监督学习完成了图像到类别的映射之后即结束了流程，而强化学习需要在输入的动作的基础上得到环境给予的新的观测，在新的观测的基础上再采取新的动作，不断循环。在上面的例子中，如果我们在观察到"虎"的基础上采取了"逃跑"的动作并通过该动作脱离了危险，那么下一次的观测图片中可能已经不存在"虎"，下一次

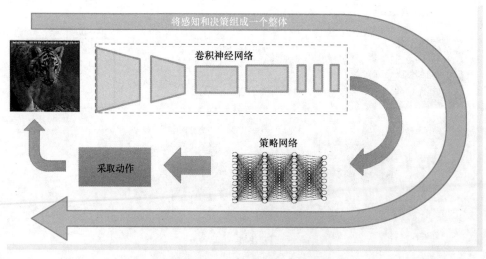

● 图 1.2　由监督学习问题扩展的强化学习过程（见彩插）

需要采取的动作就不再是"逃跑"。因此，强化学习往往是以"周期"来进行交互和学习的，一个周期包括多个时间步，在每个时间步根据当前观测采取动作，从而获得奖励和后续的观测，随后在新的观测中进行新的动作选择。在周期中，每个时间步采取的动作都会影响周期后续时间步的观测和动作。强化学习需要考虑一个动作的长期"回报"，回报定义为从当前时间步开始，智能体在周期结束时获得的累计奖励。

深度学习在这一决策过程中发挥了很关键的作用。在图 1.2 的例子中，感知模块和决策模块分别使用一个神经网络来进行建模。在强化学习的早期研究中，一般不使用神经网络，而是使用如图 1.3a 所示的方法，对观测使用各种滤波器或手动方法进行特征提取。由于特征提取阶段以及获得了观测中的关键信息，"回报"可以表示成关于这些信息的线性函数，这里称为"线性值函数近似"。在回报学习的基础上，智能体根据最大化回报来选择动作。近年来，在强化学习领域，线性值函数近似的方法由于具备很好的理论特性，多用于进行收敛性和复杂度的分析和证明。而实际在一些复杂任务中取得很好效果的方法都采用如图 1.3b 所示的结构，使用一个端到端的神经网络来直接完成由观测到回报（或动作）的映射，并进行端到端的更新和学习。本书将主要介绍使用深度神经网络来完成强化学习智能体学习的方法，这一领域也被称为深度强化学习（Deep Reinforcement Learning，DRL）。

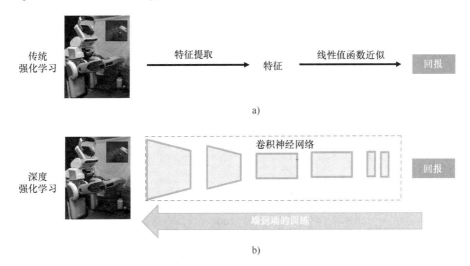

● 图 1.3　传统特征提取和深度神经网络构造的强化学习过程

经过上述的例子，我们从大家熟知的监督学习方法逐步引出了深度强化学习方法的主要结构。强化学习在自身范式上融合了深度神经网络对复杂映射建模的优势，根据最大化回报的原则来解决序列决策问题。人类生活中遇到的大多数问题都属于序列决策，如走路、做饭等任务，均需要调动许多身体要素来完成一系列动作来完成。甚至整个人生也可以认为是一个序列决策过程，需要通过学习积累、工作训练，从而完成一系列目标。强化学习正是参照这一原则进行问题的构造，因此能够用于解决现实生产和生活中的诸多任务。

1.2 强化学习的发展历史

本节将简述强化学习的发展历史，最初的强化学习是在控制论中进行研究的。最优控制是一个序列决策过程，在每个时间步系统会对当前控制策略给予一定的反馈，系统根据这种反馈来调整控制策略。如果控制系统的结构是已知的，可以通过动态规划来解决该问题。如果结构未知，则需要"试错学习"，即从一个随机的策略开始，通过系统的反馈进行试错学习，不断改进自身的策略。本书讨论的大部分内容集中于"试错学习"的方式，因为大部分的强化学习仿真环境和真实环境结构都是未知的，智能体需要与环境交互进行试错学习。

在 20 世纪 60 年代，研究人员 John Andreae 将试错学习用于"井字棋"游戏，并在环境中设计了一些奖惩机制来引导试错学习。20 世纪 70 年代开始有研究者使用强化学习来研究"多臂赌博机"问题，如图 1.4 所示。当智能体按下某个摇臂时，赌博机会给予一定的奖励。智能体在一定的周期长度（如 1000 步）内每次按动一个摇臂，其目标是最大化周期内总的奖励。理想情况下，可以通过尝试不同的摇臂来估计每个摇臂所对应的奖励，然后选择奖励最大的摇臂。然而，摇臂的奖励具有高度的随机性，无法被准确估计。在该问题中，需要权衡是"利用"当前已有的知识来选择

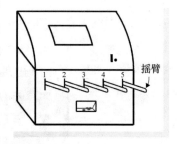

● 图 1.4 多臂赌博机

奖励最大的摇臂，还是"探索"其他未知的摇臂。探索与利用作为强化学习的一个基本问题，在本书后续部分将进行详细介绍。多臂赌博机作为一个基本的研究问题，因为问题容易进行形式化的表达，在如今仍然是理论研究的热点。

随后，在 20 世纪 80 年代，Richard Sutton 完成提出了一种演员-评论家（actor-critic）算法结构，该结构在今天仍然是许多流行算法的基础。1992 年，强化学习中的 Q 学习方法在西洋双陆棋（TD-Gammon）中取得成功，引起了广泛关注。2015 年，Q 学习方法与深度神经网络结合的方法在雅塔力（Atari）任务集合中取得很大成功，其成果在《自然》（Nature）发表，从此强化学习进入快速发展的阶段。2016 年，由 DeepMind 开发的 AlphaGo 围棋智能体击败人类顶尖棋手。AlphaGo 基于数百万人类棋谱进行监督学习，随后使用强化学习进行自我博弈。随后的版本 AlphaZero 抛弃了人类棋谱，基于完全自我博弈的方法进行学习就可以达到人类顶尖水平。AlphaGo 系列的成功进一步推动了强化学习的研究和应用的发展。

1.3 强化学习的研究范畴

强化学习的研究近年来获得了很大的进展，尤其是在一些标志性成果发表后。例如，2015 年深度 Q 学习算法在 Atari 游戏中的平均水平达到了人类专家的程度，2017 年 AlphaZero 使用自博弈的方式击败人类顶尖棋手等。这些成果表明强化学习具有广泛的应用前景，也促进了强化学习研究的发展。强化学习的研究领域正在逐步细分，向下延展为许多子问题。将 Q 学习和策略梯度法与深度网络进行结合，发展出了可以在图像观测和连续控制任务中实际应用的策略学习方法；通过学习值函数分布，能够更精准地建模值函数，反映环境的内在随机性；通过对环境模型的学习，可以利用环境模型在策略学习中有效提升样本利用效率；通过增强策略的探索能力，使算法能够解决稀疏奖励下的策略学习问题。同时，将一般策略学习扩展为多目标策略、层次化策略，以及增加技能学习的模块，能够使算法应用于更为复杂的大规模任务。另外，一些新兴的研究领域包括离线强化学习、表示学习、元强化学习等，旨在提升强化学习在交互困难的任务中的可用性，提升数据高效性和策略的泛化能力。本书将对其中重要的子领域进行介绍。由于篇幅有限，本书无法覆盖所有的子问题。同时，本书主要考虑单智能体强化学习问题，并不包含多智能体方面的相关内容。

在基本算法层面，强化学习可以分为基于值函数和基于策略的学习方法。基于值函数学习的方法多用于离散动作空间，通过蒙特卡罗估计法和时序差分估计法来迭代学习值函数。基于值分布的方法不显式地学习策略，策略可以直接定义为能够使值函数最大的动作。基于值函数学习的方法也被称为 Q 学习。Q 学习在基本的深度 Q 学习的基础上获得了很大发展，研究人员从网络、学习目标、采样方法、更新方法等多个角度提出了一系列改进方法来提升 Q 学习的稳定性和性能，这些内容将在第 3 章介绍。基于策略的学习方法多用于连续动作空间，由于动作空间是连续的，因此一般无法遍历动作空间来选择使 Q 值最大的动作。策略梯度法使用一个显式的策略网络，输入是当前的状态，输出是当前应该选择的动作。策略通过策略梯度来进行更新，策略梯度表示了期望回报对当前策略的梯度，朝着梯度方向更新策略可以增大期望回报。基本的策略梯度有许多变种，如确定性策略梯度、最大熵策略梯度、近端策略梯度等，这些内容将在第 4 章介绍。

在许多任务中，智能体与环境交互的成本较高。如在机械臂开门任务中，完成一个周期的交互需要几分钟的机械臂运动来完成，而强化学习在训练中往往需要非常多的周期交互样本。因此，提升样本的利用效率对强化学习至关重要，基于模型的方法（model-based methods）可以在一定程度上解决这一问题。一般的，强化学习算法中智能体与环境交互产生的样本仅用来产生学习值函数和策略，而不直接建模环境，这些方法也被称为无模型的方法（model-free methods）。

基于模型的方法不仅使用交互样本来训练值函数和策略，还需要训练一个环境模型。根据交互样本 (s,a,r,s') 训练一个神经网络，其中 s 代表当前状态，a 代表当前动作，r 代表奖励，s' 代表环境转移到的下一个状态。环境模型的输入是 (s,a)，输出是 s'。通过监督学习的方法来不断训练该网络，就得到了一个可以"模拟"真实环境的环境模型。该环境模型有两种用途。首先，可以直接用来产生"虚拟"样本来供智能体学习，从而增加样本数量，提升样本利用效率；其次，该模型可以用来做"规划"，通过产生很多模拟的轨迹来供智能体判断现在选择什么动作可能在未来带来更多的奖励。基于模型的学习方法将在第 5 章中进行介绍。

在许多实际问题中，由于任务规模的增大和环境的随机性，往往需要有更强表达能力的值函数。基本的值函数在输入动作 s 和状态 a 后，会输出一个确定的值函数 $Q(s,a)$。然而，当环境具有随机性时，一个确定的值函数是不够的，我们更需要一个值函数的分布 $Z(s,a)$。可以认为，确定的值函数 $Q(s,a)$ 是实际值函数分布 $Z(s,a)$ 的均值，仅能反映值函数的整体情况。如果能够学习到 $Z(s,a)$ 的分布，那么能够更全面地表达环境的内在随机性。同时，学习值函数分布还能带来很多优势。例如在一些可能存在危险的任务中，可以根据 $Z(s,a)$ 选择采取一种"保守"的策略来使交互更"安全"。关于值函数分布的建模方法将在第 6 章中进行介绍。

强化学习的探索问题在图 1.4 所示的多臂赌博机中进行了简单讨论，智能体需要权衡是根据已有知识来选择使奖励最大的状态和动作，还是去探索其他不确定程度较高的状态和动作。探索问题在大规模任务和稀疏奖励问题中变得尤为重要。在具备大规模状态空间的任务中，如果没有合适的探索方法来指导智能体的学习，智能体很难发现有价值的状态。在稀疏奖励问题中，由于"外部"奖励不足，更加需要一定的探索方法来产生一些"内在"奖励作为学习的信号，否则智能体将无法学习。例如，大多数机械臂任务中仅在周期结束时才能知道任务最终的"成功"和"失败"。如果仅以此为奖励，那么奖励是非常稀疏的。高效的探索方法能够在很大程度上提升稀疏奖励任务的性能，相关内容将在第 7 章中介绍。

多目标学习问题又被称为"基于目标的学习"。强化学习的策略一般定义为 $\pi(a\,|\,s)$，即针对当前的状态 s 来选择动作 a。这种策略定义方法有一定局限性，仅适用于单一目标的任务。例如，在走迷宫任务中，如果将目标点设置为 t_1 位置，通过训练一个策略 $\pi_{t_1}(a\,|\,s)$ 可以到达 t_1。但是，如果将目标点换成 t_2 位置，策略 $\pi_{t_1}(a\,|\,s)$ 将无法适用，此时需要重新训练一个 $\pi_{t_2}(a\,|\,s)$ 策略。相似的任务十分常见，例如物流机器人需要根据设定，具备将一个物体挪动至多个目标点的能力。基于目标的学习方法扩展了策略的定义，定义了多目标策略 $\pi(a\,|\,s,g)$，其中 g 代表目标。根据新的定义，智能体采取的动作要同时考虑当前状态和目标，从而使算法能够在不同目标之间具有泛化能力，在切换目标后可以重用策略。多目标学习方法将在第 8 章中进行介绍。

层次化强化学习源于 Sutton 最早提出的"半马尔科夫过程"。在一些复杂任务中，策略学习可以分层。上层策略不直接输出动作，而是输出一些更高层的动作表示，称为"option"。例如在一个迷宫问题中，到达最终位置需要穿越 A、B、C 这三个房间。当智能体处于起始位置时，应该首先穿越 A 房间。"穿越 A 房间"就是一个"option"，与之相对的是低层次的动作（action）输出，如上下左右等。option 能够反映一个宏观的策略，表示未来一段时间内需要执行的任务，因此也被称为"宏动作"，层次化策略希望上层策略能够学习到如何产生宏动作来指导下层策略。而下层策略输出基本的动作，学习如何执行上层策略给出的宏动作。下层策略每成功执行一个宏动作（如穿越房间 A），就会获得奖励。而上层策略只有当任务最后成功时才会获得奖励。这种层次化设计在大规模任务中具有优势，上层策略可以只关注对任务的划分并产生一些宏观的指导，同时下层策略无须关注任务划分并只学习如何执行上层给出的某个子任务。下层策略通过完成该子任务可以获得密集的奖励，因此更容易学习。层次化强化学习方法将在第 9 章讨论。

基于技能的学习方法的目标是实现"无监督"的强化学习。在强化学习和核心要素中，"奖励"是一种监督信号，是与特定任务相关的，表示希望智能体学习什么样的策略。然而，对比人类的学习过程，人类的学习往往不需要直接与特定的任务相关。例如，给一个孩子一些积木，孩子会不断尝试如何将积木进行各种组合来搭建不同的物体，如房子、火车等。在这一学习过程中并没有直接给予孩子奖励，然而孩子可以通过"无监督"的方式来学习搭建不同物体。人类的这项本领可以称为"技能"学习，例如学习搭建"房子"是"技能 1"，学习搭建"火车"是"技能 2"，等等。在强化学习中，希望可以模拟人类进行技能学习的方式来进行无监督的学习。技能学习由于没有特定奖励，这些学习到的技能将不用于解决特定任务，因此技能学习是一种广泛意义的策略学习。可以将技能学习形象地视为打造各种有用的"零件"。在遇到不同的任务时，可以根据实际任务来选择其中的某些零件进行组装来完成任务。技能学习能够提升强化学习的泛化性，相关内容将在第 10 章中讨论。

强化学习的一大特点是智能体和环境要进行不断的交互。然而，这一特点表明，智能体只能利用自身与环境交互的样本来学习，而无法利用大规模数据集，这也限制了强化学习的发展。相比较而言，监督学习的迅猛发展很大程度上得益于许多大规模数据集的公开，这使得人们在训练自身模型时可以利用这些数据集来预训练特征。在强化学习中也需要发展类似的方法来利用其他智能体的交互数据、人类交互数据，以及互联网共享的交互数据来进行自身策略的学习，从而提升样本的利用效率。与环境交互的"在线"（online）学习方法相对应，直接利用数据集而不与环境交互的方法称为"离线"（offline）强化学习。同时，离线强化学习方法应该适用于各种不同的数据集，特别是能够适用于非专家、低质量的交互样本。如何利用有限的、低质量的、混合不同水平策略的交互数据集进行有效的离线强化学习是非常具有挑战性的，相关内容将在第 11 章中介绍。

元强化学习拓展了强化学习的学习目标。一般而言，强化学习最大化的是特定任务的奖励，学习的策略只需在该任务中有好的效果。元强化学习拓展了这一学习目标，希望学习到的策略能够在许多类似任务组成的任务集合中都有好的效果。为了达到该目标，一类方法是学习一个适用于整个任务集合的初始化策略。在具体应用于特定任务时，只需进行很少的几步微调甚至不需要微调就能适用于该任务。特殊地，如果不需要微调就可以直接适用于新的任务，则被称为 zero-shot 方法；如果只需要一步微调，则被称为 one-shot。另外一类方法是在学习中提取任务级的特征，随后学习一个基于任务特征的策略。由于任务级的特征可以在任务之间进行泛化，因此策略可以适用于不同的任务。目前元强化学习处于快速的发展时期，相关内容将在第 12 章中介绍。

深度网络往往需要大量的数据来学习特征的"表示"，因此在一些数据稀缺的任务中表现不佳。一种解决方法是，在缺乏数据的任务中，可以通过无监督的自学习任务或者有监督的大规模数据集来"预训练"网络，从而学到普遍意义上的特征"表示"。在表示学习的基础上，利用少量的训练数据就能达到很好的性能。其原因是神经网络的前几层主要学习角点、边缘、纹理类的特征，使用大量数据预训练可以进行底层特征的学习。对于特定的任务，只需要针对新的数据来学习高层策略并微调底层特征，提升了训练的速度。强化学习在策略学习的同时通过无监督的方法来进行状态的"表示学习"，可以大大提升样本的利用效率。近年来有许多研究者提出了此类学习方法，分别基于对比学习、环境模型学习、直接数据增强等方法，提高了强化学习的速度和性能。相关内容将在第 13 章中介绍。

1.4 强化学习的应用领域

在应用领域，强化学习已经逐步在工业界落地，在包括游戏 AI、智能控制、机器视觉和语言处理等领域都有成功的应用案例。游戏 AI 和智能控制方面的部分内容将在介绍算法内容的每章中穿插进行介绍，其余部分将在第 14~17 章进行介绍。

在智能控制领域，本书将首先介绍强化学习用于控制机器人进行自主导航，该方法可用于工业无人物流系统和自主驾驶系统。其次在电力系统控制领域，由于电力需求和传输具备高度的动态性，强化学习可以主动调整策略来适应环境的变化，具有广泛的应用前景。另外，交通指挥系统也具备类似的性质，需要根据拥堵情况来调整指挥策略。以上应用本身都具有高度的复杂性，却可以十分容易地定义合适的奖励函数，如自主导航的效率和安全性、电力系统的电量损耗、以及交通系统的拥堵程度等，从而将系统的控制问题抽象为强化学习问题。然而，在实际应用中强化学习面临诸多挑战，如状态难以抽象、动作空间巨大、交互代价高、危险性高等。相关内容将在第 14 章中介绍。

在机器视觉领域，强化学习的一大应用是神经网络的结构搜索。视觉模型具有高度的复杂性，其网络大多是由研究人员设计的。然而，这些模型是目前可以找到的最优的模型吗？强化学习可以将奖励定义为模型在实际问题中的准确率，并学习一个策略来输出网络结构的关键参数，作为动作。通过最大化奖励可以逐步搜索到最优的网络结构。另外，在机器视觉的目标检测和跟踪问题中，使用强化学习可以将目标框的学习转为一个序列决策问题。在一个周期内，算法可以从一个较差的检测框开始，不断采取动作来调整检测框的位置，最终得到一个更好的检测框。该方法的优势是可以动态地调整检测结果，适用于动态变化的场景，如视频目标的检测和跟踪。此外，强化学习也可以用于视觉生成模型，使用强化学习奖励来评价生成模型的好坏，通过最大化奖励来调整生成模型。相关内容将在第 15 章中进行介绍。

在语言处理领域，强化学习可以用于许多动态交互的语言系统，如问答系统等。通过人类和其他智能体对问答系统的反馈，可以给予问答系统合适的奖励来学习。在知识图谱中，通过引入强化学习，可以使智能体通过对图谱的探索来寻找问题与答案之间的路径。在机器翻译领域，可以将整条语句的翻译结果的整体评价作为奖励，相比于传统翻译方法考虑单词翻译的准确性的学习目标更加合理。在自然语言处理领域引入强化学习是一个新兴的研究方向，具有广阔的前景。相关内容将在第 16 章中进行介绍。

同时，强化学习在智慧医疗、搜索推荐和金融交易等领域也在不断探索新的落地场景。这些场景都具有一定的动态性，均存在系统与人的交互。如智慧医疗需要专业医生进行反馈，搜索推荐需要根据客户的点击率等指标动态调整推荐策略，金融交易需要根据市场的反映不断更新和迭代。强化学习策略可以在与动态系统的交互过程中不断调整自身策略，比传统机器学习方法更具优势。

第2章

强化学习基础知识

2.1 强化学习的核心概念

强化学习的目标是通过智能体与环境的交互来最大化奖励。图 2.1 是智能体（左侧）与环境（右侧）关系的示意图。在某个时间步 t，智能体根据当前的环境的状态（state）s_t 来选择动作（action）a_t，环境通过执行该动作得到下一个状态 s_{t+1}，并反馈给智能体一个奖励（reward）信号 r_{t+1}。同样的，在下一个时间步 $t+1$，智能体根据 s_{t+1} 选择动作 a_{t+1}，环境会返回下一时刻的状态 s_{t+2} 和奖励 r_{t+2}，如此循环直到周期结束。在这一过程中，智能体会收集到一个周期的样本，表示为

$$\{s_0, a_0, r_1, s_1, a_1, r_2, \cdots, s_t, a_t, r_{t+1}, s_{t+1}, \cdots, s_{T-1}, a_{T-1}, r_T, s_T\} \tag{2.1}$$

在强化学习中，智能体与环境的交互是以周期进行的，从 $t=0$ 开始，到 $t=T$ 结束。周期长度与问题设定有关，例如在游戏中，一般以智能体完成任务成功或失败为周期的结束；在围棋游戏中，以某一方获胜为周期的结束。许多真实环境是长周期任务，如自动驾驶需要很长的周期才能

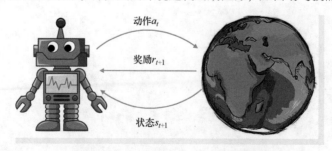

• 图 2.1　强化学习的基本构造

完成出发点到目的地的过程，这时通常需要将长周期划分为短周期来便于学习。

在周期交互样本中，一般将每个时间步的样本 $(s_t，a_t，r_{t+1}，s_{t+1})$ 称为一个转移元组（transition），表示从时间步 t 到 $t+1$ 的状态转移过程。智能体与环境的交互是以周期进行的，而训练中，学习往往是以"元组"进行的。一个重要的原因是周期内的样本具有前后的依赖关系，使用深度神经网络时不服从关于每个样本独立同分布（i.i.d）的假设，进而会影响网络训练的稳定性。因此，一般使用元组作为训练的输入，转移元组是强化学习中的一个重要概念。

下面，我们以"围棋"和"机械臂开门"两个任务来举例说明强化学习智能体和环境的交互过程。

围棋： 在该任务中，围棋智能体的环境是整个棋盘。环境的状态空间是 19×19 的棋盘及上面的落子情况，可以用一个 19×19 的矩阵表示，每个元素有三种可能性，即对方落子、己方落子和无子。智能体的动作是可落子的点，包括整个棋盘上的空白区域。奖励是 0 或 1，表示在终局的输赢。围棋的奖励非常"稀疏"，因为在周期中无奖励，只有在周期末尾才存在奖励，从而导致了学习的困难。在交互过程中的每个时间步，智能体选择某个动作，随后对手也会选择某个动作来改变棋盘的整体情况，此时智能体获得新的观测，并选择新的动作，直到棋局结束。

机械臂开门： 在该任务中，状态空间包含两部分，一部分是机械臂自身的位姿状态，可以用每个关节的位置和速度来表示；另一部分是对门的观测，如用相机来观测，则用图像来代表该部分的状态。这里两种不同模态（参数和图像）的状态空间特征需要进行特征融合，得到一个整体的状态表示。这里动作空间是各关节的控制参数，奖励为 0 或 1，表示最后是否成功打开了门。然而，该奖励往往由于其稀疏性而难以学习。为了解决该问题，模拟人类开门的过程，机械臂开门应该也包含三个步骤：首先握住门把手，随后转动，最后拉开门。所以可以根据这个设想来设计一些辅助的奖励，比如完成每个步骤后给一定的奖励，从而引导智能体完成最终的目标。机械臂在选择动作并由控制器执行后，会重新获得自身位姿以及环境的图像来作为下一个时间步的观测。

通过以上例子看出"奖励"往往是强化学习的关键因素，也是强化学习区别于其他学习模式的显著特征。奖励的设计可以非常灵活，它表示最终希望智能体学习到的最终目标。如果我们希望智能体完成某项任务，那么需要设计与任务相关的奖励。但是，奖励的设计不能与最终的学习目标之间产生偏差。例如在围棋任务中，可以设计一些中间奖励，如夺子、控制某区域等，然而这些并不能决定最终的输赢，智能体可能为了最大化这些中间奖励而输掉棋局。使用合理的奖励是强化学习算法的关键因素。

2.2 马尔可夫性和决策过程

马尔可夫性是对强化学习问题的一种简化的假设。在上文的描述中，我们假设 $t+1$ 时刻的状

态 s_{t+1} 是由 s_t 执行动作 a_t 得到的，这表示了一种**状态转移**关系 $p(s_{t+1} | s_t, a_t)$。然而实际上，$t+1$ 时刻的状态应该不仅仅由 t 时刻的信息来决定，还应该与更长的历史信息有关。

例如，通过观察导弹当前的状态和采取的动作（如推力），能够计算下一时刻导弹的位置。但是这种位置计算往往不准确，因为我们不清楚导弹的惯性、导弹的预设轨迹等。如果我们能将导弹的历史轨迹一同考虑，往往会更容易地推算出下一步状态。历史轨迹中含有更丰富的信息，可以用来估计导弹的下一步走向。我们将当前时刻 t 之前的历史信息记为

$$h_t = \{s_t, a_t, r_t, s_{t-1}, \cdots, r_1, s_0, a_0\} \tag{2.2}$$

如上文所述，由于历史信息更为丰富，使用 $p(s_{t+1} | h_t)$ 来定义**状态转移**关系似乎更为合理。然而，这也带来了额外的问题，如考虑多长的序列作为历史最为合理，如何在较长的历史轨迹的输入下进行高效的计算等。

虽然历史在决策中能够包含更丰富的信息，但是毫无疑问，其中起到最关键作用的仍然是当前时间步的状态 s_t 和动作 a_t。在一般的强化学习问题中，我们可以近似地认为，当前时间步的状态和动作已经包含了历史中的关键信息。即近似认为，在状态转移过程中

$$p(s_{t+1} | s_t, a_t) = p(s_{t+1} | h_t) \tag{2.3}$$

我们将满足上述关系的状态表示称为满足"马尔可夫性"。如果满足该性质，则表明根据全部历史来选择动作与只根据当前状态来选择动作最终得到的策略一样好。马尔可夫性是强化学习中一个普遍的假设，因为实际上很难考虑所有历史信息，因此假设满足马尔可夫性是一种很好的折中。

强化学习领域有一个单独的分支来研究"部分可观测"问题。部分可观测的假设是当前状态仅包含少量的对决策有用的信息。例如，在 4 人扑克牌游戏中，智能体只能观察到自身的牌，而其余选手的牌是隐藏的。这种情况下马尔可夫性是很难满足的，因为当前观测仅能获得约 1/4 的状态信息，因此难以进行决策。一种合理的解决方法是考虑所有历史的出牌，通过历史的出牌来推测其余选手的牌面信息。另外，在一些多智能体任务，如"王者荣耀"等多玩家游戏中，每个智能体只能观测到部分区域，而很多区域（如敌方区域、野区、草丛等）都无法观测到，此时如何构造一个近似满足马尔可夫性的状态表示是具有挑战性的研究课题。在本书中，除讨论部分可观测问题外，其余内容均假设状态满足"马尔可夫性"。

在马尔可夫性的基础上，可以定义马尔可夫决策过程（Markov Decision Processes，MDP）。如图 2.2 所示，智能体在与环境的交互过程中主要服从两个概率分布，即状态转移的概率分布 $P(s' | s, a)$ 和奖励的概率分布 $R(r | s, a)$。在 MDP 中，由于奖励的概率分布一般较为简单，且大部分情况下是确定的，因此主要考虑的是状态转移的概率分布。也许读者会有疑问，在以上描述的交互过程中，s' 是在 s 处执行动作 a 后环境给定的，为什么服从一个概率分布呢？这是因为大多数环境都存在随机性。在 s 处执行同样的动作 a，每次都可能给出不一样的 s'。因此，我们

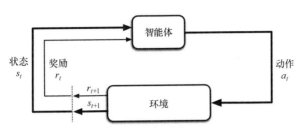

● 图 2.2　马尔可夫决策过程

假设 s' 满足一个分布，即状态转移的分布。在马尔可夫性的假设下，这个概率分布定义为在 s 处多次执行动作 a 得到下一个状态为 s' 的频率：

$$P(s'\,|\,s,a)=Pr\{s_{t+1}=s'\,|\,s_t=s,a_t=a\} \tag{2.4}$$

在有限的状态和动作空间中（如小规模格子迷宫），可以通过表格的方式来表示该概率分布。在大规模问题中，往往需要神经网络近似的方法来表示。在本书中，为了符号的简化，讨论单个时间步时我们用 (s,a,r,s') 来表示状态转移。

2.3　值函数和策略学习

在式（2.1）的周期经验序列的基础上，定义 t 时刻的"回报" R_t 为从该时间步开始到周期结束的"折扣"奖励之和，即

$$R_t = r_t+\gamma r_{t+1}+\gamma^2 r_{t+2}+\cdots+\gamma^{T-t-1} r_{T-1} \tag{2.5}$$

可以看到，该式子对奖励进行了加权，样本与当前时间步距离越远，其权重越小。权重随着时间步以 γ 的速度衰减。例如，一个较为通用的 γ 的值是 0.99。在该设置下，当时间步为 1000 步时，折扣因子 $0.99^{1000} = 4.3\times10^{-5}$ 已经非常小，在这样的权重下奖励可以忽略不计。折扣因子限制了回报所度量的奖励的范围，强化学习要考虑长期的、有限时间步内的奖励。

对于周期无限的交互，初始状态的回报为 $R_t = \sum_{t=0}^{\infty}\gamma^t r_t$。对数列级数较为熟悉的读者可以知道，假设每一步的奖励小于 r_{max}，该求和项小于 $\frac{1}{1-\gamma}r_{max}$。因此，使用折扣奖励的一个好处是可以使回报是有界的。进而在理论上，$\gamma<1$ 时可以证明强化学习算法的收敛性。

使用策略 π 从 (s_t,a_t) 开始进行环境交互直到周期结束，可以得到一条完整的交互序列，进而计算 (s_t,a_t) 对应的 R_t。然而，由于策略和环境存在随机性，从 (s_t,a_t) 出发按照同一策略进行交互，每次得到的 R_t 往往是不同的。显然，可以使用多次交互中得到的 R_t 的均值来作为衡量策略水平的标准，这就引出了值函数（value function）的概念。(s,a) 在策略 π 下的值函数

$Q^\pi(s,a)$ 衡量了从该状态动作出发按照策略 π 选择动作，在整个周期结束时获得的回报的"期望值"（平均值）。为了推导简单，我们考虑周期长度无穷时的情形。形式化的，

$$Q^\pi(s,a) = \mathbb{E}_\pi[R_t \mid s_t = s, a_t = a] = \mathbb{E}_\pi\Big[\sum_{k=0}^{\infty} \gamma^k r_{t+k+1} \mid s_t = s, a_t = a\Big] \qquad (2.6)$$

$Q^\pi(s,a)$ 又被称为动作值函数，原因是考虑了当前的动作 a。相反，如果不考虑当前的动作 a，相当于对 $Q^\pi(s,a)$ 在动作上取期望，可以得到状态值函数 $V^\pi(s)$。形式化的，

$$V^\pi(s) = \mathbb{E}_\pi[Q(s,a)] = \mathbb{E}_\pi[R_t \mid s_t = s] = \mathbb{E}_\pi\Big[\sum_{k=0}^{\infty} \gamma^k r_{t+k+1} \mid s_t = s\Big] \qquad (2.7)$$

这两种值函数中，动作值函数 $Q(s,a)$ 对于决策是更重要的。如果我们有一个较好的 $Q(s,a)$ 的估计，那么在决策中，可以计算当前状态 s 和所有可能的动作 $(a_1, a_2, \cdots, a_n)$ 的动作值函数，得到 $Q(s,a_1), Q(s,a_2), \cdots, Q(s,a_n)$，则当前最好的动作就是使得当前 Q 值最大的那个。形式化的，在已知 Q 函数的基础上，可以按照

$$a_t = \arg\max_a Q(s_t, a) \qquad (2.8)$$

来选择状态 s_t 处的动作。当然，该式只有在有限个动作情况下是容易计算的。例如，如图 2.3 所示的迷宫环境中，智能体有"上下左右"四个可选择的动作。在某个状态处，可以对每个动作分别计算值函数，并选择使得值函数最大的动作。然而在其他更复杂的问题中，动作空间可能很大，甚至是连续的。例如在机械臂中，每个关节的动作可以是在一定范围内的任意实数。此时，我们将无法遍历所有的动作并计算它们对应的值函数。求解连续动作空间的策略需要用到近似的方法，这些内容将在后续章节中详细介绍。

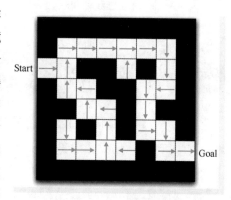

● 图 2.3　一个简单的迷宫环境和对应的最优策略

动作值函数的估计和求解是强化学习的关键步骤。这里介绍三种求解动作值函数的方法。

1. 蒙特卡罗估计法

该方法在上文其实已经做了介绍。从一个状态 (s,a) 出发，使用策略 π 进行很多周期的交互，得到多条如式 (2.1) 所示的轨迹，对每个轨迹按照式 (2.5) 来计算一个回报的估计。随后将这些估计取平均值，如式 (2.6) 所示，就得到了动作值函数的估计。根据大数定律，用于估计的轨迹数越多，蒙特卡罗估计方法会越准确，并逐步逼近真实值函数。在统计上，蒙特卡罗估计法得到的值函数是无偏的，但是具备高方差，即每条轨迹计算得到的回报往往有较大差别，在实践中需要很多次的估计来减小方差。同时，蒙特卡罗方法在整个周期交互结束之后才能计算回报，在一些长周期任务中的计算代价较高。

2. 时序差分估计法

为了缓解计算代价和高方差，可以不交互整个周期后再计算回报和估计值函数，而是在每一步交互后利用下一步的值函数来更新当前的值函数。下面先进行一些计算来推导出当前时间步的值函数和下一步的值函数之间的关系。根据式（2.6），有

$$Q^{\pi}(s,a) = \mathbb{E}_{\pi}\Big[\sum_{k=0}^{\infty}\gamma^k r_{t+k+1}\,\big|\,s_t=s,a_t=a\Big] = \mathbb{E}_{\pi}\Big[r_{t+1}+\gamma\sum_{k=0}^{\infty}\gamma^k r_{t+k+2}\,\big|\,s_t=s,a_t=a\Big] \quad (2.9)$$

这里仅将求和项进行了拆分，表示成当前的立即奖励和未来的奖励之和。可以发现，式子中的最后一项 $\mathbb{E}_{\pi}\Big[\sum_{k=0}^{\infty}\gamma^k r_{t+k+2}\Big]$ 正好等于下一个状态的值函数 $Q(s',a')$，其中 s' 服从 MDP 的状态转移函数 $P(s'|s,a)$，而 a' 是当前策略选择的下一个时刻的动作。当前策略是服从 Q 函数的，根据式（2.8）选择的贪心动作。整个关系可以写成，

$$Q(s,a) = \mathbb{E}\big[r+\gamma\,\mathbb{E}_{s'\sim P(s'|s,a),a'\sim\pi(a'|s')}Q(s',a')\big] \quad (2.10)$$

根据该式，可以使用立即奖励 r 和下一个时间步的 Q 值来更新当前时间步的 Q 值估计。更新时一般采取梯度更新方法，并不直接覆盖当前的 Q 值估计。这种更新方式称为 SARSA 更新，算法描述如下所示。

算法 2-1　SARSA

1：初始化每个状态的值函数为 0
2：**for** 周期 $i=1$ to M **do**
3：　**for** 时间步 $t=0$ to $T-1$ **do**
4：　　根据当前策略 π 在状态 s_t 处选择动作 a_t 并执行，得到 r_{t+1}，s_{t+1}；
5：　　使用当前策略在 s_{t+1} 处选择动作 a_{t+1}；
6：　　计算 $Q(s,a)$ 处的目标值函数为 $Q_{\text{target}} = r_{t+1}+\gamma Q(s_{t+1},a_{t+1})$；
7：　　更新 $Q(s,a) = Q(s,a)+\alpha\big[Q_{\text{target}}-Q(s,a)\big]$；
8：　**end for**
9：**end for**

注意，在更新中并不能确保 Q_{target} 是一个准确的学习目标，因为在计算该值时引入了下一个时间步的 Q 值估计。由于当前的 Q 值估计对任何时间步都是不准确的，因此学习目标是有偏差的。这里引入一个 α 控制学习的速率。

对比 SARSA 学习算法和蒙特卡罗学习算法，SARSA 在每个时间步都能更新值函数，但是由于学习目标是不准确的，因此一般需要以较小的 α 来更新，否则容易发散。蒙特卡罗方法虽然需要在周期交互结束后更新，但是由于交互了整个周期，对目标值函数的估计是无偏的。

相对的，有一种值迭代的更新方法称为 Q 学习（Q-learning），包含了策略评价和策略提升，更新方式和 SARSA 略有区别。在计算 Q_{target} 时，不再根据当前策略选择 a'，而是直接使用使得 $Q(s',a')$ 最大的动作。算法描述如下。

算法 2-2　*Q* 学习

1：初始化每个状态的值函数为 0
2：**for** 周期 $i = 1$ to M **do**
3：　**for** 时间步 $t = 0$ to $T-1$ **do**
4：　　根据当前策略 π 在状态 s_t 处选择动作 a_t 并执行，得到 r_{t+1}，s_{t+1}；
5：　　计算 $Q(s,a)$ 处的目标值函数为 $Q_{\text{target}} = r_{t+1} + \gamma \max_{a'} Q(s_{t+1}, a')$；
6：　　更新 $Q(s,a) = Q(s,a) + \alpha [Q_{\text{target}} - Q(s,a)]$；
7：　**end for**
8：**end for**

Q 学习在下一时刻使用最乐观的估计值，即选择能够使下一个状态的 Q 值最大的动作，是一种贪心的策略选择。在实际中，Q 学习更新容易引起值函数的"过估计"，本书将在后序章节进行介绍。

下面引出最优策略和最优值函数的定义。假设我们能够准确地估计一个策略 π 在任意状态动作下的值函数 Q^π，那么最优策略定义为，在所有可选的策略中，使值函数在所有状态动作处取得最大值函数的那一个。最优值函数的定义是，遍历所有策略的值函数，找到取值最大的。形式化的，最优值函数定义为

$$Q^*(s,a) = \max_\pi Q^\pi(s,a) \tag{2.11}$$

最优策略定义为

$$\pi^* = \arg \max_a Q^*(s,a) \tag{2.12}$$

例如，在图 2.3 中的箭头表示了在该迷宫中，从出发点到目标点的最优策略。对于迷宫中的每个状态，最优策略都给出了相应的最优动作。

另外，读者可能会有疑问，从理论上，任意 MDP 中是否存在这样一个最优值函数？最优值函数是否唯一？实际上，强化学习的许多理论工作都可以证明在有限状态动作空间下，使用 Q 学习和 SARSA 方法可以学习到最优值函数，即这两个问题的回答是肯定的。然而，在大规模状态空间中，往往无法找到最优值函数的解，只能找到近似最优，或满足实际需求的值函数。

基于值函数的强化学习算法

第3章

3.1 深度 Q 学习的基本理论

$Q(s,a)$ 代表在当前策略下的状态动作值函数，深度 Q 学习是一种基于值函数学习的时序差分方法。在最简单的例子中，如果一个任务的状态和动作是可数的，那么 Q 函数可以用一个二维表来表示，两个坐标分别代表状态和动作。在大规模任务中，当状态和动作是不可数时，$Q(s,a)$ 变成一个近似的映射，即输入 (s,a)，输出对应的 Q 值。

深度 Q 学习首次用神经网络表示这种从状态动作到值函数的映射关系，网络的权重记为 θ。网络可以是多层非线性的网络，权重求解使用梯度方法反向传播算法。因此，只要合理定义损失函数即可。在 Q 学习中，根据时序差分方法的思路，当前时刻的 Q 值可以根据立即奖励和下一时刻的 Q 值来得到。对式（2.10）进行改写，将下一时刻的 Q 值使用的策略设置为贪心策略，则 $Q(s_t, a_t)$ 的更新目标为

$$Q_t^{\text{target}} = r_{t+1} + \gamma \max_{a'} Q_\theta(s_{t+1}, a') \tag{3.1}$$

损失函数使用平方误差损失为

$$L_\theta(s_t, a_t) = \parallel Q_\theta(s_t, a_t) - Q_t^{\text{target}} \parallel^2 \tag{3.2}$$

随后通过最小化 $L_\theta(s_t, a_t)$ 来训练其中的网络参数 θ。这里需要注意的是，在以上的损失函数中，虽然 Q_t^{target} 在计算中也使用了 Q 网络的参数，但是在计算损失中我们把它作为一个"常数"。$L_\theta(s_t, a_t)$ 在对 θ 求梯度时不会对 Q_t^{target} 进行反向传播。形式化的，损失函数对参数的梯度可以写成

$$\theta = \theta - \frac{\partial}{\partial \theta} \parallel Q_\theta(s_t, a_t) - \text{SG}(Q_t^{\text{target}}) \parallel^2 \tag{3.3}$$

其中 SG 代表梯度截断（stop gradient），这种操作在 PyTorch 和 TensorFlow 等深度学习框架中都很容易实现。以上内容已经阐述了深度 Q 学习的基本原理，但由于实际问题的复杂性，仅依赖上述原理无法在真实的任务中取得好的效果。深度 Q 学习在基本原理的基础上，使用了一些技巧来使算法能够在大规模任务中成功应用。以下我们将阐述深度 Q 学习中使用的三个设计：深度 Q 网络、经验池和目标网络。

▶▶3.1.1　深度 Q 网络

要构造深度 Q 网络，首先需要明确输入是什么。根据计算值函数 $Q(s,a)$ 的原理，输入应该是状态动作对 (s,a)，输出是一个实数值，代表值函数。然而，这样设计的神经网络是不合适的。在 Atari 游戏中，状态是高维的张量（Tensor），代表图像；而动作是 18 个离散的值，分别代表向各个不同的方向移动的指令和开火的指令。一个直观的想法是将图像状态用卷积网络进行处理得到特征，将动作输入进行编码（如 one-hot）并通过全连接网络进行处理，随后连接状态和动作的编码做下一步的特征提取。这种方法一方面需要两个不同的网络来分别处理状态和动作，另一方面由于动作相对维度很低，往往难以提取特征。

深度 Q 学习在设计上没有采用这种直观的方式构建网络，而是采取了如图 3.1 所示的结构。Q 网络使用状态 s 作为输入，经过卷积层和全连接层的特征提取后，分支得到 k 个节点，每个节点表示一个动作对应的值函数。如第一个节点输出 $Q(s,a_1)$ 的估计，第二个节点输出 $Q(s,a_2)$ 的估计，以此类推。这样的结构更加简洁，同时避免了需要用两个不同结构的网络分别提取状态和动作的特征带来的问题。

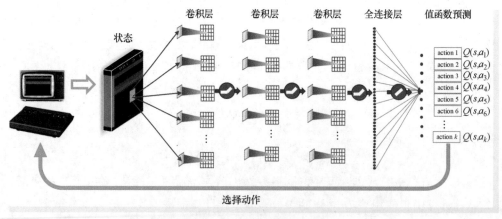

● 图 3.1　深度 Q 学习的网络结构（见彩插）

注意在 Q 网络的输入中，并不是简单地把游戏的图形界面作为输入，而是进行了预处理。首先，将每个图像从 RGB 图转为灰度图，并规约成 84×84 的大小；随后，将连续 4 帧的图像叠加在一起，组成了一个 $84 \times 84 \times 4$ 的张量，并将其最终作为输入。其中第二步叠加连续 4 帧的操作是很重要的。前文在介绍马尔可夫性的章节中讲过，一般情况下可以近似认为环境具备马尔可夫性，可以用当前的观测代表所有的历史观测来作为状态的表示。然而，在 Atari 游戏中，由于环境中的物体运动很快（比如一个球在快速地运动），仅凭当前一帧的图像和动作来预测物体未来的状态往往存在困难，因此需要使用一段时间的历史状态。这里的 4 帧图像就代表最近的历史。近年来有研究进一步提出可以使用深度循环 Q 网络（Deep Recurrent Q-network）来编码更为丰富的历史信息，在一些不满足马尔可夫性的环境（如"部分可观测"环境）中有更好的效果。然而，在多数任务中，叠加历史的几帧图片作为输入是一种简洁而有效的方法。

在输入状态 s 并得到 $\{Q(s,a_1),\cdots,Q(s,a_k)\}$ 的估计后，将使用 ϵ-贪心法来选择动作。ϵ-贪心法是一种探索与利用的方法，关于探索与利用的相关内容在后续章节具体介绍，这里仅做一个简单的引入。网络输出的不同动作的 Q 值代表了每个动作对应的期望回报，但是这种回报的估计并不是准确的。一方面是因为策略在不断地迭代，现在的策略还不是最优策略；另一方面 Q 值仅是一种估计，其中用来作为学习目标的 Q^{target}（如式（3.1））中在使用这种估计来作为学习目标。由于网络学习的目标是不准确的，如果使用贪心的方法选择使得 Q 值最大的动作来执行会存在问题。Q 学习使用了一个简单的调整，使用的 ϵ 贪心原则定义为：以 ϵ 的概率随机选择一个动作，以 $1-\epsilon$ 的概率贪心地选择动作。智能体有 ϵ 的概率来随机探索所有的动作，从而增强了算法的探索能力。ϵ 一般可以设置为一个很小的数（如 0.1），或设置为一个不断衰减的数（如在训练过程中从 1.0 衰减为 0.01），可以使得 Q 网络在训练前期具有更好的探索能力。由于训练前期 Q 值估计不准、策略水平较弱，前期的探索能够使算法获得更加丰富的样本用于后续的学习。

最后强调两个损失函数计算的细节。在式（3.3）中的损失函数，需要对 (s_t,a_t) 计算 Q_t^{target}，其中 a_t 是在 s_t 时间步根据 ϵ-贪心法选择得到的。然而，网络输出有 k 个节点，而该梯度计算仅定义了在 a_t 这一个动作处的损失，仅对应于网络输出中的某一个节点。所以，Q 网络的每次损失函数计算中，在输出层并非所有的输出节点都会产生梯度，而是仅在 a_t 对应的一个输出节点处是有梯度的，这与一般的网络训练可能稍有差别。另外，Q_t^{target} 的计算表达式中需要利用下一个时间步 $t+1$ 的状态 a' 和探索选择的动作（注意这里的 a' 是贪心的，并非 ϵ-贪心），而当处于周期末尾时（$t=T$）时，并没有下一个时刻的状态，此时 $Q_T^{\text{target}} = r_T$ 即仅包含最后一个时间步的立即奖励。为了方便，一般在训练中需要保存一个标志位 d 来反映当前是否处于周期结束（done），实际上采样得到的样本是一个五元组 (s,a,r,s',d)。

▶▶ 3.1.2 经验池

神经网络在解决监督学习问题时，一般都假设输入的样本是满足独立同分布的。独立，是指不同的样本都是分别采样的，样本之间没有依赖关系；同分布是指所有的样本总体是服从一个分布的，比如 ImageNet 的自然图像在整个像素空间内是在某一个流形上的。然而，强化学习算法在最初学习中并没有一个数据集，数据是通过交互不断产生的，而这些产生的数据的性质也不满足独立同分布。首先，强化学习产生的数据并不是相互独立的，在时间步 t 产生的状态 s_t 和一个时间步的状态动作是根据环境交互得到的，即 $s_t \sim P(\cdot \mid s_{t-1}, a_{t-1})$，其中 P 代表环境的状态转移概率。而进一步的 s_{t-1} 又依赖于 $t-2$ 步的状态和动作，因此在一条轨迹内状态之间有很高的依赖度，并非相互独立的。如果在一条轨迹中采样两个样本用于训练，并不满足独立性的假设。其次，在整个学习的过程中，样本的分布也是不断变化的。考虑状态的分布 $d_\pi(s)$ 是依赖于当前策略 π 的。例如，在闯关游戏中，如果当前策略的水平仅能够通过第一个关卡，那么交互得到的样本都是第一个关卡的状态；如果当前的策略水平能够通过五个关卡，那么训练样本会混合五个关卡的交互样本。当策略发生改变时，其对应的状态分布也是不断改变的。在最初的训练中，策略一般是随机的，随后策略通过不断迭代来提升其水平，对应的状态的总体分布是不断改变的。进而，在训练的不同时期得到的样本并非同分布的，而是来源于不同的分布。

由于不满足神经网络训练对独立同分布的假设，直接应用神经网络来进行 Q 学习会产生很大的不稳定性。深度 Q 学习中提出了经验池（Replay Memory 或 Replay Buffer）技术来提升样本利用效率和稳定训练如图 3.2 所示。经验池的设计思路非常简单。在训练过程中，交互产生的样本不直接供 Q 网络训练，而是先存入经验池中。经验池有一定大小的容量（如 1MB），当经验池满后用新样本替代最旧的样本。网络训练时从经验池一次采样一个批量（如 256 个）的交互元组进行训练。经验池在训练中有以下作用。首先，由于经验池中的总样本量很大，从中采样批量样本时仅有很小的概率会出现多个样本来自同一条轨迹的现象。一般情况下，不同的样本都来源于不同的轨迹，此时样本之间的依赖程度减弱，从而减缓了不满足独立性带来的问题。另一方面，由于经验池包含了较长一段训练的样本，而在这一过程中策略经过了很多次迭代。经验池并

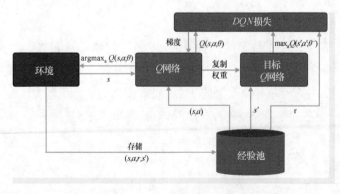

● 图 3.2　深度 Q 学习的整体算法

不对应于某一个单一策略的样本分布，而是一个策略集合的样本分布，可以近似认为从经验池中采样得到的样本都符合这个策略集合对应的样本分布。

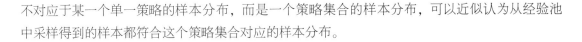

3.1.3 目标网络

目标网络的提出是为了稳定 Q 值的目标值 $Q^{\text{target}} = r+\max\limits_{a'}Q_\theta(s',a')$。前面也提到过类似的问题，$\theta$ 所代表的 Q 网络其实是不准确的，并不能准确估计值函数。因此，Q^{target} 是一个不准确的目标值。同时，θ 还在每次训练中进行迭代，因此目标值是不断变化的。我们可以将这个问题类比于分类问题，θ 的不准确性对应于分类问题中许多图片对应的类别标签存在误差（如将一部分"猫"的图片错标成了"狗"），而 θ 的变化性对应于分类问题中类别标签不是固定的，在不同的训练周期存在标签不一致的现象。可以知道，这两个问题对于分类效果有非常大的负面影响。在分类问题中，数据标注一般由专家完成，并通过多人标注来确保准确性，同时在训练过程中不会出现标签变化的情况。然而，强化学习却无法避免这两个问题。深度 Q 学习提出使用目标网络来缓解这两个问题。

目标网络在 Q 网络参数 θ 的基础上构建了另外一套参数 θ^-，作为目标网络。θ^- 的值来源于 θ，但为了增加目标值的稳定性，θ^- 具有很低的更新频率。主网络参数 θ 在每次训练后都更新参数，而目标网络参数 θ^- 每隔 M 个时间步更新一次，更新的方式是从主网络直接复制参数。M 一般设置为一个较大的数，如 1000。由于 θ^- 具有更低的更新频率，因此能够提升训练的稳定性，解决了上一段中提到的目标值变化太快的问题。形式化的，最终的 Q 目标值设置为

$$Q^{\text{target}} = r_{t+1}+\gamma\,\max_{a'}Q_{\theta^-}(s_{t+1},a') \tag{3.4}$$

目标网络的使用解决了目标值稳定性的问题，但是没有解决目标值准确的问题。可以使用一个简单的方法来解决这一问题。根据第 1 章中介绍的蒙特卡罗估计法（MC）和时序差分估计法（TD），其中蒙特卡罗估计法在估计中具有更小的偏差。可以使用 n-step TD 方法在 TD 估计中融合蒙特卡罗方法的优点，从而提升估计的准确性。具体方法是，在 TD 方法中每个元组仅包含一个时间步的状态转移，我们将其扩展为包含 n 个时间步的状态转移，新的元组表示为 $(s_t,a_t,r_{t+1},r_{t+2},\cdots,s_{t+n})$，其中中间状态的状态和动作在训练中不需要，因此省略。此时，Q 的 n-step 目标值可以设置为

$$Q_t^{\text{target}-n} = \sum_{k=1}^{n}\gamma^{k-1}r_{t+k} + \gamma^n\max_{a'}Q_{\theta^-}(s_{t+n},a') \tag{3.5}$$

其中 n 的设置范围可以从 1 到 $T-t$，n-step 更新方法能够在一定程度上平衡 Q 值估计的偏差和方差。

下面的算法总结深度 n-step Q 学习的流程，包括 ϵ-贪心的环境交互，经验池存储和采样，使用 n-step 目标进行训练，以及更新主网络和更新目标网络。由于开始训练时经验池中样本较少，实际的做法是先进行一段时间的交互来填充经验池，当经验池填充满后再开始训练。在训练

中，需要使用矩阵操作来整体计算一个批量的损失并更新。

算法 3-1　深度 Q 学习的算法流程

1：初始化经验池，初始化 Q 网络参数 θ，初始目标 Q 网络参数 θ^- 和更新频率 M；

2：**for** 周期 $i = 1$ to M **do**

3：　**for** 时间步 $t = 0$ to $T-1$ **do**

4：　　# 智能体与环境交互

5：　　根据当前状态 s_t 计算对所有动作计算 $\{Q(s_t, a_i)\}_{i=1}^{|A|}$；

6：　　以 ϵ-贪心法选择动作 a_t 并执行，得到下一个状态 s_{t+1} 和奖励 r_{t+1}；

7：　　将 $(s_t, a_t, s_{t+1}, r_{t+1})$ 存储到经验池（其中状态可能需要叠加前几帧）；

8：　　# 采样并训练

9：　　从经验池中随机采样一个批量的样本 $(s_j, a_j, r_{j+1}, r_{j+2}, \cdots, s_{j+n})$；

10：　　计算 $Q_j^{\text{target}-n} = \sum_{k=1}^{n} \gamma^{k-1} r_{j+k} + \gamma^n \max_{a'} Q_\theta - (s_{j+n}, a')$；

11：　　计算损失 $(Q_j^{\text{target}-n} - Q_\theta(s_j, a_j))^2$ 对参数 θ 的梯度并更新 θ；

12：　　每隔 M 个时间步更新目标网络 $\theta^- \leftarrow \theta$；

13：　　**end for**

14：**end for**

3.2　深度 Q 学习的过估计

深度 Q 学习中还普遍存在的另一个问题是过估计。过估计是指 Q 学习算法中会给一些动作的 Q 值不合理的高估计，而这种高估计会导致错误地选择了一些非最优动作，从而导致产生非最优的策略甚至难以收敛。本小节介绍过估计的产生原因以及如何使用 Double Q-学习方法来减少过估计。

▶▶ 3.2.1　过估计的产生原因

下面以图 3.3 的例子来阐述过估计发生的原因。图中所示的是一个简单的 MDP 过程，包含 4 个状态 A、B、C、D。其中 A 是起始状态，C 和 D 是终止状态。从 A 出发有两个动作"左"和"右"，分别导致了智能体转移到 B 状态和 C 状态，其中转移到 B 状态的奖励为 0，转移到 C 状态的奖励为 0.1。从 B 状态出发可以有很多个动作转移到 D 状态，这些奖励服从均值为 0，方差为 0.1 的正态分布。

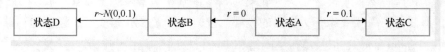

● 图 3.3　过估计产生的简单示例

对于状态 A 而言，执行"右"的动作得到的 Q 值为 $Q(\mathrm{A}, \mathrm{right}) = r(\mathrm{A}, \mathrm{right}) = 0.1$，原因是执行动作之后已经是终止状态，因此只需要考虑立即奖励；执行"左"的动作得到的 Q 值为

$$Q(\mathrm{A}, \mathrm{left}) = r(\mathrm{A}, \mathrm{left}) + \mathbb{E}_{a_{\mathrm{next}}}\left[Q(\mathrm{B}, a_{\mathrm{next}})\right] = \mathbb{E}_{a_{\mathrm{next}}}\left[Q(\mathrm{B}, a_{\mathrm{next}})\right] \tag{3.6}$$

其中 $r(\mathrm{A}, \mathrm{left}) = 0$，因此仅需要考虑 $\mathbb{E}_{a_{\mathrm{next}}}\left[Q(\mathrm{B}, a_{\mathrm{next}})\right]$ 的值。在状态 B 处，由于执行任何动作都会到达终止状态，因此对于所有可选择动作的值函数 $Q(\mathrm{B}, a') = r(\mathrm{B}, a')$ 仅包含立即奖励。根据图中 MDP 的设定可知，在 B 处执行所有动作的奖励服从 $N(0, 0.1)$ 的正态分布，因此均值为 0。进而有

$$Q(\mathrm{A}, \mathrm{left}) = 0.0 < Q(\mathrm{A}, \mathrm{right}) = 0.1 \tag{3.7}$$

表明选择"左"动作的期望回报要小于"右"动作，应该选择执行"右"动作。

然而，使用 Q 学习的更新法则却非常容易错误地选择"左"的动作。Q 学习的更新公式中，target Q 值在下一个动作处会选择执行一个最"乐观"的动作，这体现在了更新公式中的 max 操作上。根据

$$Q^{\mathrm{target}}(\mathrm{A}, \mathrm{left}) = r(\mathrm{A}, \mathrm{left}) + \max_{a'} Q(\mathrm{B}, a') = \max_{a'} Q(\mathrm{B}, a') \tag{3.8}$$

Q-学习中的目标 Q 值等于状态 B 处对所有动作的 Q 值取最大值。根据 MDP，不同动作的奖励服从 $N(0, 0.1)$ 的正态分布。简单使用 NumPy 运行 10 次采样，可以得到采样结果为

$$\{-0.02, 0.11, -0.17, 0.22, -0.20, 0.08, 0.09, 0.18, -0.20, 0.12\}$$

如果从该分布中取最大值，则得到的值是 0.22。因此，

$$Q^{\mathrm{target}}(\mathrm{A}, \mathrm{left}) = 0.22 > Q(\mathrm{A}, \mathrm{right}) = 0.1,$$

并且已经远大于真实的期望回报 $Q(\mathrm{A}, \mathrm{left}) = 0.0$。在使用 $Q^{\mathrm{target}}(\mathrm{A}, \mathrm{left})$ 作为学习目标计算 TD 损失时，会导致选择"左"动作的 Q 值大于真实值 0.0，从而错误地选择"左"动作。注意上面为了计算的简便，考虑 $\gamma = 1$。

一般而言，产生 Q 值过高估计的原因包括：

1）任务相关的 MDP 的设定，如上例所示。

2）环境中本身具有随机性，使得奖励服从一定的分布而非确定的值。

3）在训练初期对 Q 值的估计不准。这些因素在 Q 学习中会被转换为对 Q 值的过估计。

▶▶ 3.2.2　Double Q-学习

Double Q-学习根据上述问题，提出了一种使用两个 Q-估计器来减少过高估计的做法。该方法需要维护两个 Q 值的估计，记为 Q_1 和 Q_2。回到上面的例子，如果使用原始的 Q 学习更新，则两个 Q 函数的目标值分别为

$$\begin{aligned} Q_1^{\mathrm{target}}(\mathrm{A}, \mathrm{left}) &= \max_{a'} Q_1(\mathrm{B}, a') \\ Q_2^{\mathrm{target}}(\mathrm{A}, \mathrm{left}) &= \max_{a'} Q_2(\mathrm{B}, a') \end{aligned} \tag{3.9}$$

而 Double Q-学习更新中，两个 Q 函数的目标值为

$$Q_1^{\text{target}}(\text{A},\text{left}) = Q_1(\text{B},a_2^*)，其中\ a_2^* = \arg\max_a Q_2(\text{B},a)$$

$$Q_2^{\text{target}}(\text{A},\text{left}) = Q_2(\text{B},a_1^*)，其中\ a_1^* = \arg\max_a Q_1(\text{B},a) \tag{3.10}$$

可以看到，在计算 Q_1 的目标时，不直接取最大化 Q_1 的动作，而是使用 Q_2 函数选择一个动作，随后使用 Q_1 来评价该动作。例如，如果 Q_1 和 Q_2 在状态 B 处的 10 个动作对应的奖励分别为

$$\{-0.02,0.11,-0.17,0.22,-0.05,0.08,0.09,0.18,-0.20,0.12\}\ (Q_1)$$

$$\{\ 0.12,-0.12,0.07,0.02,0.12,-0.18,-0.11,0.09,0.03,-0.22\}\ (Q_2)$$

这些数值是从 $N(0,0.1)$ 中采样得到的。根据 Double Q-学习的思路，在计算 Q_1 的目标值时先使用 Q_2 来计算最大值出现的动作为 $a_2^* = \arg\max_a Q_2(\text{B},a) = 5$，随后从 Q_1 中找到 a_2^* 对应的值函数为 $Q_1(\text{B},a_2^*) = -0.05$。同理，$Q_2$ 的目标值为 $Q_2(\text{B},a_1^*) = 0.02$，其中 $a_1^* = \arg\max_a Q_1(\text{B},a) = 4$。在本例中，使用 Double Q-学习可以避免产生过估计。由于使用的两个 Q 函数的估计是相互独立的，因此在 Q_1 中取得最大值的位置在 Q_2 中仍然是服从 $N(0,1)$ 分布的，因此仍然具备均值为 0 的性质。Double Q-学习能够在一定程度上避免过估计，但是需要两个 Q 函数，需要增加一定的计算量。

在深度 Q 学习中，可以使用一个简单的技巧来使用 Double Q-学习，同时不增加计算量。根据之前叙述的内容，深度 Q 学习为了训练的稳定，使用了一个主网络 Q_θ 和一个目标网络 Q_{θ^-}。这里，可以分别将主网络当作 Q_1 和 Q_2，并近似认为两个网络是相互独立的。因此深度 Double Q-学习的目标值可以表示为

$$Q_t^{\text{target}} = r_t + \gamma Q_{\theta^-}(s_{t+1},\arg\max_a Q(s_{t+1},a,\theta)) \tag{3.11}$$

算法的其余步骤和深度 Q 学习类似。

3.3 深度 Q 学习的网络改进和高效采样

在深度 Q 学习中，有几种较为重要的方法分别针对网络和数据等方面进行改进，在很大程度上可以提升深度 Q 学习的性能。本小节对这些方法进行简要介绍。

▶▶ 3.3.1 Dueling 网络

竞争网络（Dueling Network）是深度 Q 学习中一个比较重要的网络改进方法。在介绍具体结构之前，需要引入优势函数（Advantage Function）的定义，记为 $A(s,a)$。在给定策略 π 的情况下，优势函数定义为 Q 函数和 V 函数的差，即

$$A^\pi(s,a) = Q^\pi(s,a) - V^\pi(s) \tag{3.12}$$

优势函数有一个重要的性质，在状态 s 处，所有动作对应的优势函数的平均值为 0，即

$\mathbb{E}_a[A(s,a)]=0$。以下提供一个简单的证明。

$$
\begin{aligned}
\mathbb{E}_a[A^\pi(s,a)] &= \mathbb{E}_a[Q^\pi(s,a)]-\mathbb{E}_a[V^\pi(s)] \\
&= \mathbb{E}_a[Q^\pi(s,a)]-V^\pi(s) \\
&= V^\pi(s)-V^\pi(s)=0
\end{aligned}
\tag{3.13}
$$

其中第二行根据状态的值函数 $V^\pi(s)$ 与动作无关，第三行根据值函数的定义，$V(s)$ 是所有动作下的 $Q(s,a)$ 的平均值。

优势函数刻画的是某个动作相对于平均值函数的"优势"。例如，在状态 s 下有 3 个动作 a_1，a_2，a_3，对应的 Q 函数分别为 $Q(s,a_1)=0.9$，$Q(s,a_2)=1$，$Q(s,a_3)=1.1$，则状态 s 的状态值函数 $V(s)=\mathbb{E}_a[Q(s,a)]=(0.9+1+1.1)/3=1.0$。根据优势函数的定义，三个状态的优势函数分别为 $A(s,a_1)=-0.1$，$A(s,a_2)=0$，$A(s,a_3)=0.1$。因此，a_1 对于"平均水平"（由 V 定义）的优势为 -0.1，表明该动作低于平均的值函数水平，a_2 等于平均水平，而 a_3 的优势高于平均水平，因此如果按照贪心法来选择动作，则应该选择 a_3。从这个简单的例子中可得，最优动作的选择可以"仅"通过优势函数 $A(s,a)$ 得到，即

$$
a^*=\arg\max_a A(s,a)=\arg\max_a[A(s,a)+V(s)]=\arg\max_a Q(s,a)
\tag{3.14}
$$

该式表明，虽然优势函数和 Q 函数的实际值不同，但是仅通过优势函数可以得到最优动作。而强化学习最终输出的是策略，因此准确地学习优势函数非常重要。

回到上面的例子，可以发现在 $Q(s,a)$ 中，$A(s,a)$ 具有非常小的值（如 0.1，0，-0.1），而 $V(s)$ 的值相对较大（如 1.0）。因此 $Q(s,a)$ 在训练过程中，主要的损失是 $V(s)$ 有关的部分，而 $A(s,a)$ 则在总体损失中占有较小的比重。换言之，对 $A(s,a)$ 的估计不准并不会对 Q 函数的损失带来很大的影响，这种现象与之前阐述的 $A(s,a)$ 的重要性相违背。因此有必要设计一个网络对 $A(s,a)$ 进行单独的估计，从而获得更准确的优势函数。

Dueling 网络的提出解决了这一问题，其网络结构如图 3.4 所示。对于输入的状态 s，经过一定的特征提取之后进行了分支，上面的分支仅包含一个输出节点来代表状态的值函数，而下面的分支则包含与动作空间个数相同的 $|A|$ 个节点来代表不同动作的 $A(s,a)$。随后，两个分支的

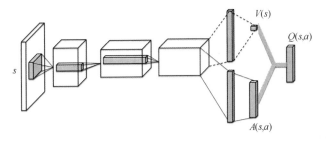

● 图 3.4 Q 学习的 Dueling 网络结构

计算结果相加，得到 $Q(s,a)$。

该网络结构的优势在于：

1）对于 $V(s,a)$ 而言，能够获得更为丰富的梯度。一般的 Q 网络在每次训练中仅被选择的状态对应的 $Q(s,a)$ 处有梯度，而本网络中由于 $V(s)$ 处于单独的分支，所以能够获得更好的训练。同时，$V(s)$ 的更新将会影响所有动作的 Q 函数。

2）对于 $A(s,a)$，由于上文证明了 $\mathbb{E}_a[A(s,a)]=0$，因此所有动作的优势平均值为 0。在训练中，利用这一性质为 $A(s,a)$ 所在输出的分支增加了约束，输出值变为 $A(s,a)-\mathbb{E}_a[A(s,a)]$。这一约束能够使下方的分支的输出向量的均值约束在 0 附近，使其更专注于学习优势有关的部分。形式化的，深度 Dueling 网络的 Q 函数表示为

$$Q(s,a) = V(s) + \left(A(s,a') - \frac{1}{|A|}\sum_{a'}A(s,a')\right) \tag{3.15}$$

其中 $\dfrac{1}{|A|}\sum_{a'}A(s,a')$ 项是期望 $\mathbb{E}_a[A(s,a)]$ 在离散状态空间下的计算方式。

▶▶ 3.3.2 高效采样

经验回放是深度 Q 学习中的重要机制。深度 Q 学习包含一个大规模的经验池来存储历史的样本，在每次训练中，算法从经验池中均匀采样，随后将采样到的样本用于训练。大规模经验池的使用是为了避免强化学习中样本之间高度依赖而产生的训练不稳定。在此基础上，可以通过设计高效的采样方法提升算法的性能。

优先经验回放（Prioritized Experience Replay，PER）是一种高效的数据采样方法，其设计思路也非常简洁。深度 Q 学习的损失可以表示为时序差分误差（Temporal-Difference error，TD-error）绝对值的平方：

$$L_\theta = \mathbb{E}_{s_t,a_t,r_t,s_{t+1}\sim U(D)}\left[\,|\delta_t|^2\right] \tag{3.16}$$

其中 $U(D)$ 代表均匀采样的概率，为 $\dfrac{1}{|D|}$ 表示经验池容量的倒数。TD-error 的绝对值表示为

$$|\delta_t| = |Q_\theta(s_t,a_t) - Q_t^{\text{target}}(r_t,s_{t+1})| \tag{3.17}$$

因此，对于从经验池中采样的样本 $\tau_t=(s_t,a_t,r_t,s_{t+1})$，TD-error 的绝对值 $|\delta_t|$ 决定该样本会产生的损失大小。PER 的思路是，如果一个样本 τ_t 能够在训练中带来更大的 $|\delta_t|$，则该样本对训练是更有帮助的。由于深度 Q 学习通过采样来最小化样本的 $|\delta_t|$，因此如果某个样本的 Q 值已经可以被 Q 网络很好地拟合，则该样本的 $|\delta_t|$ 值会很小；相反，如果某个样本的 $|\delta_t|$ 值很大，表明该样本还没有被很好地学习，这些样本可能在之前的训练中较少遇到，是比较"稀有"的样本。因此，PER 优先采样 $|\delta_t|$ 较大的样本来进行学习。具体实现中，样本 τ_t 被采样的概率

表示为

$$P(i) = \frac{p_i^\alpha}{\sum_k p_i^\alpha}, p_i = |\delta_t| + \epsilon \tag{3.18}$$

可以看到，$P(i)$ 将全部样本的 p_i^α 之和作为一个规约因子，从而使经验池中所有样本被采样的概率之和为 1。另外，采样概率 $P(i)$ 中引入了两个参数 α 和 ϵ，其中 ϵ 设置为一个很小的数（如 10^{-6}）用于防止出现数值的不稳定，α 可以来控制优先回放的程度。例如，$\alpha=0$ 时，对于任意的 p_i，有 $p_i^\alpha = 1$，此时每个样本的优先级将相等，执行均匀采样；当 α 变大时，采样策略变得更加倾向于采样优先级高的样本。

另外，使用 PER 替换了式（3.16）中采样的概率，对原有的学习目标带来了偏差。具体的，原有的均匀采样概率 $1/|D|$ 被替换成了基于 TD-error 的优先级 $P(i)$，通过推导可得

$$L_\theta = \mathbb{E}_{\tau_i \sim U(D)}\left[|\delta_t|^2\right] = \int p(U(D)) |\delta_t|^2$$

$$= \int P(i) \frac{p(U(D))}{P(i)} |\delta_t|^2 = \mathbb{E}_{\tau_i \sim P(i)}\left[\frac{p(U(D))}{P(i)} |\delta_t|^2\right] = \mathbb{E}_{\tau_i \sim P(i)}\left[\frac{1}{|D| \cdot P(i)} |\delta_t|^2\right] \tag{3.19}$$

其中，第一行的推导将期望变成了积分的形式；第二行执行了关键的一步，引入了新的优先级概率 $P(i)$，为了使式子整体不变，因此乘以了 $\frac{p(U(D))}{P(i)}$ 项；随后根据期望的定义可以将 $P(i)$ 作为新的采样概率，放到期望中；随后将 $\frac{p(U(D))}{P(i)}$ 展开得到偏差的表达形式为 $\frac{1}{|D| \cdot P(i)}$。基于实际表现的考虑，在偏差项中也多引入一个指数因子，实际的偏差项表示为

$$w_i = \left(\frac{1}{|D| \cdot P(i)}\right)^\beta \tag{3.20}$$

在基于 PER 训练中，只需要在计算 TD-error 的平方损失之后，将 w_i 作为一个权重与 $|\delta|^2$ 相乘即可。在 Atari 任务中，β 在训练过程中从 0.5 到 1 进行线性变化，在训练中可以逐步得到一个无偏的估计。

3.4 周期后序迭代 Q 学习

周期后序迭代（Episodic Backward Update，EBU）Q 学习是一种提升深度 Q 学习中样本利用效率的方法。前文讲述的高效采样方法 PER 的目的也是提升样本效率。和 PER 考虑采样过程不同，EBU 主要解决如何在更新中利用整个周期的信息来获得更准确的 Q 值。先通过如图 3.5 所示的一个简单的例子来理解周期信息对于 Q 值更新的重要性。在图示的 MDP 中有 4 个状态

（$S1, S2, S3, S4$）和 2 个动作（left，right）。在交互中，仅当 $S3 \rightarrow S4$ 时，会有 $r = 1$ 的奖励，其余状态转移的奖励为 0。交互时 $S1$ 是起始位置。可以看到，在该 MDP 中的最优轨迹是 $S1 \rightarrow S2 \rightarrow S3 \rightarrow S4$。

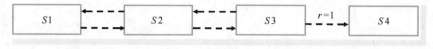

●图 3.5　Q 学习的 EBU 训练方法举例

在深度 Q 学习训练中，所有的状态动作的 Q 值被初始化为 0。为了表示方便，下面将使用 $Q(S1 \rightarrow S2)$ 来代表从 $S1$ 转移到 $S2$ 的 Q 值，即 $Q(S1 \rightarrow S2) = Q(S1, \text{right})$。

假设在训练中，智能体产生的一条交互轨迹为

$$S1 \rightarrow S2 \rightarrow S3 \rightarrow S2 \rightarrow S3 \rightarrow S4$$

可以发现，该轨迹并不是一条"最优"轨迹。但是，该轨迹仍然是一条有价值的轨迹，因为在最后一个时间步智能体到达了 $S4$ 状态并获得了奖励。在训练中，我们希望在周期末尾的奖励能够用于更新所有 Q 值。

然而，深度 Q 学习中的更新并不是按照周期中的实际交互顺序来更新的，而是按照经验池采样来更新的。上面的周期交互样本会被打乱为下列 5 个元组存储于经验池中：

$$\tau_1 = (S1 \rightarrow S2), \tau_2 = (S2 \rightarrow S3), \tau_3 = (S3 \rightarrow S2), \tau_4 = (S2 \rightarrow S3), \tau_5 = (S3 \rightarrow S4)$$

随后，在训练时从该 5 个元组中随机采样进行更新。理想情况下，我们希望按照从周期末尾到周期开始的顺序更新，即：

1）采样 $\tau_5 = (S3 \rightarrow S4)$，更新 $Q(S3 \rightarrow S4) = r(S3 \rightarrow S4) = 1$，因为是终止状态，因此没有 next-$Q$。

2）采样 $\tau_4 = (S2 \rightarrow S3)$，更新 $Q(S2 \rightarrow S3) = r(S2 \rightarrow S3) + \gamma \max_a Q(S3, a)$，其中 $\max_a Q(S3, a) = \max\{Q(S3 \rightarrow S2), Q(S3 \rightarrow S4)\}$。由于 $Q(S3 \rightarrow S2)$ 并未得到更新，因此等于其初始化的值 0。而 $Q(S3 \rightarrow S4)$ 在上个时间步得到了更新，其值为 1，因此 $\max_a Q(S3, a) = 1$。故而 $Q(S2 \rightarrow S3) = 0 + \gamma \cdot 1 = \gamma$。可以看到，在更新 $Q(S2 \rightarrow S3)$ 时利用了上一步更新得到的 $Q(S3 \rightarrow S4)$，相当于奖励信息从状态 $S3$ "传递"到了 $S2$。

3）采样 $\tau_3 = (S3 \rightarrow S2)$，更新 $Q(S3 \rightarrow S2) = 0 + \gamma \max_a Q(S2, a) = \gamma \max\{Q(S2 \rightarrow S3), Q(S2 \rightarrow S1)\} = \gamma \max\{\gamma, 0\} = \gamma^2$。

4）采样 $\tau_2 = (S2 \rightarrow S3)$，更新 $Q(S2 \rightarrow S3) = \gamma$。

5）采样 $\tau_1 = (S1 \rightarrow S2)$，更新 $Q(S1 \rightarrow S2) = \gamma^2$。

通过上述从周期末尾到周期开始更新的顺序，可以使每个 Q 值得到更新。作为对比，如果我们不按 τ_5，τ_4，τ_3，τ_2，τ_1 的顺序采样，而是按照 τ_1，τ_2，τ_3，τ_4，τ_5 的顺序采样，则：

1）采样 $\tau_1 = (S1 \rightarrow S2)$，更新 $Q(S1 \rightarrow S2) = 0$，因为立即奖励和下一个状态的所有 Q 值均

为 0。

2）采样 $\tau_2 = (S2 \rightarrow S3)$，更新 $Q(S2 \rightarrow S3) = 0$，原因同上。

3）采样 $\tau_3 = (S3 \rightarrow S2)$，得到 $Q(S3 \rightarrow S2) = 0$，原因同上。

4）采样 $\tau_4 = (S2 \rightarrow S3)$，更新 $Q(S2 \rightarrow S3) = 0$，原因同上。

5）采样 $\tau_5 = (S3 \rightarrow S4)$，更新 $Q(S3 \rightarrow S4) = 1$，存在立即奖励。

可以看到，仅仅调换了更新的顺序，就会导致大部分的更新过程都是"无效"的。上述更新过程只能在 $Q(S3 \rightarrow S4)$ 处得到更新，而其余状态动作的 Q 值都和初始值相同。

图 3.5 的例子代表了很多强化学习任务的实际情况。多数强化学习任务都需要经过很多时间步的交互后，在周期的末尾获得奖励。例如，机械臂开门的任务中，机械臂需要接近门把手，转动把手，在打开门后才能获得奖励，随后周期结束。因此，一般情况下我们希望能够在更新时从后向前更新，逐步将"打开门"产生的奖励信息传递到整个周期。然而，一般的 Q 学习方法中直接对交互元组进行采样的方法不具备这样的性质，EBU 的提出解决了这一问题，算法 3-2 简单表述了这一过程。

算法描述中省略了智能体与环境交互的流程，仅保留了采样一个周期样本并训练的过程。EBU 使用的更新法则与基本的 Q 学习相同，不同点在于采样时直接采样整个周期，而非采样某个样本。随后从周期末尾到周期开始循环更新每个时间步的 Q 值，从而使周期末尾的奖励逐步传递到周期开始。

使用周期样本更新增加了样本之间的关联性，在深度 Q 学习中会存在一定的不稳定性。EBU 用于深度 Q 学习时需要增加一个额外的参数 β 用来加权当前的 Q 值和 target-Q 值，其目的是在一定程度上降低 Q 值传播的速度，从而避免由过估计引起的高 Q 值，更新的基本原理和算法 3-2 相同。

算法 3-2　EBU 的单步训练流程

1：采样一个周期样本 $E = \{(s_0, a_0, r_0, s_1), \cdots, (s_{T-1}, a_{T-1}, r_{T-1}, s_T)\}$

2：**for** 时间步 $t = T-1$ to 0 **do**

3：　　计算 $Q_t^{\text{target}} = r_{t+1} + \gamma \max_{a'} Q(s_{t+1}, a')$；

4：　　计算损失 $(Q_t^{\text{target}} - Q(s_t, a_t))^2$ 并更新；

5：**end for**

3.5　Q 学习用于连续动作空间

深度 Q 学习是一种为小规模离散动作空间设计的算法，如 *Atari* 游戏中动作数目为 18 个。当动作规模很大时，计算目标 Q 函数中的 $\max_a Q(s', a')$ 时，对所有可能的动作来取最大值会产生困难。更进一步，如果动作空间是连续的，相当于包含无穷多个动作，在使用 Q 学习时会产生困难。连续动作空间的任务在机器人中很常见，比如控制机器人行走时需要分别控制每个关节，而每个关节可选择的动作范围是连续的（如 0~1 之间）。本小节将 Q 学习用于连续动作空间的方法，分别基于"并行"结构和"顺序"结构。两种结构的基本原理都是基于对动作空间的分解和离散化。

▶▶ 3.5.1 基于并行结构的 Q 学习

图 3.6 显示了该方法的基本结构。和深度 Q 学习类似，将状态作为输入，所有的动作分支共享同一个状态的特征表示。在特征表示之后进行分支，每个分支计算一个动作维度对应的 Q 值。以如图所示的机械狗举例，每个关节表示一个动作的维度，分别对应于结构中的每个分支。

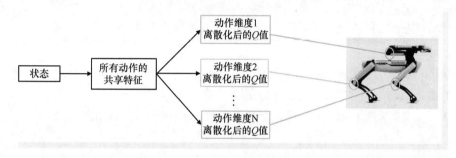

● 图 3.6 基于并行分支的结构

在每个分支中，动作被离散化。如第一个分支的动作空间为 0~1，离散化为 $m=5$ 个动作 a_1，$\cdots$，a_5，其中 a_1 代表动作选择属于 0~0.2 区间时的情形。可以看到，m 控制了离散动作的粒度，当 m 趋于无穷时，相当于处理连续的动作空间。在一般的机械臂任务中，选择 m 不超过 20 是可行的。在该结构中，由于每个动作分支被分开考虑，所以需要在每个动作分支中分别进行 Q 学习，即对每个分支分别计算目标值和 TD-error。对于第 d 个分支，其目标值为

$$Q_d^{\text{target}} = r + \gamma \max_{a'} Q_d(s', a_d') \tag{3.21}$$

损失函数为

$$L = \mathbb{E}_{(s,a,r,s' \sim D)} \left[\frac{1}{n} \sum_d \left(Q_d^{\text{target}} - Q_d(s,a) \right) \right] \tag{3.22}$$

损失为每个分支的 TD-error 的损失之和。这种优化方法的潜在假设是每个分支的动作是独立的，每个分支可以用来进行单独的优化，然而，实际上这种假设是不成立的，在每个分支中分别选择最优的动作并不代表整体的动作最优，因为动作维度之间会有较复杂的依赖关系。但是这种解耦方法是该结构在处理连续动作空间问题的一种必要的假设。

另外，本章之前介绍的 Double Q-学习，Dueling 网络和优先经验回放等方法都可以用于上述

结构，不过要在每个动作分支上分别进行应用。特别的，Dueling 网络由于分别建模了 $V(s)$ 和 $A(s,a)$，在离散化的动作较多时对精确建模每个动作的优势函数非常有帮助，因此一般该分支模型需要配合 Dueling 网络结构。形式化的，在 Dueling 网络结构中，每个分支都分别使用一个 V 分支和 A 分支，因此 Q 函数表示为

$$Q_d(s,a_d) = V(s) + \left(A_d(s,a_d) - \frac{1}{n}\sum_{a'_d} A_d(s,a'_d)\right) \tag{3.23}$$

▶▶ 3.5.2　基于顺序结构的 Q 学习

上一节中基于并行结构的方法假设各个动作分支之间没有关联，该假设存在一定的局限。基于顺序结构的方法可以克服这一局限，其结构如图 3.7 所示。在该结构中，状态经过特征提取后依次进入每个动作维度对应的模块，其中每个动作维度被分别离散化。在经过每个动作输出的模块后，输出该动作对应的 Q 值。与基于并行结构的方法类似，每个模块输出的 Q 值需要分别计算 TD-error。总体的损失为所有模块的 TD-error 之和。

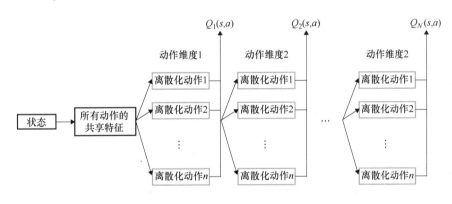

● 图 3.7　基于顺序结构的 Q 学习

基于顺序结构的方法的优势在于后面的动作模块能够重用前面动作模块学习到的信息，从而能够学习到动作之间的部分依赖关系。在网络设计中，每个模块除了使用前一个模块的特征，也将状态直接输出的特征作为输入。因此每个动作模块能同时得到原始的状态特征和前面动作模块的输出特征。然而存在的一个问题是，如果前面的动作模块的不确定性较大，学习的特征不好，将会对后面的模块产生不好的影响。近期有研究提出使用不确定性度量来对每个动作模块的不确定性进行度量，以不确定性由小到大的顺序排列动作模块，从而减小不确定性对后续模块的影响。

该研究中的不确定性的度量使用噪声网络（Noisy-Net）。噪声网络是一种在网络中增加随机性的方法，将神经网络中的权重 w 和偏置 b 从一个"数"变为一个"分布"。具体方法是，在

每次前向传播中，每个 w 采样至一个单独的正态分布 $N(\mu^w, \sigma^w)$，每个 b 采样至另一个单独的正态分布 $N(\mu^b, \sigma^b)$。当对于同样的输入进行两次前向传播时，由于网络中的权重和偏置都会进行采样，因此两次前向传播中使用的权重和偏置是不同的，从而得到的输出也不同，因此网络具有随机性。噪声网络相比于一般网络的参数会增加一倍，每个权重或偏置都需要"两个"参数来刻画分布，即 μ 和 σ。以 w 为例，从正态分布 $N(\mu^w, \sigma^w)$ 采样的过程等价于先从标准正态分布中采样一个变量 $\epsilon \sim N(0,1)$，随后计算采样的 w 为 $w = \mu^w + \sigma^w \odot \epsilon$。这一过程称为"重参数化"采样，将采样过程放在 ϵ 中，使得采样过程不影响梯度的计算。具体的有关重参数化方法的描述可以参考变分自编码器（Variational Auto-Encoder，VAE）的相关介绍，本书将不做具体描述。根据重参数化的原则，对于节点的输入值 x，输出值为

$$y = (\mu^w + \sigma^w \odot \epsilon^w) x + \mu^b + \sigma^b \odot \epsilon^b \tag{3.24}$$

其中 ϵ^w 和 ϵ^b 采样至标准正态分布。使用重参数化的噪声网络可以使用标准的随机梯度法进行训练。

使用噪声网络和上节叙述的并行结构，可以单独对每个分支代表的动作进行不确定性评价。方法是，第 i 个动作模块的不确定性 u_i 表示为该动作模块的所有噪声网络层 σ^w 和 σ^b 的标准差，即

$$u_i^\sigma = \mathrm{std}\left(\cup_j (\sigma_{ij}^w \cup \sigma_{ij}^b) \right) \tag{3.25}$$

使用并行结构进行训练时，由于每个动作模块之间没有依赖关系，u_i 仅代表模块 i 的参数不确定性。如果一个动作模块的不确定性小，那么随着训练的进行，σ^w 和 σ^b 将会趋近于 0，从对应的正态分布中采样得到的值将会接近均值。然而，如果一个动作模块本身的不确定性较大，则 σ^w 和 σ^b 将无法接近 0。在经过一段时间的训练后，σ^w 和 σ^b 的值可以用于代表该动作模块的不确定性，而 u_i 相当于聚合了这些值的影响。

在不确定性度量的基础上，可以对不确定性进行排序。在图 3.7 所示的结构中，将不确定性较小的模块放在前面，将不确定性较大的模块放在后面，从而使后面的模块能够利用前面的信息，但不会收到高不确定性的影响。如果某几个动作模块的不确定性非常接近，也可以通过聚类的方法将它们作为一个大类。这几个不确定性相近的模块可以用并行的方式排列在总体的顺序结构中，此时结构相当于融合了基于并行的方法和基于顺序的方法。在一些实际的机器人应用场景中，这种解决方法是非常有用的。

3.6 实例：使用值函数学习的 Atari 游戏

许多研究小组都开发了深度 Q 学习相关的代码库。本节以 stable-baselines（https://stable-baselines3.readthedocs.io）为例来阐述实现深度 Q 学习方法的基本步骤。该代码库包含了很多算法，作为使用者，可以直接调用其中的算法进行训练。例如，使用深度 Q 学习来训练一个 Atari 中

的打砖块（Breakout）游戏，只需要安装相关的代码库，并指定算法和任务即可。

```
1   git clone https :// github.com/DLR -RM/rl -baselines3 -zoo
2   cd rl -baselines3 -zoo/
3
4   python train.py --algo dqn --env BreakoutNoFrameskip -v4
```

下面我们将深入研究 stable-baselines 中对 Q 学习的一些实现细节。本节将使用 PyTorch 库。

▶▶ 3.6.1　环境预处理

Atari 环境中包含许多游戏，如 Pong 和 Breakout，如图 3.8 所示。Pong 是乒乓球游戏，智能体操控绿色的滑块，在对方击球后通过移动滑块来接到对手的发球，并使对方接不到球从而得分。Breakout 是打砖块游戏，智能体通过移动最下方的滑块打击小球从而消除所有的砖块，每次消除砖块后会得分。

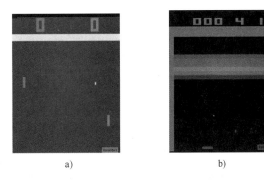

● 图 3.8　Atari 游戏示例（见彩插）
a）Pong　b）Breakout

强化学习环境库 OpenAI Gym（https：// github.com/openai/gym）接口提供了对 Atari 游戏的封装，可以方便地进行调用。在配置好 Python 基本环节后，可以通过官方的实例安装 OpenAI Gym 中的 Atari 环境。

```
1   pip install gym[ atari]
```

以 Breakout 为例，通过下面的代码可以实例化一个 Breakout 环境，并随机执行 1000 个时间步的动作。

```
1   import gym                                              # 导入 Gym
2   env=gym.make ( " BreakoutNoFrameskip -v4 " )            # 实例化 Breakout 环境
3   obs=env.reset ()                                        # 初始化环境
4   for i in range (1000):                                  # 执行 1000 个时间步的交互
5       random_action=env.action_space.sample ()           # 随机采样动作
6       next_obs,reward,done,info=env.step(random_action)  # 执行
7       env.render ()                                       # (可选)可视化
8       if done:                                            # 如果周期结束,则重新初始化环境
9           print ( " Episode Done " )
10          env.reset ()
```

其中，obs 和 next obs 是状态的表示，通过打印维度发现，它们都是维度为（210，160，

3）的张量，表示状态为 210×160 的图像，有 3 个通道。在 stable baselines 中，使用了一些预处理步骤对状态进行预处理。这些预处理步骤都可以被 gym.Wrapper 进行封装。

3.6.1.1　30 no-op 处理

深度 Q 学习在训练中，由于每次周期开始时都会调用 reset 函数，而 reset 后的图像状态都是相同的，会导致缺乏多样性。为了解决这个问题，使用 30 no-op 初始化。意思是在每个周期开始时，都执行 1~30 个 no-op 动作，该动作表示智能体不做动作，但是环境中的其他元素会根据任务的设定变化。由于环境具有随机性，因此在执行不同的 no-op 动作之后，会使环境到达不同的状态。在 Atari 中，no-op 的动作编号是 0。

```
1   class NoopResetEnv(gym.Wrapper):                    # 继承 gym.Wrapper
2       def _init_(self,env: gym.Env,noop_max: int=30):
3           gym.Wrapper._init_(self,env)
4           self.noop_max=noop_max                      # 默认为 30
5           self.noop_action=0                          # 表示 no-op 动作

6       def reset(self,* * kwargs) -> np.ndarray:       # 重载 reset 函数
7           self.env.reset (* * kwargs)                 # 调用默认的 rest 函数
8           noops=self.unwrapped.np_random.randint (1,self.noop_max
9               +1)                                     # noops 是从 1~30 中随机采样的
10          obs=np.zeros (0)
11          for _ in range(noops):                      # 执行 1~30 个时间步的 no-op
12            obs,_,done,_=self.env.step(self.noop_action)
13            if done:
14                obs=self.env.reset (* * kwargs)
15          return obs
```

如果要将环境变成一个具备 30 no-op 的环境，只需要在初始化环境 env 之后，调用上面定义的函数对 env 进行如下调用，就可以得到一个经过 30 no-op 封装后的环境。

```
1   env=gym.make (" BreakoutNoFrameskip -v4 ")         # 实例化 Breakout 环境
2   env=NoopResetEnv(env,noop_max =30)                 # 封装 no-op wrapper
```

3.6.1.2　Frameskip 封装

Frameskip 封装是为了加快训练进程。在 Atari 的设定中，每次执行一个动作（如向左），智能体只会运动很小一段距离，随后就会请求策略产生新的动作。如果希望加速这个进程，可以用一个 skip 技巧来跳过 n 个时间步，而在 n 个时间步内都执行相同的动作。最终返回的状态是执行 n 次相同动作后到达的最终的状态。

Frameskip 更深一层的作用是可以进行时序的抽象，关于时序抽象的内容将会在"层次化强化学习"的章节中进行详细介绍。层次化是为了加速交互和学习，可以在交互中进行时序的抽象，在高层和底层使用不同的策略。Frameskip 是一种最简单的层次化，在 n 个时间步的小范围

内，执行一个固定的策略，即重复 $n=1$ 时的动作；每隔 n 个时间步用真实的强化学习策略来产生新的动作，因此相当于有两层的层次化。更高级的层次化方法会在底层用另外一个策略来交互和学习，而不是执行固定的重复性动作。但 Frameskip 这种简单的层次化方法在 Atari 任务中是非常有用的。

以下是一个简单的实现。在实现中主要重载了 step 函数，该函数的输入是动作。动作输入后，在内部进行 n 步的循环，每一步都执行输入的动作。这里的实现与上文描述有一点区别是，最终返回的状态不是最后一步的状态，而是保存了最后两步的状态，随后在通道上取最大值。这里的考虑是取最大值能够使状态中凸显一些快速变化的物体。另外，最终返回的奖励也是在 n 步内获得的奖励总和。

```
1  class MaxAndSkipEnv(gym.Wrapper):
2      def _init_(self,env: gym.Env,skip: int =4):  # n=4
3          gym.Wrapper._init_(self,env)
4          self._obs_buffer=np.zeros ((2,)+env.observation_space.
               shape,dtype=env.observation_space.dtype)   # 构造 buffer
5          self._skip=skip
6
7      def step(self,action: int) -> GymStepReturn:
8          total_reward=0.0
9          done=None
10         for i in range(self._skip):              # 在每次交互时连续进行 _skip 次真实的 step
11             obs,reward,done,info=self.env.step(action)
12             if i == self._skip - 2:             # 保存 n 步 skip 的最后两个状态
13                 self._obs_buffer [0]=obs
14             if i == self._skip - 1:
15                 self._obs_buffer [1]=obs
16             total_reward+= reward               # 返回 n 步内的总奖励
17             if done:
18                 break
19         max_frame=self._obs_buffer.max(axis =0) # 通道维度的 max
20         return max_frame,total_reward,done,info
```

3.6.1.3 奖励的剪裁

深度 Q 学习只区分三种奖励类型。如果实际返回的奖励大于 0，则规约后为 1；如果奖励小于 0，则规约后为 -1；如果奖励为 0，则不变。奖励的裁剪是为了模型和超参数能够适用于所有的任务。例如，任务 A 的奖励范围是 0~1，而任务 B 的奖励范围为 0~10，那么正常情况对任务 B 设置的学习率应当是任务 A 的十分之一，才能保证梯度的绝对值是同样的数量级。由于 Q 值实际上在计算期望的累计奖励，因此奖励的尺度和 TD-error 的尺度是关联的。如果不同的任务奖励相差太大，则在优化中难以选择普遍使用的超参数。通过奖励的裁剪能够使同一个算法和同一套超参数适用于整个 Atari 的任务集合。以下实现了奖励裁剪的步骤，需要重载 reward 函数。

```
1  class ClipRewardEnv(gym.RewardWrapper):
2      def _init_(self,env: gym.Env):
3          gym.RewardWrapper._init_(self,env)
4
5      def reward(self,reward: float) -> float:
6          return np.sign(reward)
```

3.6.1.4 观测图像的处理

在使用卷积网络处理图像之前，需要对图像进行简单的预处理。首先将 RGB 图像转为灰度图，这一操作在 Atari 中一般不会丢失对决策有用的信息，但可以减少计算量。随后将原始的图像维度插值成 84×84 的小图。实现如下，需要重载 observation 函数。其中主要的操作都通过 OpenCV 的 Python 包来实现。

```
1   class WarpFrame(gym. ObservationWrapper ):
2       def _init_(self,env: gym.Env,width: int=84,height: int
            = 84):
3           gym. ObservationWrapper ._init_(self,env)
4           self.width=width
5           self.height=height
6           self. observation_space=spaces.Box(low=0,high =255,shape
                =( self.height,self.width,1),dtype=env.
                observation_space .dtype)
7
8       def observation(self,frame: np.ndarray) -> np.ndarray:
9           frame=cv2.cvtColor(frame,cv2.COLOR_RGB2GRAY)
10          frame=cv2.resize(frame,(self.width,self.height),
                interpolation=cv2.INTER_AREA)
11          return frame[:,:,None]
```

除上述介绍的预处理步骤之外，Framestack 也是一个较为重要的操作。Framestack 是为了构造符合马尔可夫性的状态，关于马尔可夫性的内容可以参看 1.4 小节中介绍的内容。为了让状态符合马尔可夫性，第 t 时刻返回的状态实际上是由 t-3，t-2，t-1，t 这四个时刻的四帧状态叠加起来的。Framestack 不一定需要写成上述的 wrapper 形式，也可以在经验池采样的时候直接采样出邻近四个时间步的状态并返回。Atari 的另外一些封装操作可以在 stable baselines 代码的 common/atari_wrappers.py 文件中找到。

▶▶ 3.6.2 Q 网络的实现

3.6.2.1 标准 Q 网络

在 Atari 任务中，状态图像在经过预处理和 Framestack 之后，是一个 84×84×4 的张量。标准

的 Q 网络包含三层卷积和一个全连接层，最终输出和动作数目相等的节点，表示每个动作对应的 $Q(s,a)$。stable baselines 中的网络结构为了确保通用性经过了很多层的封装。本小节将去掉这些封装，展示最为直接的 PyTorch 实现方法。

```
1   class DQN(nn.Module):
2       def _init_(self,in_channels,num_actions):
3           super(DQN,self)._init_()
4           self.conv1=nn.Conv2d(in_channels=in_channels,
                out_channels=32,kernel_size=8,stride=4)
5           self.conv2=nn.Conv2d(in_channels=32,out_channels=64,
                kernel_size=4,stride=2)
6           self.conv3=nn.Conv2d(in_channels=64,out_channels=64,
                kernel_size=3,stride=1)
7
8           self.fc1=nn.Linear(in_features=7*7*64,out_features=512)
9           self.fc2=nn.Linear(in_features=512,out_features=
                num_actions)
10          self.relu=nn.ReLU()
11
12      def forward(self,x):
13          x=self.relu(self.conv1(x))
14          x=self.relu(self.conv2(x))
15          x=self.relu(self.conv3(x))           #经过三个卷积层
16          x=x.view(x.size(0),-1)
17          x=self.relu(self.fc1(x))
18          x=self.fc2(x)                        #经过两个全连接层
19          return x
```

3.6.2.2 Dueling 网络的实现

Dueling 网络中，状态经过卷积层后需要进行两个分支，分别用于表示 $V(s)$ 和 $A(s,a)$。其中，$V(s)$ 的输出节点为 1 个，$A(s,a)$ 的输出节点和动作数目相同。根据前文的介绍，Dueling 网络在输出优势函数之后，需要减去所有动作的优势函数的平均值 $\dfrac{1}{|A|}\sum_{a'}A(s,a')$。具体的实现方法如下。

```
1   class Dueling_DQN(nn.Module):
2       def _init_(self,in_channels,num_actions):
3           super(Dueling_DQN,self)._init_()
4           self.num_actions=num_actions
5
6           #以下三个卷积层被V分支和A分支共用
7           self.conv1=nn.Conv2d(in_channels=in_channels,
                out_channels=32,kernel_size=8,stride=4)
```

```
 8    self.conv2=nn.Conv2d(in_channels =32,out_channels =64,
          kernel_size =4,stride =2)
 9    self.conv3=nn.Conv2d(in_channels =64,out_channels =64,
          kernel_size =3,stride =1)
10
11    self.fc1_adv=nn.Linear(in_features =7* 7* 64,out_features
          =512)
12    self.fc2_adv=nn.Linear(in_features =512,out_features =
          num_actions)# Advantage 分支
13
14    self.fc1_val=nn.Linear(in_features =7* 7* 64,out_features
          =512)
15    self.fc2_val=nn.Linear(in_features =512,out_features =1)
          # Value 分支,输出一个节点
16    self.relu=nn.ReLU ()
17
18  def forward(self,x):
19    batch_size=x.size (0)
20    x=self.relu(self.conv1(x))
21    x=self.relu(self.conv2(x))
22    x=self.relu(self.conv3(x))
23    x=x.view(x.size (0),-1)
24
25    adv=self.relu(self.fc1_adv(x))
26    val=self.relu(self.fc1_val(x))
27    adv=self.fc2_adv(adv)
28    val=self.fc2_val(val).expand(x.size (0),self.num_actions
          )
29
30    # 输出的 Q 值是 V 和"规约后的 A ( s , a )"的和
31    x=val+adv - adv.mean (1).unsqueeze (1).expand(x.size (0),
          self.num_actions)
32    return x
```

▶▶ 3.6.3 Q 学习的核心步骤

Q 学习中存在采样和学习两个步骤，在每次采样后，将样本存储至经验池。在每次训练中，从经验池中采样部分样本用来训练。经验池的实现实际上是一个大的数组，相关内容可以参看 stable baselines 中的实现，本小节主要介绍如何利用经验池的样本进行学习。

首先根据需求，初始化 Q 网络或者 Dueling Q 网络。初始化 Q 网络的代码如下：

```
1   # 根据环境信息获得输入的维度
2   input_shape=env. observation_space .shape [0]
3   num_actions=env.action_space.n
4
5   # 初始化 Q 网络和 target-Q 网络
6   Q=DQN(in_channels,num_actions).type(dtype)
7   Q_target=DQN(in_channels,num_actions).type(dtype)
8
9   # 初始化仅包含 Q 网络参数的优化器(如:Adam)
10  optimizer=torch.optim.Adam(Q.parameters (),lr =0.00025)
```

假设我们从经验池中采样得到的状态、动作、奖励、下一时刻的状态、周期结束标志分别表示为 obs_t，act_t，rew_t，obs_tp1，done_mask，则使用这些数据进行深度 Q 学习一次迭代的代码如下：

```
1   # 计算当前 Q ( s , a )值
2   q_values=Q(obs_t)
3   q_s_a=q_values.gather (1,act_t.unsqueeze (1))
4   q_s_a=q_s_a.squeeze ()
5
6   # 计算 Q 的目标值(DQN)
7   q_tp1_values=Q_target(obs_tp1).detach ()    # 计算 Q ( s', a') 值
8   q_s_a_prime,a_prime=q_tp1_values.max (1)    # 计算 max Q ( s', a')
9   # 如果是最后一个状态,则 q _ s _ a _ prime =0
10  q_s_a_prime=(1 - done_mask) * q_s_a_prime
11  q_target=rew_t+gamma * q_s_a_prime          # r + gamma * max Q ( s', a')
12
13  # 计算 TD error
14  error=torch.square (q_target - q_s_a)
15
16  # 更新 Q 网络
17  optimizer.zero_grad ()
18  error.backward ()
19  optimizer.step ()
20  num_param_updates+= 1
21
22  # 以一定的频率更新 target-Q 网络(如 10000)
23  if num_param_updates % 10000 == 0:
24      Q_target.load_state_dict(Q.state_dict ())
```

如果是用 Double DQN 更新，则只需要更改上述代码中的"计算 Q 的目标值"部分，将 s' 处的动作选择使用不同的 Q 网络进行，代码如下：

```
1   # 计算 Q 的目标值 ( Double DQN )
2   q_tp1_values = Q(obs_tp1).detach ()
3   _, a_prime = q_tp1_values.max (1) # 使用 Q 来选择 a'
4
5   # 使用 Q_target 网络来评价 Q ( s', a )
6   q_target_tp1_values = Q_target(obs_tp1).detach ()
7   q_target_s_a_prime = q_target_tp1_values .gather (1, a_prime.
        unsqueeze (1)).squeeze ()
8
9   q_target_s_a_prime = (1 - done_mask) * q_target_s_a_prime
10  q_target = rew_t + gamma * q_target_s_a_prime
```

第4章

策略梯度迭代的强化学习算法

4.1 REINFORCE 策略梯度

REINFORCE 策略梯度是最直接的策略优化方法。本节将从策略梯度最基本的优化目标出发，导出 REINFORCE 策略梯度的基本理论。在推导中将尽可能简化理论过程，力求使读者容易理解。策略梯度法和基于值函数的算法有一个显著的不同点是，基于值函数的算法不会直接建模策略，而是通过学习最优的 Q 函数来输出相对于 Q 值的贪心策略或 ϵ-贪心策略。策略梯度法则不建模 Q 函数，而是直接参数化策略 π_θ，其中 θ 代表神经网络的参数。随后，通过周期的期望奖励对策略 π_θ 的梯度来更新策略。因此，策略梯度的核心是如何计算期望奖励对策略的梯度。

下面使用 τ 来代表一个周期（或一条轨迹），使用 $R(\tau)$ 来代表周期的奖励之和。在轨迹 τ 的生成中，使用策略 π_θ 在每个时间步选择动作，因此轨迹是依赖于策略 π_θ 的。周期奖励的期望 $J(\pi_\theta)$ 包含了对策略的期望，记为

$$J(\pi_\theta) = \mathbb{E}_{\tau \sim P(\tau|\theta)}\left[R(\tau)\right] \tag{4.1}$$

其中 $P(\tau|\theta)$ 代表在策略 π_θ 下估计 τ 的概率。策略梯度的学习目标是最大化期望 $J(\pi_\theta)$，因此策略梯度的迭代方向是

$$\theta_{k+1} = \theta_k + \alpha \nabla_\theta J(\pi_\theta) \mid \theta_k \tag{4.2}$$

其中 θ_k 到 θ_{k+1} 的过程代表一次策略迭代，$\nabla_\theta J(\pi_\theta)$ 代表策略梯度。下面将逐步导出 $\nabla_\theta J(\pi_\theta)$ 的具体形式。

▶▶ 4.1.1 策略梯度的基本形式

策略梯度中，$J(\pi_\theta)$ 需要求轨迹 τ 在策略 π_θ 下的概率 $P(\tau|\theta)$，因此首先分析 $P(\tau|\theta)$ 的具

体形式。$P(\tau \mid \theta)$ 可以表示为初始状态的概率和后序状态的策略选择以及环境状态转移概率的乘积。具体的，对于轨迹

$$\tau = (s_0, a_0, \cdots, s_{T+1}) \tag{4.3}$$

其概率为

$$P(\tau \mid \theta) = \underbrace{p(s_0)}_{\text{初始状态}} \cdot \Big[\underbrace{\pi_\theta(a_0 \mid s_0)}_{\text{策略}} \underbrace{P(s_1 \mid s_0, a_0)}_{\text{转移函数}}\Big] \Big[\underbrace{\pi_\theta(a_1 \mid s_1)}_{\text{策略}} \underbrace{P(s_2 \mid s_1, a_1)}_{\text{转移函数}}\Big] \cdots \tag{4.4}$$

第一项 $p(s_0)$ 表示初始状态的概率；由状态 s_0 转移到后序状态需要计算在当前策略下选择动作 a_0 的概率，随后再计算从 (s_0, a_0) 转移到 s_1 的概率 $P(s_1 \mid s_0, a_0)$，式（4.4）中第一个中括号内将这两项相乘；随后，同理可以计算从 s_1 经动作 a_1 转移到 s_2 状态的概率；以此类推，直到周期末尾。可以将上式写成更为标准的连乘形式如下：

$$P(\tau \mid \theta) = p(s_0) \prod_{t=0}^{T} P(s_{t+1} \mid s_t, a_t) \pi_\theta(a_t \mid s_t) \tag{4.5}$$

总体而言，轨迹的概率一方面受到策略 π_θ 的影响，另一方面受到环境状态转移 $P(s_{t+1} \mid s_t, a_t)$ 的影响。其中，环境的状态转移函数一般是无法改变的，在面临一个具体的任务时，环境状态转移是由该任务内部机制所决定的。例如，在驾驶任务中，汽车在驾驶员采取动作后，在汽车自身动力系统和环境阻力等因素的联合作用下可以到达下一个状态，而内部的工作机制往往是难以具体建模的。因此，在该设定下，一般认为环境的状态转移机制是固定的，我们仅考虑策略 π_θ 对轨迹的影响，并研究如何通过改变策略 π_θ 使智能体获得更高的奖励。

首先，将策略梯度 $\nabla_\theta J(\pi_\theta)$ 中的期望形式根据定义展开为对轨迹的积分形式：

$$\begin{aligned} \nabla_\theta J(\pi_\theta) &= \nabla_\theta \mathbb{E}_{\tau \sim P(\tau \mid \theta)}[R(\tau)] \\ &= \nabla_\theta \int_\tau P(\tau \mid \theta) R(\tau) = \int_\tau \nabla_\theta P(\tau \mid \theta) R(\tau) \end{aligned} \tag{4.6}$$

由于 $R(\tau)$ 不含参数 θ，因此只需要计算 $\nabla_\theta P(\tau \mid \theta)$，如下：

$$\nabla_\theta P(\tau \mid \theta) = P(\tau \mid \theta) \nabla_\theta \log P(\tau \mid \theta) \tag{4.7}$$

上述式子成立的原因是，对于任意的函数 $y = \log f(x)$，y 对 x 的梯度可以写成 $\nabla_x y = \nabla_x \log f(x) = \frac{1}{f(x)} \nabla_x f(x)$。两边同乘以 $f(x)$，则可得 $f(x) \nabla_x \log f(x) = \nabla_x f(x)$。式（4.7）也是根据类似的规则展开，主要目的是留出 $\nabla_\theta \log P(\tau \mid \theta)$ 的项，因为该项容易计算。根据式（4.5）中对轨迹似然的描述，两边同时取 log 可得

$$\log P(\tau \mid \theta) = \log p(s_0) + \sum_{t=0}^{T} \big(\log P(s_{t+1} \mid s_t, a_t) + \log \pi_\theta(a_t \mid s_t)\big) \tag{4.8}$$

注意连乘在取 log 之后会变为连加，原因是 $\log(xy) = \log x + \log y$。随后，我们将该式子代入式（4.7）可得，

$$\nabla_\theta P(\tau \mid \theta) = P(\tau \mid \theta) \ \nabla_\theta \log P(\tau \mid \theta)$$

$$= P(\tau \mid \theta) \ \nabla_\theta \Big[\log p(s_0) + \sum_{t=0}^{T} (\log P(s_{t+1} \mid s_t, a_t) + \log \pi_\theta(a_t \mid s_t)) \Big]$$

$$= P(\tau \mid \theta) \Big[\nabla_\theta \log p(s_0) + \sum_{t=0}^{T} (\nabla_\theta \log P(s_{t+1} \mid s_t, a_t) + \nabla_\theta \log \pi_\theta(a_t \mid s_t)) \Big]$$

$$= P(\tau \mid \theta) \sum_{t=0}^{T} (\nabla_\theta \log \pi_\theta(a_t \mid s_t)) \qquad (4.9)$$

注意，在倒数第二行中，由于初始状态的概率和环境的状态转移概率都与策略参数 θ 无关，因此对 θ 的导数都为 0，可以直接消去。最终导出的形式比较简单。将式（4.9）代入到最初的策略梯度公式（4.6）中，可得

$$\nabla_\theta J(\pi_\theta) = \int_\tau \nabla_\theta P(\tau \mid \theta) R(\tau) = \int_T P(\tau \mid \theta) \sum_{t=0}^{T} \nabla_\theta \log \pi_\theta(a_t \mid s_t) R(\tau) \qquad (4.10)$$

将积分的形式改为期望的形式，最终策略梯度的形式为

$$\nabla_\theta J(\pi_\theta) = \mathbb{E}_{\tau \sim P(\tau \mid \theta)} \Big[\sum_{t=0}^{T} \nabla_\theta \log \pi_\theta(a_t \mid s_t) R(\tau) \Big] \qquad (4.11)$$

此时已经完成了 REINFORCE 策略梯度的所有理论推导，下面对最终的表达式给出一些直观的理解。

首先，根据最终的策略梯度形式可以解释为什么策略梯度法是一种 "on-policy" 的算法。策略梯度在计算中使用的轨迹 τ 是依赖于当前策略 π_θ 的，因此理论上 $\nabla_\theta J(\pi_\theta)$ 在求取中只能利用当前策略 π_θ 与环境交互得到的样本，而不能使用 "旧" 的样本。因为旧样本不是 π_θ 产生的。因此策略梯度法是 "on-policy" 的算法。当策略根据梯度 $\nabla_\theta J(\pi_\theta)$ 迭代一次后，会产生新的策略。此时，必须用新的策略来生成新的样本，并在此基础上重新计算下一轮针对新策略的策略梯度。这一点和上一章介绍的 Q 学习有很大区别，Q 学习是 off-policy 的算法，可以通过维护一个很大的经验池来利用之前交互产生的样本。

其次，在实际中只能估计策略梯度的值，而无法获得其真实值。策略梯度的期望是使用当前策略 π_θ 采样很多条轨迹来近似估计的。对于每条轨迹 τ，都需要根据策略梯度的公式计算 $\sum_t \nabla_\theta \log \pi_\theta(a_t \mid s_t) R(\tau)$ 的值并求平均值。因此采样的轨迹越多，估计也会越准确。但如果环境的随机性比较大，在同样的策略下采样多条轨迹也会得到非常不同的结果，从而使得策略梯度在估计中具有较高的方差。

在实现中，根据策略梯度 $\mathbb{E}_{\tau \sim P(\tau \mid \theta)} [\sum_t \nabla_\theta \log \pi_\theta(a_t \mid s_t) R(\tau)]$ 的形式，可以得到策略的损失函数为 $\mathbb{E}_{\tau \sim P(\tau \mid \theta)} [\sum_t \log \pi_\theta(a_t \mid s_t) R(\tau)]$。其中，期望可以通过采样 N 条轨迹来估计，因此实际的计算方法为 $\frac{1}{N} \sum_\tau \sum_t \log \pi_\theta(a_t \mid s_t) R(\tau)$。如果环境的动作空间是离散的，则策略网络的输出一般是离散的 softmax 分布；如果环境的动作空间是连续的，则策略网络的输出一般是正态分布。在

PyTorch 和 TensorFlow 中都有这些分布的实现方式，通过输入动作并调用分布下的"logprob"方法，即可获得策略梯度中的 $\log\pi_\theta(a_t \mid s_t)$ 项的值。

▶▶ 4.1.2　降低策略梯度的方差

本小节将介绍几种降低策略梯度方差的做法，方差的主要来源是 $R(\tau)$ 的计算。对于采样的轨迹 $\tau \sim P(\tau \mid \theta)$，由于策略的随机性和环境本身的随机性，会导致不同轨迹的策略梯度有很大的不同，进而使轨迹对应的奖励有很大的不同。因此，$R(\tau)$ 一般具有较高的方差，从而导致策略梯度的方差较高。

一种直接的降低策略梯度方差的做法是，在计算回报时不考虑整条轨迹的奖励 $R(\tau) = \sum_{t=0}^{T} r_t$，而是只考虑当前状态 (s_t, a_t) 之后的轨迹的奖励。原因是对于策略的输出 a_t 而言，该动作只能影响 t 时间步之后的轨迹的奖励，因此在使用 (s_t, a_t) 计算策略梯度时只需要考虑在 t 时间步之后的轨迹的奖励即可。具体地，在策略梯度中使用 $\hat{R}_t = \sum_{t'=t}^{T} r_{t'}$ 来替代 $R(\tau)$。由于每个时间步都会受到策略和环境随机性的影响，而 $\hat{R}_t$ 考虑的轨迹更短，因此具有更小的方差。

另外一种常用的方法是引入一个只与状态有关的量 $b(s_t)$ 作为基线，此时策略梯度公式变为

$$\nabla_\theta J(\pi_\theta) = \mathbb{E}_{\tau \sim P(\tau \mid \theta)} \Big[\sum_{t=0}^{T} \nabla_\theta \log \pi_\theta(a_t \mid s_t)(\hat{R}_t - b(s_t)) \Big] \tag{4.12}$$

对于给定的状态 s_t，$b(s_t)$ 是只与状态有关而和动作无关的量。从上述式子中分离出单个时间步 t 的与 $b(s_t)$ 有关的策略梯度为

$$\mathbb{E}_{\pi_\theta(a_t \mid s_t)} \big[\nabla_\theta \log \pi_\theta(a_t \mid s_t) b(s_t) \big] = \int \pi_\theta(a_t \mid s_t)\, \nabla_\theta \log \pi_\theta(a_t \mid s_t) b(s_t) \mathrm{d}a_t$$

$$= \int \nabla_\theta \pi_\theta(a_t \mid s_t) b(s_t) \mathrm{d}a_t = b(s_t)\, \nabla_\theta \int \pi_\theta(a_t \mid s_t) \mathrm{d}a_t = b(s_t)\, \nabla_\theta 1 = 0$$

$$\tag{4.13}$$

其中最后一步是因为 $\pi(a_t \mid s_t)$ 选择所有动作的概率之和为 1。因此，引入一个与动作无关的基线不会影响策略梯度的期望值。合理选择基线能够降低策略梯度的方差，可以设 $b(s_t) = V(s_t)$。这样设置的原因是因为动作值函数 $V(s_t)$ 正好代表了智能体的未来奖励的期望值，能够有效地减小估计的方差。当然，$V(s_t)$ 并不是一个已知的量，往往需要一个额外的神经网络来估计。

下面举一个简单的例子说明为什么使用基线能够降低估计的方差。假设在式（4.12）中，对于三条轨迹 $\sum_{t=0}^{T} \nabla_\theta \log \pi_\theta(a_t \mid s_t)$ 的值分别为 $[0.5, 0.2, 0.3]$，这三条轨迹的 $R(\tau)$ 值分别为 $[1000, 1001, 1002]$。如不考虑使用 $\hat{R}_t$ 代替 $R(\tau)$ 带来的影响，则这三条轨迹的策略梯度为 0.5×1000，0.2×1001 和 0.3×1002，方差约为 15524。然而，如果使用 $b = 1000$ 作为基线，则三条轨迹

的策略梯度变为 0.5×0，0.2×1 和 0.3×2，此时方差约为 0.06。因此，使用合适的基线能够很大程度上减小估计的方差。

4.2 异步策略梯度法

本节将在策略梯度算法的基础上，引入演员-评论家（actor-critic）算法的基本结构。异步策略梯度法是 actor-critic 算法的一种。这里使用不考虑基线的策略梯度形式来进行推导，如下：

$$\nabla_\theta J(\pi_\theta) = \mathbb{E}_{\tau \sim \pi_\theta} \Big[\sum_{t=0}^T \nabla_\theta \log \pi_\theta(a_t \mid s_t) \hat{R}_t \Big] = \sum_{t=0}^T \mathbb{E}_{\tau \sim \pi_\theta} \big[\nabla_\theta \log \pi_\theta(a_t \mid s_t) \hat{R}_t \big]$$

将对轨迹 τ 的期望分为时间步 t 之前的轨迹（记为 $\tau_{:t}$）和时间步 t 之后的轨迹（记为 $\tau_{t:}$），

$$\nabla_\theta J(\pi_\theta) = \sum_{t=0}^T \mathbb{E}_{\tau_{:t} \sim \pi_\theta} \big[\mathbb{E}_{\tau_{t:} \sim \pi_\theta} \big[\nabla_\theta \log \pi_\theta(a_t \mid s_t) \hat{R}_t \mid \tau_{:t} \big] \big]$$

$$= \sum_{t=0}^T \mathbb{E}_{\tau_{:t} \sim \pi_\theta} \big[\nabla_\theta \log \pi_\theta(a_t \mid s_t) \mathbb{E}_{\tau_{t:} \sim \pi_\theta} \big[\hat{R}_t \mid \tau_{:t} \big] \big]$$

$$= \sum_{t=0}^T \mathbb{E}_{\tau_{:t} \sim \pi_\theta} \big[\nabla_\theta \log \pi_\theta(a_t \mid s_t) Q^{\pi_\theta}(s_t, a_t) \big]$$

其中第二行的推导是由于策略 $\pi_\theta(a_t \mid s_t)$ 只和当前的状态有关，而当前状态的分布只和之前的轨迹有关。第三行中，由于马尔可夫性的假设，$\hat{R}_t \mid \tau_{:t}$ 的条件依赖关系可以简化为只和当前时间步有关。在当前时间步，s_t、a_t 根据策略 π_θ 执行动作直到周期结尾获得的累计奖励的期望为 $\mathbb{E}_{\tau_{t:} \sim \pi_\theta} [\hat{R}_t \mid s_t, a_t] = Q^{\pi_\theta}(s_t, a_t)$。

在上面的策略梯度算法中，$Q^{\pi_\theta}(s_t, a_t)$ 是在当前策略 π 下对 (s_t, a_t) 的策略评价的值。由于该值是未知的，在 actor-critic 算法中使用了一个参数为 w 的 Q 网络来估计该值，即 $Q_w(s_t, a_t) \approx Q^{\pi_\theta}(s_t, a_t)$。在上述算法中存在两个网络：用来学习策略的网络 π_θ（称为 actor）和用来估计值函数的策略评价网络 $Q_w(s_t, a_t)$（称为 critic）。在训练中要同时学习这两个网络的参数，也被称为 actor-critic 方法。

可以发现，actor-critic 方法结合了基于值函数的算法和基于策略的基本思路。对比而言，REINFORCE 策略梯度仅有更新策略的部分，而 actor-critic 同时要更新策略和值函数的估计。其中，策略的更新方法遵循上面导出的结果，

$$\nabla_\theta J(\pi_\theta) = \sum_{t=0}^T \mathbb{E}_{\tau_{:t} \sim \pi_\theta} \big[Q_w(s_t, a_t) \nabla_\theta \log \pi_\theta(a_t \mid s_t) \big]$$

值函数 Q_w 的更新可以使用前文介绍的基于时序差分（TD）法。注意，由于 actor-critic 方法一般被用于策略的学习，因此在更新值函数时无法用蒙特卡罗估计方法使用整条轨迹的回报来估计目标值。时序差分法将 Q_w 的更新目标设置为当前奖励和下一个时间步的 Q 值估计，因此

TD-error 为

$$\delta_t = r_t + \gamma Q_w(s', a') - Q_w(s, a)$$

其中 a' 根据当前的策略来进行选择, $a' = \pi_\theta(s')$。在最小化 TD-error 时, $r_t + \gamma Q_w(s', a')$ 这一项被视为学习的目标值, 不进行梯度传播。计算 $\frac{1}{2}(\delta_t)^2$ 对 Q 网络参数 w 的梯度为 $-\delta_t \nabla_w Q_w(s, a)$。总结 actor-critic 算法流程如算法 4-1 所示。

算法 4-1 actor-critic 算法

1: 初始化 actor 网络 π_θ 和 critic 网络 Q_w, 初始化两个网络的学习率为 α_θ, α_w;

2: **for** 周期 $i = 1$ to M **do**

3:    **for** 时间步 $t = 0$ to $T-1$ **do**

4:      根据当前策略 π_θ 在状态 s_t 处选择动作 a_t 并执行, 得到 r_{t+1}, s_{t+1};

5:      使用当前策略 π_θ 在 s_{t+1} 处选择动作 a_{t+1};

6:      使用策略梯度更新 actor 参数: $\theta \leftarrow \theta + \alpha_\theta Q_w(s_t, a_t) \nabla_\theta \log \pi_\theta(a_t \mid s_t)$;

7:      计算 TD-error $\delta_t = r_t + \gamma Q_w(s_{t+1}, a_{t+1}) - Q_w(s_t, a_t)$;

8:      通过最小化 TD-error 来更新 critic 参数 $w \leftarrow w + \alpha_w \delta_t \nabla_w Q_w(s_t, a_t)$;

9:    **end for**

10: **end for**

▶▶ 4.2.1　引入优势函数

这里使用上节引入的基线来降低策略梯度方差估计。当使用 $V^\pi(s_t)$ 来作为基线时, 梯度公式中 $Q^\pi(s_t, a_t)$ 转化为 $Q^\pi(s_t, a_t) - V^\pi(s_t)$。正如上节中证明的, 使用基线能保证策略梯度的无偏性, 同时能减少方差。可以发现, $Q^\pi(s_t, a_t) - V^\pi(s_t)$ 正好等于优势函数 $A^\pi(s_t, a_t)$ 的定义。使用时序差分法展开优势函数, 得到

$$A^\pi(s_t, a_t) = Q^\pi(s_t, a_t) - V^\pi(s_t) = r + \gamma V^\pi(s_{t+1}) - V^\pi(s_t) \tag{4.14}$$

由于 $V^\pi(s)$ 函数是未知的, 需要使用一个参数化的网络来估计, 记为 $V_\phi(s)$。此时策略梯度公式转变为优势函数的形式

$$\nabla_\theta J(\pi_\theta) = \mathbb{E}_{\tau \sim \pi_\theta} \sum_{t=0}^{T} \left[A_\phi(s_t, a_t) \nabla_\theta \log \pi_\theta(a_t \mid s_t) \right] \tag{4.15}$$

其中 $A_\phi(s_t, a_t)$ 可以使用状态值函数 $V_\phi(s_t)$ 的估计并通过式 (4.14) 来计算。V_ϕ 网络也使用时序差分法, 通过最小化 $\frac{1}{2}[y_t - V_\phi(s_t)]^2$ 来进行估计, 其中 $y_t = r_t + \gamma V_\phi(s_{t+1})$ 是状态值函数的学习目标。

基于优势函数的 actor-critic 算法流程可以通过修改算法 4-1 得到。在初始化时, 需要初始化 actor 网络 π_θ 和 critic 网络 V_ϕ; 在第 6 步计算策略梯度时, 将更新公式改为式 (4.15) 所示的基

于优势函数的更新公式；将第 7 步的 TD-error 计算修改为 $\delta_t = r_t + \gamma V_\phi(s_{t+1}) - V_\phi(s_t)$；最后一步更新 critic 参数的梯度项修改为 $-\alpha_\phi \delta_t \nabla_\phi V_\phi(s_t, a_t)$。因此，基于优势函数的算法与基本的 actor-critic 算法相比并没有新增网络参数，但是可以有效地减少策略梯度中估计的方差。

▶▶ 4.2.2 异步策略梯度

异步策略梯度（A3C）在上述算法的基础上引入了异步的梯度更新。具体的，该方法使用多个 actor-critic 网络，另外还保持一个全局的 actor-critic 网络。每个 actor-critic 网络会实例化一个交互环境，并在该环境中独立与环境进行交互和训练。在周期开始时，每个 actor-critic 网络会同步全局的参数用于交互和梯度计算；每隔一段时间，网络将计算得到的策略梯度和值函数梯度传递给全局网络。全局网络根据多个 actor-critic 网络传入的梯度进行异步更新。异步策略梯度算法如图 4.1 所示。

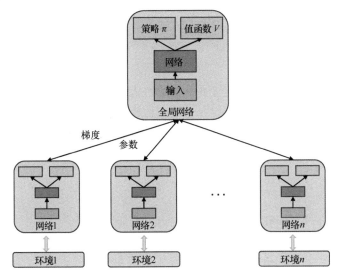

● 图 4.1　异步策略梯度算法（见彩插）

异步策略梯度具有以下几个优点。

1）可以充分地利用资源。通过多线程的实现方法可以实例化多个 actor-critic 网络和交互环境，并行地在每个环境中进行样本采集和梯度计算。

2）增强对环境的探索。由于每个 actor-critic 网络和全局网络的参数是异步更新的，因此每个 actor-critic 网络在进行独立交互时使用的策略将会有所差别。在不同的环境中使用独立的策略进行交互能够提升探索的能力，在不同的环境中能够探索得到不同的样本，增加了样本的多样性。

3）由于训练中样本的多样性增强，在计算梯度时能够消除样本的相关性。这种作用类似于

深度 Q 学习中的经验回放机制，可以增强策略训练的稳定性。

4.3 近端策略优化法

在上节介绍的基于优势函数的策略梯度法的基础上，本节介绍一种基于优势函数的近端策略优化（Proximal Policy Optimization，PPO），该方法在实际任务中的表现优于基本的基于优势函数的策略梯度法。

在 actor-critic 算法中，由于 critic 初始时都是一个随机的网络，因此很难对值函数给出准确的预测，从而导致策略梯度估计的不准确。另外，actor 的梯度基于对轨迹的期望，在实际估计中只能采样少量的估计来估计梯度，也会导致梯度估计是有偏的。在学习中，考虑到每个迭代步的策略梯度是不准确的，往往使用一个很小的学习率来进行"保守"的策略更新。这种更新方法可以保证在每个迭代步使用策略梯度带来的实际策略的变化不会很大，从而避免了偶然将策略迭代到某个非常差的位置而难以恢复。

然而，使用小的学习率会导致策略的迭代速度很慢。那么，是否有一种方法能够既保证策略更新的"保守"性，又能够在一定程度上提升策略迭代的速度？答案是肯定的。下面介绍 PPO 是如何实现这一过程的。在 PPO 中，需要描述两个策略：$\pi_{\theta_{old}}$ 和 π_θ。其中，$\pi_{\theta_{old}}$ 是上一个时间步的策略，是当前时间步进行优化的起点；π_θ 是待学习的策略。在 PPO 中，一方面要求 π_θ 相对于策略 $\pi_{\theta_{old}}$ 能够有稳定的性能提升，另一方面要求 π_θ 和 $\pi_{\theta_{old}}$ 之间的距离不能太远。PPO 算法的优化目标如下：

$$\theta = \arg\max_\theta \mathbb{E}_{\tau \sim \pi_{\theta_{old}}} \left[\frac{\pi_\theta(a_t \mid s_t)}{\pi_{\theta_{old}}(a_t \mid s_t)} A^{\pi_{\theta_{old}}}(s_t, a_t) \right], \text{s.t.} D_{KL}(\pi_\theta \parallel \pi_{\theta_{old}}) \leq \delta \qquad (4.16)$$

其中，优化目标中的 $r_t = \dfrac{\pi_\theta(a_t \mid s_t)}{\pi_{\theta_{old}}(a_t \mid s_t)}$ 是一个重要性采样权重，$A^{\pi_{old}}(s_t, a_t)$ 是策略的优势函数。使用 r_t 的原因是估计策略梯度的轨迹是从 $\pi_{\theta_{old}}$ 中采样来的，用简化的符号展开目标函数可知 $\mathbb{E}_{\pi_{\theta_{old}}}\left[\dfrac{\pi_\theta}{\pi_{\theta_{old}}} A\right] = \int \pi_{\theta_{old}} \dfrac{\pi_\theta}{\pi_{\theta_{old}}} A = \int \pi_\theta A = \mathbb{E}_{\pi_\theta}[A]$。重要性采样加权之后的 π_θ 下采样的样本产生的估计是在当前策略 π_θ 下的无偏估计。一般的策略梯度法并未考虑这一项的原因是，一般可以认为在单个迭代步对策略产生的改变是非常有限的，即 $\pi_\theta \approx \pi_{\theta_{old}}$，此时有 $r_t = 1$。另外，式（4.16）中的 KL 约束项能够保证两个策略之间的差别不会太大，实现了保守的策略更新。同时，由于理论上 r_t 的值可以是无穷大的，使用 KL 约束项保证了 r_t 的值会在 1 附近，减小了梯度估计的方差。

下面考虑如何使用一种高效的方式求解式（4.16）的优化目标。在优化理论中，上述目标可以使用泰勒展开和拉格朗日对偶性进行求解，然而这种求解方式需要计算二阶梯度的值。PPO

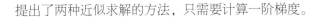

提出了两种近似求解的方法，只需要计算一阶梯度。

▶▶ 4.3.1 裁剪的优化目标

首先，PPO 优化目标中优势函数需要通过神经网络来估计，记为 A_ϕ。考虑式（4.14）的表达形式，可以使用 critic 网络来估计值函数 V_ϕ 来得到 A_ϕ。估计时将 V_ϕ 的学习目标设置为时序差分法的目标，即 $r_t + \gamma V_\phi(s_{t+1})$。通过重要性权重 r_t，可以将式（4.16）的优化目标记为 $L = \mathbb{E}[r_t A_\phi]$。PPO 提出使用一个近似的优化目标为

$$L^{\mathrm{clip}} = \mathbb{E}\left[\min(r_t A_\phi, \mathrm{clip}(r_t, 1-\epsilon, 1+\epsilon) A_\phi)\right] \tag{4.17}$$

在式（4.17）中含有两项 $r_t A_\phi$，第一项是原本的优化目标，第二项是裁剪的优化目标，从这二者中取一个较小值进行优化。在裁剪目标中，对 r_t 进行限制，使其在 $[1-\epsilon, 1+\epsilon]$ 的范围内。

1）考虑 $A_\phi > 0$ 的情况，如果 $r_t \in [1-\epsilon, 1+\epsilon]$，则期望中的两项是相等的，$L^{\mathrm{clip}} = \mathbb{E}[r_t A_\phi]$；如果 $r_t < 1-\epsilon$，会触发 clip 函数，其中 $\mathrm{clip}(x, \min, \max)$ 函数会将输入 x 中的每个元素限制在区间 $[\min, \max]$ 内。随后通过求最小值可知第一项较小，即 $L^{\mathrm{clip}} = \mathbb{E}[r_t A_\phi]$；如果 $r_t > 1+\epsilon$，则同样触发 clip 函数，通过求最小值可知第二项较小，即 $L^{\mathrm{clip}} = \mathbb{E}[(1+\epsilon) A_\phi]$。因此，$A_\phi > 0$ 的情况下 r_t 的值不会超过 $1+\epsilon$，从而保证了策略的更新幅度会被限制。

2）类似的，在 $A_\phi < 0$ 的情况下，当 $r_t \leq 1-\epsilon$ 时更新的幅度会被限制，从而保证更新后的策略和旧策略的距离不会太远。ϵ 一般被设置为一个较小的值，如 0.2。两种情况下的裁剪如图 4.2 所示，裁剪后的学习目标是原学习目标的一个下界。

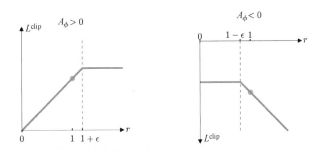

● 图 4.2　PPO 中基于裁剪的优化目标示意图

▶▶ 4.3.2 自适应的优化目标

考虑一种自适应的优化目标。从优化的角度，式（4.16）的约束项可以转化为罚函数的形式：

$$L^{\mathrm{ada}} = \mathbb{E}\left[r_t A_\phi - \beta \cdot D_{\mathrm{KL}}(\pi_{\theta_{\mathrm{old}}} \| \pi_\theta)\right] \tag{4.18}$$

其中 β 控制了惩罚的权重。新旧策略的差别越大，惩罚项越大。PPO 中提出可以动态地调整 β，

当两个策略的 KL 距离小于某个设定的目标阈值时，表明现在策略的更新距离较小，满足约束，此时可以动态地减少 β 来变相增加优化目标的权重（如 $\beta \leftarrow \beta/2$）；当两个策略的 KL 距离大于某个阈值时，表明应该增大惩罚项（如 $\beta \leftarrow 2\beta$），给予策略更新较强的约束。

在实际的表现中，基于裁剪的优化目标效果更好。另有一种与 PPO 类似的算法称为置信区间策略优化（Trust Region Policy Optimization，TRPO），该方法与 PPO 使用相同的求解目标，但使用的是二阶梯度的求解方式。PPO 可以认为是用一阶梯度来近似求解 TRPO 学习目标的一种算法。在 TRPO 中详细证明了该优化目标是回报的期望的下界，因此优化该目标能够得到最大化回报，有兴趣的读者可以参考相关资料。

4.4 深度确定性策略梯度

前面介绍的 REINFORCE 策略梯度、异步策略梯度和近端策略优化法都属于在策略（on-policy）的强化学习算法，即使用当前的策略来产生样本，使用这些样本来计算策略梯度并用于当前策略的更新。在下一个时间步会用更新后的策略来采集新的样本并计算梯度。在策略的策略梯度法也可以转化为离策略（off-policy）的策略梯度，但是需要通过重要性采样来进行梯度的加权。然而，由于重要性采样在样本分布和当前策略差别较大时有很高的方差，因此不常使用。本书没有对这类方法进行详细介绍。

本节介绍深度确定性策略梯度法（Deep Deterministic Policy Gradient，DDPG），是一种高效的 off-policy 策略梯度法。该方法可以使用其他策略产生的数据来进行当前策略的更新。一般的，在训练中可以将交互过程产生的所有样本存储在经验池中。在策略迭代过程中，经验池中的样本将对应许多不同的策略。off-policy 的算法可以利用经验池样本进行策略学习，从而提升了样本的利用效率。相比较而言，on-policy 的策略梯度法无法使用旧策略产生的样本进行更新，每次策略迭代后会丢弃旧的样本。

DDPG 算法是上一章中基于值函数学习方法的一个延伸，相当于将深度 Q 学习方法扩展为一个 actor-critic 的结构。在 DDPG 中，critic 的学习与 Q 学习方法基本相同，而 actor 的学习使用了确定性的策略梯度。在介绍 Q 学习中提到过，Q 学习由于在选择动作时有一个 $\arg\max_{a \in A} Q(s,a)$ 的操作，因此对最优动作的搜索只能适用于有限的动作空间 A。与之相反，DDPG 使用了确定性策略梯度，动作的选择不需要通过 argmax 来实现，而是直接由 actor 输出，因此适用于连续的动作空间。

▶▶ 4.4.1 critic 学习

在 critic 中需要学习一个最优 Q_ϕ 函数，其中假设了 Q 网络的参数为 ϕ。由于 Q 学习是一种

off-policy 算法，可以将以往交互的经验存储在经验池 D 中。在训练中，通过从经验池 D 中采样 (s,a,r,s') 的样本来计算损失。根据 Q 学习的准则，critic 的损失函数为

$$L(\phi)=\mathbb{E}_{(s,a,r,s')\sim D}\big[\,(Q_\phi(s,a)-y)^2\big],\text{其中}\ y=r+\gamma\max_{a'}Q_\phi(s',a') \qquad (4.19)$$

在训练中，y 作为一个固定的目标值不进行梯度传播。可以看到，基本的损失函数和深度 Q 学习中是一致的。

与 Q 学习类似，在训练 critic 时需要保存两个网络：主网络 Q_ϕ 和目标网络 Q_{ϕ^-}，其中目标网络具有更低的更新频率。实现中，目标网络使用加权的方式从主网络更新参数：$\phi^-=\rho\phi^-+(1-\rho)\phi$。其中，$\rho$ 一般设置为一个接近于 1 的数（如 $\rho=0.99$）。此时，ϕ^- 会缓慢地同步 ϕ 的参数。由于采用了平滑的操作，Q_{ϕ^-} 不会发生剧烈的变化。该方法和深度 Q 学习中使用的周期更新目标网络的方法的作用是类似的，目的都是保证 Q 学习目标的稳定性。

特别的，由于 DDPG 适用于连续动作空间，在计算上述损失时，对 $\max_a$ 的计算不能直接对所有动作来取最大值（因为有连续动作空间下有无穷多的动作），而需要利用 actor 来输出这个值。这里我们假设对于任意一个状态 s，actor 可以输出能够使当前 Q_ϕ 值最大化的动作 a，即 $a=\mu_\theta(s)$ 使得 $a=\arg\max_a Q_\phi(s,a)$。为了区别于之前的在 REINFORCE 基础上的随机策略 $\pi(a\mid s)$，这里使用 $a=\mu(s)$ 来表示确定性的策略。同样的，策略网络也包含两个部分：μ_θ 和 μ_{θ^-}，其中 $\theta^-=\rho\theta^-+(1-\rho)\theta$ 进行缓慢更新。因此，在式（4.19）的基础上，DDPG 的 critic 实际训练使用的损失为

$$L(\phi)=\mathbb{E}_{(s,a,r,s')\sim D}\big[\,(Q_\phi(s,a)-y)^2\big],\ y=r+\gamma Q_\phi(s',\mu_{\theta^-}(s')) \qquad (4.20)$$

其中，a' 使用确定性策略的输出。

▶▶ 4.4.2　actor 学习

根据 critic 训练中 actor 所起到的作用，可知 actor 输出的动作 $\mu_\theta(s)$ 应该最大化当前 Q 函数的值。因此，DDPG 使用确定性的策略梯度，actor 输出的是一个确定的值，而不是一个概率分布。此时，$Q(s,\mu_\theta(s))$ 相对于 μ 的参数 θ 是可微的，可以直接通过计算对 θ 的梯度来学习策略。actor 的损失函数为

$$L(\theta)=-\mathbb{E}_{s\sim Q}\big[Q(s,\mu_\theta(s))\big] \qquad (4.21)$$

最小化 $L(\theta)$ 相当于最大化 Q 值，梯度从 Q 函数的输入动作反向传播到 actor 的参数 θ 来更新。

DDPG 和本章之前介绍的 REINFORCE、异步策略梯度法和近端策略优化法的区别在于，DDPG 产生的是确定性的策略，而其他三种方法使用的都是随机策略。两种策略梯度法都可以用于连续的动作空间，区别在于：

1）随机性策略 $\pi(a\mid s)$ 对于输入的动作 a 会输出一个概率分布，对所有动作输出概率的积

分为 1，即 $\int_a \pi(a|s) = 1$。REINFORCE 和异步策略梯度法中，由于需要计算 $\log\pi(a|s)$ 的梯度，因此需要使用随机性的策略来输出计算不同动作的概率，并随后根据优势函数增加或者减少该动作被选择的概率。随机性策略的优势是有利于对环境的探索，在与环境交互多次采样会输出不同的动作。

2）确定性策略对于某个状态 s 只会输出一个动作 $a=\mu(s)$。相当于在状态 s 处产生动作 a 的概率为 1，产生其他动作的概率都为 0，因此确定性策略也满足 $\int_a 1\{a=\mu(s)\} = 1$。确定性策略的优势是训练简单，因为 $a=\mu(s)$ 是可微的函数，可以直接从 Q 函数将梯度传递到 actor 网络。随机性策略也可以构造可微的梯度，但需要利用重参数化等方法。在实际任务中，确定性策略和随机性策略具有不错的表现。

▶▶ 4.4.3 拓展 1：探索噪声

为了弥补确定性策略在探索环境方面的不足，DDPG 在使用确定性策略与环境交互时中引入了一种 Ornstein-Uhlenbeck（OU）噪声。在后续的研究中发现，使用简单标准高斯噪声可以达到与 OU 噪声类似的效果，因此一般在实现中都使用高斯噪声。具体的，在与环境进行交互时，实现使用 $\pi_\theta(s)$ 来选择一个策略，随后在此基础上添加一个高斯噪声项，实际与环境交互的动作为

$$a = \mathrm{clip}(\mu_\theta(s)+\epsilon, a_{\mathrm{low}}, a_{\mathrm{high}}), \ \epsilon \sim N(0, \sigma^2 I) \tag{4.22}$$

可以通过调节 σ 的值来调整噪声的强度。同时，由于添加噪声后的动作可能会超出动作空间的表示范围，因此需要进行裁剪。

▶▶ 4.4.4 拓展 2：孪生 DDPG

孪生 DDPG（Twin-delayed DDPG，TD3）算法是 DDPG 的一个重要的改进算法，目的是为了解决深度确定性策略梯度中存在的训练不稳定的问题。具体而言，TD3 在 DDPG 的基础上提出了三点改进：裁剪的 Double Q-学习、目标策略平滑、延后策略更新。下面将对这三点改进内容进行讨论。

1. 裁剪的 Double Q-学习

TD3 中使用了 Double Q-学习的思想，在 critic 学习中使用了两个主网络，其中每个主网络分别对应于一个目标网络。相对于 DDPG 而言，TD3 的 critic 学习需要两倍的参数量。将两个主网络的参数分别记为 ϕ_1 和 ϕ_2，其对应的目标网络参数分别记为 ϕ_1^- 和 ϕ_2^-。在 TD3 中，critic 学习使用了一个悲观的学习目标来避免过估计。具体的，将学习目标设置成

$$y_t = r + \gamma \min_{i=1,2} Q_{\phi_i^-}(s', \mu_\theta(s')) \tag{4.23}$$

可以看到，对于下一个状态处的 Q 函数估计，TD3 取两个目标网络中估计较小的值。

对于主网络 ϕ_1 和 ϕ_2，其训练的目标都是去回归这个值，损失函数为

$$\begin{cases} L(\phi_1) = \mathbb{E}_{(s,a,r,s')\sim D}\left[\left(Q_{\phi_1}(s,a)-y_t\right)^2\right] \\ L(\phi_2) = \mathbb{E}_{(s,a,r,s')\sim D}\left[\left(Q_{\phi_2}(s,a)-y_t\right)^2\right] \end{cases} \tag{4.24}$$

注意，由于 ϕ_1 和 ϕ_2 的网络初始化不同，以及梯度传播具有随机性，两个网络虽然使用同样的学习目标，但最终收敛到的值会略有不同。在此基础上，两个目标网络分别从主网络中进行平滑更新，即 $\phi_1^- = \rho\phi_1^- + (1-\rho)\phi_1$，$\phi_2^- = \rho\phi_2^- + (1-\rho)\phi_2$。

TD3 中的 actor 和 DDPG 相同，寻找可以最大化 Q 值的动作。由于 TD3 中有两个 Q 网络，因此 actor 可以选择某一个网络来最大化。一般的，actor 最大化 Q_{ϕ_1} 的输出，求解如下优化问题：$\theta = \arg\max_\theta \mathbb{E}_{s\sim D}\left[Q_{\phi_1}(s,\mu_\theta(s))\right]$，通过 Q_{ϕ_1} 对 μ_θ 的梯度传播来迭代 θ。

2. 目标策略平滑

TD3 训练 critic 的学习目标中加入了高斯噪声。具体的，在 s' 处采样噪声 $\epsilon \sim N(0,\sigma)$，进行裁剪后加入 $\mu_{\theta^-}(s')$，最后再对超出动作边界的部分进行裁剪。整个过程相当于将式（4.23）变为下式

$$y_t = r + \gamma \min_{i=1,2} Q_{\phi_i}\left(s', \text{clip}\left(\mu_{\theta^-}(s') + \text{clip}(\epsilon,-c,c), a_{\text{low}}, a_{\text{high}}\right)\right) \tag{4.25}$$

其中，a_{low} 和 a_{high} 分别指"动作空间的下界和上界"。在目标值处加入噪声相当于给 critic 加入了正则项。在多次采样过程中，a' 根据不同的采样噪声得出略微不同的值，此时 y_t 评价的将是这些所有采样点的值函数的平均值。因此，y_t 反映了处于 a' 附近的值函数的整体情况，不会被某些极端的值函数所影响，增强了 critic 学习的稳定性。

3. 延后策略更新

可以发现，DDPG 和 TD3 的设计核心都是如何学习一个好的 critic，而 actor 有一个简单的学习准则是寻找最大化 critic 输出值的策略。如果 critic 学习不准确，则会产生较大的误差，actor 在学习过程中也会被该误差影响。TD3 提出 critic 的更新频率应该高于 actor，即应该使 critic 在多次迭代后对当前策略的值函数估计有较小误差的基础上，再进行 actor 学习。TD3 使用了延后策略更新，每当 critic 训练多次后，才进行一次 actor 更新，这样提升了整体学习的效果。

算法 4-2 中总结了 TD3 算法的学习过程。首先智能体与环境交互，并把样本存入经验池中。当达到一定的训练条件（如经验池样本足够），开始训练，其中 actor 的训练频率要低于 critic 的训练频率。

算法 4-2 TD3 算法

1：初始化 actor 网络 μ_θ，两个 critic 网络 Q_{ϕ_1}、Q_{ϕ_2} 和对应的目标网络 $Q_{\phi_1}^-$、$Q_{\phi_2}^-$；

2：**for** 周期 $i=1$ to M **do**

3：   **for** 时间步 $t=0$ to $T-1$ **do**

（续）

算法 4-2 TD3 算法

4：　　　根据当前策略 μ_θ 在状态 s_t 处，根据式（4.22）选择动作 a_t；

5：　　　执行动作 a_t，得到 r_{t+1}，s_{t+1}，将样本（s_t，a_t，r_t，s_{t+1}）存储在经验池中；

6：　　**if** 达到训练条件 **then**

7：　　　　从经验池中采样一个批量的样本；

8：　　　　根据采样的样本、当前策略 μ_θ 和噪声，根据式（4.25）计算平滑的目标值；

9：　　　　根据式（4.24）分别计算两个 Q 网络的损失，并更新 Q 网络；

10：　　　　**if** 达到 actor 的更新频率 **then**

11：　　　　　根据式（4.21）的确定性策略梯度更新主策略网络的参数；

12：　　　　　更新所有目标网络的参数：θ^-，ϕ_1^-，ϕ_2^-；

13：　　　　**end if**

14：　　**end if**

15：　　**end for**

16：**end for**

4.5 最大熵策略梯度

最大熵策略梯度（Soft Actor Critic，SAC）和 TD3 算法有很多相似之处，最主要的不同包含两点：

1）在训练中最大化策略的熵来鼓励探索。

2）使用随机策略而非确定性策略。从方法的设计角度，SAC 使用了 TD3 中使用的大多数技巧，策略的训练也是确定性策略梯度的一个特例，而非传统的 REINFORCE 策略梯度。下面对最大熵强化学习进行简要介绍。

▶▶ 4.5.1 熵约束的基本原理

对于一个随机变量 x，熵的定义为 $H(x) = \mathbb{E}_{x \sim p(x)}[-\log p(x)]$。策略的熵代表对于某个状态 s 处，策略 $\pi(a|s)$ 可能输出不同的动作的混杂程度。考虑一个离散动作空间的情况，假设有两个动作 a_1、a_2。

1）在训练开始时，策略网络是随机初始化的。此时策略输出所有动作的概率是相等的，即 $\pi(a_1|s) \approx \pi(a_2|s) = \dfrac{1}{2}$。此时策略的熵是 $H(\pi) = -\sum_{i=1}^{2} \dfrac{1}{2} \times \log \dfrac{1}{2} = 1$。

2）在训练过程中，这一概率分布会发生变化，策略会趋于选择 a_1 或 a_2 中的某个动作。例如在某个时间步选择两个动作的概率为 0.7 和 0.3，则此时的策略熵等于 $-0.7 \times \log(0.7) - 0.3 \times \log(0.3) \approx 0.88$。可以发现，此时策略的熵相比于初始时已经有所下降。

3）当策略完全收敛后，选择两个动作的概率会变为 1.0 和 0.0，此时策略的熵等于 $-1.0 \times \log(1.0) = 0.0$，策略的熵达到最小。

在强化学习算法的训练过程中，策略的熵在不断减小。在学习前期策略的熵较大，此时智能体可以更多地探索环境；在后期策略趋于选择某个确定的动作，此时智能体倾向于利用现有的策略来获得高的奖励。然而，很多强化学习算法在训练过程中，策略的熵值下降很快，让策略过早趋于收敛，阻碍了对环境的探索。SAC 提出将策略的熵作为一个约束，在学习最大化奖励的同时最大化策略的熵，从而避免了策略的过早收敛。在最大熵的准则下，重新定义值函数为

$$Q^{\pi}(s_t, a_t) = \mathbb{E}_{\pi}\Big[\sum_{k=0}^{\infty} \gamma^k r_{t+k+1} + \alpha \sum_{k=0}^{\infty} \gamma^k H(\pi(\cdot \mid s_{t+k+1})) \Big]$$

其中 α 代表最大化奖励和最大化熵之间的权重，熵同样也使用 γ 的折扣因子。可以理解为，在每个时间步对奖励 r_t 增加一个 $\alpha H(\cdot \mid s_t)$ 的熵约束，定义新的奖励为 $\hat{r}_t = r_t + \alpha H(\cdot \mid s_t)$。当在训练中使用新的奖励 $\hat{r}_t$ 来学习，所有之前定义的强化学习基本理论都是不变的。

▶▶ 4.5.2　SAC 算法

SAC 算法中，critic 的学习过程和 TD3 基本一致，不同之处仅是在回归目标中将 r_t 换成了 $r_t + \alpha H(\cdot \mid s_t)$。回顾 TD3 算法中 critic 的目标值在式（4.26）的定义。在此基础上增加对策略熵的估计。由于动作是有限多的，因此可以对策略的熵进行准确的计算。然而，在连续动作空间内，由于动作有无穷多个，对策略的熵需要通过采样来估计。对于采样的动作 a，计算 $-\log\pi(a \mid s)$ 在所有可能的动作下的期望。在 SAC 中，critic 训练的目标值定义为

$$y_t = r + \gamma\Big(\min_{i=1,2} Q_{\phi_i}(s', a') - \alpha\log\pi_{\theta}(a' \mid s') \Big),\ a' \sim \pi_{\theta}(\cdot \mid s') \tag{4.26}$$

其中，通过采样 a' 并计算 $-\log\pi_{\theta}(a' \mid s')$，可以得到熵的估计。与 TD3 相同，对下一个状态处的 Q 函数估计时使用两个目标网络中估计较小的值。对于主网络 ϕ_1 和 ϕ_2，其训练的目标都是去回归这个值，损失函数与式（4.24）相同。

SAC 算法中 actor 的学习目标和 TD3 类似，迭代策略来最大化 Q 值和策略熵的加权和。不同的是，由于 TD3 使用的是确定性策略，因此 Q 值的梯度可以直接传播到策略中用于迭代，整个过程是可微的。然而，由于 SAC 使用随机策略，梯度的传播会存在一定的难度，因此引入了一种重参数化方法来解决该问题。对于熟悉变分自编码器（Variational AutoEncoder，VAE）模型的读者，该方法类似于 VAE 中对隐变量使用的方法。考虑一个标准正态分布 $\xi \sim N(0, I)$，对其进行一个线性变换后的随机变量仍然服从正态分布：$(\mu + \sigma \odot \xi) \sim N(\mu, \sigma^2)$，其中均值为 μ，标准差为 σ。因此在 actor 中，我们可以使网络输出两个向量：μ_{θ} 和 σ_{θ}，分别代表策略的均值和标准差，两个向量的维度都和动作维度相同。

具体而言，首先从标准正态分布中采样 $\xi \sim N(0, I)$，其维度等同于动作维度；随后，对于输

入的状态 s，输出 $\mu_\theta(s)$ 和 $\sigma_\theta(s)$ 作为网络的输出；策略的输出 $a_\theta = \tanh(\mu_\theta + \sigma_\theta \odot \xi)$，其中 tanh 是一个激活函数。重参数化方法相当于把随机性全部转移到了标准高斯变量 ξ 中，而 ξ 并不会影响网络的梯度传播。策略网络仍然是一个确定性的网络，对于输入的状态，输出 $\mu_\theta(s)$ 和 $\sigma_\theta(s)$ 两个向量。重参数化方法可以巧妙地解决随机策略的训练问题，由 a_θ 到 θ 的梯度传播是可微的。另外注意一个细节是，由于正态分布的标准差大于 0 是一定成立的，为了确保网络输出的标准差 $\sigma_\theta > 0$，我们一般在网络中预测 $\log\sigma_\theta$ 的值，随后使用 exp 函数将其转化为标准差用于后续计算。在此基础上，actor 的策略梯度为

$$L(\theta) = -\mathbb{E}_{s \sim D, \xi \sim N(0,I)} \left[\min_{j=1,2} Q_{\phi_j}(s, a_\theta(s, \xi)) - \alpha \log\pi(a_\theta(s, \xi)) \right] \tag{4.27}$$

这里和 TD3 不同的是，actor 训练使用了悲观的策略更新，取两个 critic 网络中预测值较小的一个。另外，在优化目标中包含了最大化策略的熵的约束项。

SAC 中引入了一个超参数 α，当该值较大时，策略倾向于探索，不会过早收敛；当该值较小时，策略的收敛速度会比较快。α 的设定依据不同的环境会有所不同，因此针对特定的问题应该进行参数选择。另外，SAC 在另外一个更复杂的版本中使用了拉格朗日方法来对 α 进行自动梯度迭代，其目标是可以自适应地选择合适的 α 值。SAC 的整个算法流程和 TD3 类似，此处不再赘述。

4.6 实例：使用策略梯度的 Mujoco 任务

本节中将主要介绍 TD3 算法的 PyTorch 实现。TD3 算法在目前的策略梯度法中有较好的性能，过程较为简单。本节参考的 TD3 实现来源于 OpenAI Spinningup。除此之外，仍有许多其他高效的实现方法。

▶▶ 4.6.1　actor-critic 网络实现

本小节介绍 actor-critic 的网络结构。网络的基本结构都是多层的全连接网络（MLP），区别在于输出层使用的激活函数。首先定义多层 MLP 网络的结构如下：

```
1   def mlp(sizes,activation,output_activation=nn.Identity):
2       layers=[]
3       for j in range(len(sizes)-1):
4           act=activation if j<len(sizes)-2 else
                output_activation
5           layers+=[nn.Linear(sizes[j],sizes[j+1]),act()]
6       return nn.Sequential(* layers)
```

下面在定义 MLP 网络的基础上定义 actor 的网络结构。actor 的输入为状态，因此第一层的维度等于状态的维度 obs_dim，后面包括几层隐含层，最后输出层的维度等于动作的维度 act_dim。

这里要注意的是输出层的激活函数是 tanh 函数，可以保证输出的动作是有界的，在［-1，1］之间。随后根据每个环境不同的动作范围 act_limit，可以将 actor 输出的动作范围约束在［-act_limit，act_limit］之间。

```
1  class MLPActor(nn.Module):
2      def init (self,obs_dim,act_dim,hidden_sizes,activation,
           act_limit):
3          super().init ()
4          pi_sizes=[obs_dim]+list(hidden_sizes)+[act_dim]
5          self.pi=mlp(pi_sizes,activation,nn.Tanh)
6          self.act_limit=act_limit
7      def forward ( self,obs):
8          return self.act_limit* self.pi(obs)
```

类似，可以定义 critic 的实现，其中 critic 的输入为状态和动作，因此维度是 obs_dim+act_dim。critic 的输出预测的是值函数，因此输出只有一个单元。Q 网络最后一层的激活函数是线性的，因为 Q 值一般不需要范围的约束。

```
1  class MLPQFunction(nn.Module):
2      def init (self,obs_dim,act_dim,hidden_sizes,activation)
          :
3          super().init ()
4          self.Q=mlp([obs_dim+act_dim]+list(hidden_sizes)+
              [1],activation)
5
6      def forward(self,obs,act):
7          q=self.q(torch.cat([obs,act],dim=-1))
8          return torch.squeeze(q,-1)
```

整个 actor-critic 网络包含两个 Q 网络和一个策略网络，定义如下。

```
1  class MLPActorCritic(nn.Module):
2      def init (self,observation_space,action_space,
           hidden_sizes=(256,256),activation=nn.ReLU):
3          super().init ()
4          obs_dim=observation_space.shape[0]
5          act_dim=action_space.shape[0]
6          act_limit=action_space.high[0]
7
8          self.pi=MLPActor(obs_dim,act_dim,hidden_sizes,
              activation,act_limit)
9          self.q1=MLPQFunction(obs_dim,act_dim,hidden_sizes,
              activation)
10         self.q2=MLPQFunction(obs_dim,act_dim,hidden_sizes,
              activation)
```

```
11
12      def act(self,obs):
13          with torch.no_grad():
14              return self.pi(obs).numpy()
```

▶▶ 4.6.2 核心算法实现

首先初始化环境，这里使用 HalfCheetah-v2 环境，如图 4.3 所示。该环境来源于 Mujoco 物理仿真引擎和 OpenAI gym 的封装。初始化该环境的代码如下：

```
1      import gym
2      env=gym.make("Half Cheetah-v2")
3      env.reset()
```

● 图 4.3　HalfCheetah-v2 环境的可视化

随后使用 env.render() 可视化该环境的观测。

在算法中，critic 是训练的核心，注意 TD3 包含了 Q 网络和目标 Q 网络。下面初始化两个网络。

```
1      ac=MLPActorCritic(env.observation_space,env.action_space),
2      ac_targ=deepcopy(ac)
```

在训练中，首先从经验池中采样一个批量的样本，存储在 data 中，随后分别计算两个 Q 网络的 Q 值，得到：

```
1      o,a,r,o2,d=data['obs'],data['act'],data['rew'],data['obs 2'],data['done']
2      q1=ac.q1(o,a)
3      q2=ac.q2(o,a)
```

使用 Bellman 更新时，需要计算 Q 函数的学习目标。其中，对于 s' 处的动作选择 a' 需要执行

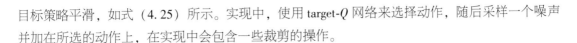

目标策略平滑，如式（4.25）所示。实现中，使用 target-Q 网络来选择动作，随后采样一个噪声并加在所选的动作上，在实现中会包含一些裁剪的操作。

```
1  epsilon=torch.randn_like(pi_targ)*target_noise
2  epsilon=torch.clamp(epsilon,-noise_clip,noise_clip)
3  a2=pi_targ+epsilon
4  a2=torch.clamp(a2,-act_limit,act_limit)
```

随后，可以计算目标值如式（4.26）所示。首先计算两个目标网络输出值的最小值，随后计算 $r+\gamma(1-d)Q$。其中 d 是周期结束的标志，如果该时间步是周期的最后一个时间步，则 $d=1$，此时目标 Q 函数等于立即奖励。整体计算过程如下。

```
1  q1_pi_targ=ac_targ.q1(o2,a2)
2  q2_pi_targ=ac_targ.q2(o2,a2)
3  q_pi_targ=torch.min(q1_pi_targ,q2_pi_targ)
4  backup=r+gamma*(1-d)*q_pi_targ
```

critic 中两个损失函数计算和优化过程如下。

```
1  q_optimizer.zero_grad()
2  loss_q1=((q1-backup)**2).mean()
3  loss_q2=((q2-backup)**2).mean()
4  loss_q=loss_q1+loss_q2
5  loss_q.backward()
6  q_optimizer.step()
```

其中 critic 和 actor 的优化器在主程序中分别初始化：

```
1  q_params=itertools.chain(ac.q1.parameters(),ac.q2.parameters())
2  q_optimizer=Adam(q_params,lr=q_lr)
3  pi_optimizer=Adam(ac.pi.parameters(),lr=pi_lr)
```

与 critic 相比，actor 的损失函数优化较为简单，直接最大化 $q1$ 的值，并迭代。

```
1  o=data['obs']
2  q1_pi=ac.q1(o,ac.pi(o))
3  loss_pi=-q1_pi.mean()
4  pi_optimizer.zero_grad()
5  loss_pi.backward()
6  pi_optimizer.step()
```

以上部分是训练的过程，另外还有智能体与环境交互的过程中。在交互中，智能体在策略输出的基础上添加噪声，随后把交互得到的样本存储到经验池中。

```
1  a=ac.act(torch.as_tensor(o,dtype=torch.float32))
2  a+=noise_scale*np.random.randn(act_dim)
```

```
3    a=np.clip(a,-act_limit,act_limit)
4    o2,r,d,_=env.step(a)
5    replay_buffer.store(o,a,r,o2,d)
```

在训练过程中，每隔一段时间会对策略进行一次评价，在评价中直接使用策略网络的输出而不添加噪声，有利于获得更好的效果。在每次评价中，统计周期的平均奖励并记录，可以绘制得到如图 4.4 所示的奖励变化曲线。可以看到 TD3 算法能够在该任务中获得很好的性能。

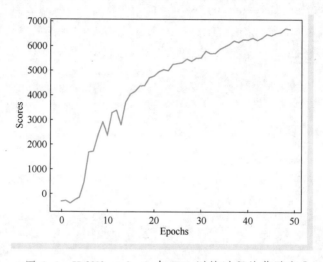

● 图 4.4　HalfCheetah-v2 在 TD3 训练过程的奖励变化

基于模型的强化学习方法

强化学习近年来在许多领域取得了成功，但是大多建立在与环境进行大量交互的基础上。对于 Atari 游戏来说，人类只需要十几分钟的尝试便可达到一定的水平，而强化学习算法想取得与人类接近的分数通常要与模拟器交互上千万次，花费数十小时，这种低效的表现无法真正体现人工智能的优势。此外，与环境的大量交互也会增加成本。例如，使用强化学习算法训练机器人完成抓取任务，机器人盲目地采用动作难免会破坏真实环境，甚至造成机械故障。为了减少智能体与环境的交互次数，加速强化学习在实际生产生活中的应用，有些学者提出了基于模型的强化学习方法，这类方法利用与环境交互产生的数据对真实环境进行建模，从而使智能体可以与建模得到的虚拟环境进行交互后再规划，达到提升样本效率的目的。

5.1 如何使用模型来进行强化学习

强化学习方法是受到人类及其他智能体的学习模式启发而设计的。人类在进行决策前通常会在大脑中提前预测执行各个动作会带来的后果。比如努力学习某项技术，是基于"一旦掌握了这项技术，就能够完成某项工作"这一预测。而预测的依据是大脑对于世界的认知，预测的过程也可以称为规划。在强化学习中，同样希望智能体具有规划的能力，在做出行为之前能够提前预测执行该行为会带来的后果，从而快速找到最优动作。具休地讲，通过使用样本建立的环境模型，可以扮演类似人类大脑的角色。这里要说明的是，无模型的强化学习方法在决策时也使用了规划的思想，以深度 Q 网络为例，智能体通常会选择能够最大化值函数的动作，而值函数即为未来的累积回报。然而在训练初期，值函数的估计还不够准确时，如果完全利用值函数作为决策依据往往不够准确，这时需要使用建立的环境模型帮助进行显式的规划，从而更快地达到效果。基于模型的强化学习方法的主要目的是帮助智能体更快学到策略，并不一定保证最终的效果优于传统的无模型强化学习算法。

基于模型的强化学习方法需要建立虚拟环境，而虚拟环境是利用真实交互产生的数据拟合而得到的。环境模型可以理解为一个函数，输入状态动作对 S、A，输出 S'、R 的预测。根据真实交互得到的数据 (S,A,S',R) 可以拟合这个函数。当环境模型训练完成后，智能体可以与之进行交互。

Dyna-Q 是一种典型的基于模型的强化学习方法，为后续的工作奠定了基础。Dyna-Q 算法流程如算法 5-1 所示。Dyna-Q 中假设环境是确定的并且状态动作空间是离散可数的，这样可以把环境模型想象成一个类似 Q 函数的表格，每次采集到的新样本可以用于更新该表格，同时也可以根据状态动作对查询表格获得下一步状态和奖励，如步骤 11 所示。Dyna-Q 的优点在于除了更新自身 Q 函数的同时（步骤 3~6），还利用数据建立环境模型，并进行 N 步的虚拟交互来产生交互数据，如步骤 9~12 所示。智能体从经验池中随机挑选一个状态动作对，利用环境模型得到转移到的状态和获得的奖励，用于更新 Q 函数。本质上来看，Dyna-Q 利用环境模型产生了虚拟样本计算额外的 Q 函数损失，加速了 Q 函数的收敛。Dyna-Q 方法流程简单，涵盖了基于模型方法的全部要素：建立模型，产生虚拟样本，根据虚拟样本学习。通过 Dyna-Q 可以建立此类方法的通用框架，如图 5.1 所示，其中黑色箭头部分是无模型强化学习算法流程，灰色箭头部分则是基于模型强化学习算法额外引入的流程。智能体可以利用与环境交互得到的数据建立环境模型，环境模型可以通过产生虚拟样本帮助更新策略，环境模型也可以通过规划和策略模块来帮助智能体进行决策。

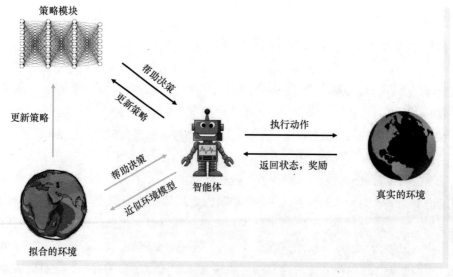

● 图 5.1 基于模型的强化学习方法

算法 5-1 Dyna-Q 算法

1：初始化 Q 函数 $Q(S,A)$，和环境模型 $\mathrm{Model}(S,A)$；
2：**for** 时间步 $t=1$ to M **do**
3：　获取到当前状态 S；
4：　根据当前的 Q 函数和某种探索策略选择要执行的动作 A；
5：　执行动作 A，得到 R、S'，将其存储到经验池中；
6：　更新 Q 函数：$Q(S,A) \leftarrow Q(S,A)+\alpha[R+\gamma \max_a Q(S',a)-Q(S,A)]$
7：　拟合环境模型：$\mathrm{Model}(S,A) \leftarrow R,S'$
8：　**for** 时间步 $i=1$ to N **do**
9：　　从经验池中随机选择一个状态 S
10：　　根据状态 S 随机选择一个动作 A
11：　　利用环境模型得到转移到的新状态和获得的奖励：$R,S' \leftarrow \mathrm{Model}(S,A)$
12：　　更新 Q 函数：$Q(S,A) \leftarrow Q(S,A)+\alpha[R+\gamma \max_a Q(S',a)-Q(S,A)]$
13：　　**end for**
14：**end for**

5.2 基于模型预测的规划

在基于模型的强化学习中，拟合的环境模型可以使智能体无须与环境交互，就可以得到下一步状态和奖励。这样的决策过程与人类相似，人类在做出决策之前，通常会思考做出这步决策会带来的结果，根据不同的结果来选择最有利的决策。智能体同样可以利用环境模型来进行"推演"，从而选择出最优的动作，即找到如下动作序列：

$$(a_t,\cdots,a_t + H - 1) = \arg \max_{a_t,\cdots,a_{t+H-1}} \sum_{t'=t}^{t+H-1} \gamma^{t'-t}(s_{t'},a_{t'}) \tag{5.1}$$

随后，智能体将执行第一步的动作 a_t。执行后再次使用规划方法得到下一步的最优规划动作。这种规划方式称为基于模型的预测（Model Predictive Control，MPC），本节将介绍几种不同的基于模型预测的强化学习方法。

5.2.1 随机打靶法

随机打靶法（Random Shooting）是一种通过随机采样的方式帮助智能体决策的方法，给出当前状态 s_0 和长度为 T 的随机动作序列 $[a_0,a_1,a_2,\cdots,a_T]$，利用训练的环境模型可以得到仿真轨迹 $[s_0,a_0,\hat{r}_0,\hat{s}_1,a_1,\hat{r}_1,\hat{s}_2,a_2,\hat{r}_2,\cdots,\hat{s}_T,a_T,\hat{r}_T]$。通过多次采样随机动作序列 $[a_0,a_1,a_2,\cdots,a_T]$，可以得到不同的状态动作对的值函数估计，记为 $\hat{Q}(s,a) = \sum_{t=0}^{T} \gamma^t \hat{r}_t$，然后根据 $\pi(s) = \arg \max_a \hat{Q}(s,a)$ 选择下一步的动作。智能体执行动作 $\pi(s)$ 之后，再次重复采样过程进行规划。

随机打靶法实现简单，计算成本很低，可以快速实现多次采样模拟。但缺点是不同轨迹方差较大，可能无法采样到高回报的动作，并在高维动作空间中表现不佳。针对随机采样的问题，有学者提出使用交叉熵方法（Cross-Entropy Method，CEM）进行采样。CEM 不使用随机的动作序列，而是从某个动作分布中采样动作序列，根据动作取得的累积回报调整动作采样的分布，这样就有更大概率采样到高回报的动作序列。

▶▶ 5.2.2 集成概率轨迹采样法

集成概率轨迹采样法（Probabilistic Ensembles with Trajectory Sampling，PETS）是对随机打靶法的改进，通过将不确定性感知的概率环境模型和轨迹采样相结合，实现了和无模型强化学习方法接近的效果，并减少了样本需求量。

PETS 可以衡量两种不确定性，任意不确定性（Aleatoric Uncertainty）和认知不确定性（Epistemic Uncertainty）。任意不确定性是由随机系统本身带来的不确定性，比如观测噪声或状态转移噪声。认知不确定性是指由于数据缺失带来的不确定性，数据不足会使模型对于预测结果的置信度较低，认知不确定性可以随着训练数据量的增加而减少。实现上，PETS 使用了集成概率环境模型方法，建立了若干个概率环境模型，每个环境模型使用参数化正态分布来拟合 $P(s_{t+1} \mid s_t, a_t) = N(\mu_\theta(s_t, a_t), \sum_\theta(s_t, a_t))$。形式化的，给定真实环境的交互样本作为训练样本 (s_t, a_t, s_{t+1})，损失函数为

$$L_{\mathrm{pets}}(\theta) = \sum_{n-1}^{N} \left[\mu_\theta(s_n, a_n) - s_{n+1} \right]^{\mathrm{T}} \Sigma_\theta^{-1}(s_n, a_n) \left[\mu_\theta(s_n, a_n) - s_{n+1} \right] + \log\left[\det\Sigma_\theta(s_n, a_n) \right] \quad (5.2)$$

该损失函数是多元正态分布的负对数似然损失。每个网络输出的正态分布协方差参数可以实现对任意不确定性的衡量。同时，集成模型中每个元素之间的预测方差可以构建对认知不确定性的衡量。这种集成概率环境模型的方法相较于之前使用单一概率模型算法的优势就是可以区分两种不确定性，不易在数据量缺失的情况下产生过拟合现象。关于认知不确定性的衡量将会在探索算法中作进一步阐述。

在不确定性衡量的基础上，PETS 使用基于 CEM 的随机打靶法的方式进行规划，并提出了两种不同的轨迹采样方式：

1）TS1：利用当前环境模型模拟产生下一步状态和奖励后，从环境模型集合中重新采样一个环境模型进行下一时间步的模拟，即每个时间步都重新采样环境模型。

2）TS（∞）：在模拟开始前采样一个环境模型，整条轨迹的模拟都利用该环境模型，直到产生新的轨迹。

TS（∞）的好处是可以区分两种不确定性，具体来说任意不确定性可以使用一条轨迹的预测方差来衡量，而认知不确定性可以通过多条轨迹之间的预测方差得到，对于不确定性的衡量有利于智能体对于环境的探索。PETS 的算法流程如算法 5-2 所示。

算法 5-2 集成概率轨迹采样法 PETS

1：初始化策略数据集 D；

2：**for** 时间步 $k=0$ to K **do**

3： 利用数据集 D 训练环境模型 $\widetilde{f}$

4： **for** 时间步 $t=0$ to H **do**

5：   **for** 循环次数 $n=1$ to N **do**

6：   利用交叉熵方法采样动作序列 $a_{t:t+T}$

7：   利用 TS1 或 TS（∞）的轨迹采样方式得到轨迹 s_τ

8：   计算轨迹累积奖励用来评估动作 a_t

9：   更新交叉熵的动作分布

10：   **end for**

11：   根据评估结果选择具有最大累积奖励的动作 a_t^*，并执行

12：   记录样本 $D \leftarrow D \cup \{s_t, a_t^*, s_{t+1}\}$

13： **end for**

14：**end for**

▶▶ 5.2.3　基于模型和无模型的混合算法

本小节介绍另一种基于 MPC 规划的强化学习方法，混合基于模型和无模型的算法（hybrid model-based and model-free，MB-MF）。MB-MF 首先利用环境模型训练出初始策略，然后利用无环境模型方法进一步训练该初始策略，在得到更好的效果的同时提升了样本效率。

使用 $\hat{f}_\theta(s_t, a_t)$ 表示参数化的环境模型，该环境模型使用与环境交互产生的真实数据 (s_t, a_t, r, s_{t+1}) 进行训练，通常的环境模型训练方法存在一个问题，就是相邻两个状态 s_t 和 s_{t+1} 非常相似，网络难以捕捉到这种细微的变化。MB-MF 通过预测状态之间的差值来解决这个问题，这样下一个状态 $s_{t+1} = s_t + \hat{f}_\theta(s_t, a_t)$，具体的训练损失如下：

$$\epsilon(\theta) = \frac{1}{|D|} \sum_{(s,a,s_{t+1}) \in D} \frac{1}{2} \| (s_{t+1} - s_t) - \hat{f}_\theta(s_t, a_t) \|^2 \tag{5.3}$$

接下来采用 MPC 的规划方法，利用环境模型找到动作序列 $A_t^H = (a_t, \cdots, a_{t+H-1})$：

$$\begin{cases} A_t^H = \arg\max\limits_{A_t^H} \sum\limits_{t'=t}^{t+H-1} \gamma^{t'-t} r(\hat{s}_{t'}, a_{t'}) \\ \hat{s}_t = s_t, \hat{s}_{t+1} = \hat{s}'_t + \hat{f}_\theta(\hat{s}_{t'}, a_{t'}) \end{cases} \tag{5.4}$$

算法 5-3 MB-MF 算法

1：利用随机策略采样数据集 D_{RAND}

2：初始化数据集 D_{RL} 和环境模型 $\hat{f}_\theta$；

3：**for** 迭代次数 $i=1$ to T **do**

（续）

算法 5-3	MB-MF 算法

4：　利用数据集 D_{RAND} 和 D_{RL} 优化公式（5.3），训练 $\hat{f}_\theta$

5：　**for** 时间步 $t=1$ to T **do**

6：　　取得当前状态 s_t

7：　　利用环境模型 $\hat{f}_\theta$ 来找到公式（5.4）中最优动作序列 $A_t^{\,H}$，

8：　　执行 A_t^H 中的第一个动作 a_t

9：　　将 $(s_t,\ a_t)$ 加入到 D_{RL}

10：　**end for**

11：**end for**

MB-MF 使用随机打靶法来随机生成若干动作序列然后利用式（5.4）进行评估，找到最优动作，每次执行动作 a_t 转移到新的状态 s_{t+1}，然后重新评估找到最优动作，具体过程如算法 5-3 所示。

算法 5-3 经过若干次迭代之后，可以得到预测较为准确的环境模型。接下来利用环境模型和 MPC 规划方法，将与环境交互采集得到的数据存入数据集 D^* 中，这样 D^* 中的数据可以视为专家数据。MB-MF 第二步是构造一个参数化策略模型 $\pi_\phi(a\,|\,s)\sim N(\mu_\phi(s),\ \sum_{\pi_\phi})$，其中 $\mu_\phi(s)$ 是参数化均值，$\sum_{\pi_\phi}$ 为固定的矩阵，策略的参数用如下目标训练：

$$\min_\phi \frac{1}{2}\sum_{(s_t,a_t)\in D^*}\parallel a_t-\mu_\phi(s_t)\parallel_2^2 \tag{5.5}$$

通过这种方式实现了对基于模型方法策略的"蒸馏"，使学习到的策略 π_ϕ 效果与基于模型的 MPC 规划方法近似，最后利用 π_ϕ 作为无模型强化学习方法的初始策略，实现提升样本效率，加速学习的目的。

▶▶5.2.4　基于想象力的隐式规划方法

前文介绍的方法都可以视作显式的规划方法，智能体利用环境模型进行虚拟交互，预测得到后续序列，然后选择结果较好的动作执行。本小节介绍想象力增强智能体 I2A（Imagination-Augmented Agent），该方法利用学习到的环境模型想象出若干条未来的轨迹，接着智能体利用这些关于未来的预测来辅助当前决策，从而实现隐式规划。该方法示意图如图 5.2 所示。

图 5.2 右侧部分是整体的 I2A 结构，包括两个部分：无模型路径和基于模型路径。其中，无模型路径处理方法和常见的强化学习算法相同，对状态进行特征提取后输入到策略模块。基于模型路径则是利用当前状态想象出若干轨迹，然后经过轨迹编码器得到编码后的向量，融合器将这些轨迹向量合并起来，与无模型路径的特征一起输入到最终的策略模块网络中，输出策略和值函数。

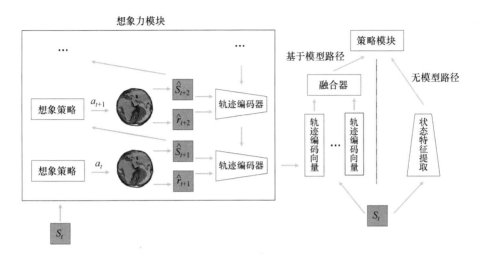

● 图 5.2　基于想象力的隐式规划方法

想象力模块是 I2A 算法的核心，利用当前状态和环境模型想象出轨迹。图 5.2 中只展示一条轨迹的生成过程。首先，I2A 引入想象策略，该策略可以根据状态输出想象的动作；随后，根据拟合的环境模型，将状态和动作作为输入，得到下一个状态和奖励。此过程不断重复，可以生成任意长度的想象轨迹。在 I2A 中，每次生成一个环境转移样本便输入到由 LSTM 网络构成的轨迹编码器中，最终将想象轨迹的所有样本构成一个轨迹编码向量，完成了想象轨迹生成的过程。

I2A 的想象策略十分关键。I2A 的目的是让生成的轨迹尽可能多样，但是想象策略也不宜设计过于复杂，这样会增加算法运行时间。I2A 采用的想象策略是首先遍历所有可能的动作，让所有轨迹从当前状态转移到不同的后续状态，同时利用网络蒸馏技术训练一个结构简单的策略网络 $\tilde{\pi}(s)$ 来模仿智能体的策略模块输出的 $\pi(s)$，这里可以通过最小化 $\tilde{\pi}(s)$ 和 $\pi(s)$ 的交叉熵完成训练。接下来，利用蒸馏得到的 $\tilde{\pi}(s)$ 来对不同的后续状态产生动作，这样做的好处是让想象的轨迹与智能体在真实环境中交互产生的轨迹更加相似。I2A 方法将无模型和有模型强化学习融合起来。智能体在决策时，同时利用了当前状态信息和关于未来预测的信息，实现了隐式的规划。这种隐式规划可以避免受到由模型不准确带来的影响，为基于模型的方法提供了新的思路。

5.3　黑盒模型的理论框架

前面几节介绍的基于模型的强化学习方法可以统称为黑盒模型方法，指的是将环境模型看作一个黑盒，仅利用它来产生虚拟的训练样本。环境模型是一个独立的模块，可以进行单独训练，不影响强化学习算法本身。通常情况下，黑盒模型的强化学习算法去掉环境模型的训练和使用部分一样可以正常工作。之前介绍的方法集中在如何利用训练的模型来进行更好的规划，本节将着重介绍黑盒模型的强化学习方法的一些理论框架，帮助读者更好地学习模型和使用模型。

▶▶ 5.3.1　随机下界优化算法

本小节介绍随机下界优化算法（Stochastic Lower Bounds Optimization，SLBO），SLBO 是一个能够随着迭代进行，策略表现单调提升的基于模型强化学习算法，其主要贡献是建立了期望值函数的下界，并设计了一个简便的算法来优化下界，在最大化这个下界的同时也优化了策略和环境模型。

使用 V^{π,M^*} 代表策略 π 在真实环境 M^* 中学习到的值函数，$\hat{V}^{\pi,\hat{M}}$ 代表策略 π 在估计的环境模型 $\hat{M}$ 中学习到的值函数。在实际应用中，$\hat{M}$ 无法完全拟合真实的环境，策略在 $\hat{M}$ 中学习到的策略不会优于在 M^* 中学习到的策略，两者有如下关系：

$$V^{\pi,M^*} \geq \hat{V}^{\pi,\hat{M}} - D^{\pi,\hat{M}} \tag{5.6}$$

其中 $D^{\pi,\hat{M}}$ 代表 V^{π,M^*} 和 $\hat{V}^{\pi,\hat{M}}$ 由于拟合模型误差带来的不一致，具体形式之后介绍。式（5.6）的右侧为真实值函数的下界，学习的目的是最大化这个下界，从而使基于模型的强化学习算法的表现能够不断接近真实环境的表现。由于直接在 $\hat{M}$ 和 π 的整个空间来优化式（5.6）十分困难，因此 SLBO 试图在一个称为参考策略 π_{ref} 的临近区间寻找策略：

$$V^{\pi,M^*} \geq \hat{V}^{\pi,\hat{M}} - D_{\pi_{\mathrm{ref}},\delta}(\pi,\hat{M}), \forall \pi \text{ s.t. } d(\pi,\pi_{\mathrm{ref}}) \leq \delta \tag{5.7}$$

这里 d 是衡量策略差异程度的函数。式（5.7）要求当前学习到的策略和采集样本的策略之间的差异不应该过大，这是 SLBO 算法的第一个假设条件。第二个假设条件为，如果拟合的环境模型足够精确，那么不一致性将会为 0，即

$$\hat{M} = M^* \Rightarrow D_{\pi_{\mathrm{ref}}}(\hat{M},\pi) = 0, \forall \pi,\pi_{\mathrm{ref}} \tag{5.8}$$

第三个假设条件为，$D^{\pi,\hat{M}}$ 应该满足 $\mathbb{E}_{\tau \sim \pi_{\mathrm{ref}},M^*}[f(\hat{M},\pi,\tau)]$ 这种形式，其中 π_{ref} 为与真实环境交互采集数据所用的策略，π 为当前学习的策略，f 是一个可微分的函数。SLBO 中采用如下形式：

$$D_{\pi_{\mathrm{ref}}}^{\pi,\hat{M}} = L \cdot \mathop{\mathbb{E}}_{S_0,\cdots,S_t \sim \pi_{\mathrm{ref}},M^*}[\|\hat{M}(S_t) - S_{t+1}\|] \tag{5.9}$$

其中 L 为常数。可以看出 $D_{\pi_{\mathrm{ref}}}^{\pi,\hat{M}}$ 为拟合的模型 $\hat{M}$ 在 π_{ref} 采样轨迹中产生的预测误差。算法证明了式（5.9）的不一致性设计可以同时满足提出的三个假设条件，这样可以首先得到一个基于模型的元强化学习方法，如算法 5-4 所示。

算法 5-4　基于模型的元强化学习算法

1：初始化策略 π_0，不一致性度量函数 D 和策略差异度量函数 d；

2：**for** 时间步 $k = 0$ to T **do**

3：　　$\pi_{k+1}, M_{k+1} = \arg \max\limits_{\pi \in \Pi, M \in M} V^{\pi, M} - D_{\pi_k, \delta}(M, \pi)$，s.t. $\mathrm{d}(\pi, \pi_k) \leqslant \delta$

4：**end for**

该算法可以看作 SLBO 的框架，算法每次迭代时利用前一次策略 π_k 采样得到的样本来更新策略和环境模型，同时要求新的策略 π_{k+1} 与 π_k 的差异不大于阈值 δ。这样做可以使拟合的环境模型在策略 π_{k+1} 产生的样本上同样能够产生较小的误差，更加接近真实样本。

算法 5-5 的更新过程可以得到策略序列 $\pi_0, \cdots, \pi_T$。可以证明这个策略序列在真实环境中的表现是单调递增的，即：

$$V^{\pi_0, M^*} \leqslant V^{\pi_1, M^*} \leqslant \cdots \leqslant V^{\pi_T, M^*} \tag{5.10}$$

而且，随着 $k \to \infty$，V^{π_T, M^*} 会收敛到 $V^{\bar{\pi}, M^*}$，其中 $\bar{\pi}$ 为局部最优策略。由于不一致性度量函数 D 和策略差异度量函数 d 满足式（5.8），可得

$$V^{\pi_{k+1}, M^*} \geqslant V^{\pi_{k+1}, M_{k+1}} - D_{\pi_k}(M_{k+1}, \pi_{k+1}) \tag{5.11}$$

其中 π_{k+1} 和 M_{k+1} 由算法 5-4 优化得来，由此可得

$$V^{\pi_{k+1}, M_{k+1}} - D_{\pi_k}(M_{k+1}, \pi_{k+1}) \geqslant V^{\pi_k, M^*} - D_{\pi_k}(M^*, \pi_k) = V^{\pi_k, M^*} \tag{5.12}$$

其中 $V^{\pi_k, M^*} - D_{\pi_k}(M^*, \pi_k) = V^{\pi_k, M^*}$ 由假设条件式（5.8）得来。将上述两个不等式组合起来即可得证。该结论从理论的角度证明了算法优越性，接下来介绍 SLBO 算法的具体实现方式。

算法 5-5　SLBO 算法

1：初始化环境模型参数 ϕ 和策略网络参数 θ；

2：初始化数据集 $D \leftarrow \phi$

3：**for** 时间步 $t = 0$ to T **do**

4：　　$D \leftarrow D \cup \{$ 利用 π_θ 和真实环境交互采集数据 $\}$

5：　　**for** 时间步 $k = 0$ to K **do**

6：　　　　优化 $\max\limits_{\phi, \theta} V^{\pi_\theta, \hat{M}_\phi} - \lambda \cdot \mathbb{E}_{(s_{t:t+h}, a_{t:t+h}) \sim \pi_k, M^*} [L_\phi^H(s_{t:t+h}, a_{t:t+h}); \phi)]$

7：　　　　**for** 时间步 $m = 0$ to M **do**

8：　　　　　　从 D 中的采样最小化环境模型损失：

$$L_\phi^H((s_{t:t+h}, a_{t:t+h}); \phi) = \frac{1}{H} \sum_{i=1}^H \| (\hat{s}_{t+i} - \hat{s}_{t+i-1}) - (s_{t+i} - s_{t+i-1}) \|_2$$

9：　　　　**end for**

10：　　　**for** 时间步 $n = 0$ to N **do**

11：　　　　　$D' \leftarrow \{$ 与拟合的环境模型 $\hat{M}_\phi$ 交互产生的数据 $\}$

12：　　　　　从 D' 中采样数据，利用 TRPO 算法优化策略 π_θ

13：　　　**end for**

14：　　**end for**

15：**end for**

SLBO 遵循着算法 5-4 的逻辑，通过迭代的方式同时优化策略网络和环境模型，达到了最大化真实环境下值函数下界的目的，使得 SLBO 的表现能够尽可能接近在真实环境中学习到的策略。

▶▶ 5.3.2 基于模型的策略优化算法

SLBO 算法为基于模型的强化学习算法提供了真实值函数下界的框架，并具有策略单调提升的理论性保证，但是这些结果建立在比较严格的三个假设条件之上，使得 SLBO 的理论结果缺乏通用性。本小节介绍基于模型的策略优化（Model-Based Policy Optimization，MBPO）算法。MBPO 推导出了一个更加通用的真实值函数的理论下界，并实现了在拟合环境中推演步数和模型误差累积的平衡。

MBPO 首先证明了如下结论：

$$\eta[\pi] \geqslant \hat{\eta}[\pi] - \underbrace{\left[\frac{2\gamma r_{\max}(\epsilon_m + 2\epsilon_\pi)}{(1-\gamma)^2} + \frac{4r_{\max}\epsilon_\pi}{1-\gamma} \right]}_{C(\epsilon_m, \epsilon_\pi)} \tag{5.13}$$

其中，$\eta[\pi]$ 代表策略 π 在真实环境中能够获得的回报，$\hat{\eta}[\pi]$ 代表策略 π 在拟合环境中能够获得的回报。$C(\epsilon_m, \epsilon_\pi)$ 代表真实环境和拟合环境中的回报差异，具体由 ϵ_m 和 ϵ_π 两部分构成。$\epsilon_\pi = \max_s D_{TV}(\pi \| \pi_D)$，$\pi_D$ 是与真实环境交互使用的策略，π 是当前更新得到的策略，D_{TV} 称为 total-variation 距离，用来衡量分布差异，ϵ_π 衡量了两种策略的最大差异。$\epsilon_m = \max_t \mathbb{E}_{s \sim \pi_{D,t}}[D_{TV}(p(s',r \mid s,a) \| p_\theta(s',r \mid s,a))]$，$\epsilon_m$ 衡量了拟合环境和真实环境在由策略 π_D 采样的轨迹上产生的泛化误差，并取最大值。

式（5.13）衡量了 $\eta[\pi]$ 和 $\hat{\eta}[\pi]$ 的关系，但是这种关系建立在完全推演基础上，也就是利用策略在拟合的环境中不断地推演直至遇到终止状态。因为拟合的模型必然存在误差，这种方式使得拟合模型的误差不断累积，最终导致推演产生的虚拟样本不可信。因此 MBPO 提出动态调节推演的步数，对模型进行合理使用。简单来说在模型比较准确的时候，可以适当地延长推演步数，产生更长的虚拟状态序列；当模型泛化误差比较大的时候，要尽量避免使用模型产生的虚拟样本。为了实现这个目的，MBPO 推导出了如下理论：

$$\eta[\pi] \geqslant \eta^{\text{branch}}[\pi] - 2r_{\max}\left[\frac{\gamma^{k+1}\epsilon_\pi}{(1-\gamma)^2} + \frac{\gamma^k}{1-\gamma}\epsilon_\pi + \frac{k}{1-\gamma}\epsilon_{m'} \right] \tag{5.14}$$

其中 $\eta^{\text{branch}}[\pi]$ 代表进行 k 步推演能够得到的回报。

$$\epsilon_{m'} = \max_t \mathbb{E}_{s \sim \pi_t}[D_{TV}(p(s',r \mid s,a) \| p_\theta(s',r \mid s,a))] \tag{5.15}$$

衡量了利用当前策略采样的拟合误差。当 $\dfrac{d\epsilon_{m'}}{d\epsilon_\pi}$ 足够小的时候，也就是说随着策略的更新，模型拟合误差和策略偏移的比例足够小的时候，此时 $k>0$ 可以最大化下界，这样可以通过计算 $\dfrac{d\epsilon_{m'}}{d\epsilon_\pi}$ 来动

态调节 k 值。MBPO 算法步骤如下：

算法 5-6　MBPO 算法

1：初始化环境模型 p_θ，策略 π_ϕ，真实环境数据集 D_{env}，拟合环境数据集 D_{model}；

2：**for** 时间步 $t = 0$ to T **do**

3：　利用 D_{env} 训练 p_θ

4：　**for** 时间步 $k = 0$ to K **do**

5：　　根据策略 π_ϕ 与环境交互产生样本，加入到 D_{env}

6：　　**for** 时间步 $n = 0$ to N **do**

7：　　　从 D_{env} 随机采样状态 s_t

8：　　　从 s_t 开始利用策略 π_ϕ 和环境模型向前推演 k 步，将样本放入 D_{model}

9：　　**end for**

10：　　**for** 时间步 $m = 0$ to M **do**

11：　　　利用 D_{model} 样本和任意强化学习方法更新策略 π_ϕ

12：　　**end for**

13：　**end for**

14：**end for**

5.4　白盒模型的使用

前面章节介绍了黑盒模型的强化学习算法和一些理论结果，黑盒模型方法的特点在于利用环境模型产生额外的样本，智能体用这些样本进行规划或者训练。本节将介绍另外一大类基于模型的强化学习方法，即白盒模型的强化学习方法，相比于黑盒模型方法，白盒模型进一步利用了学习到的环境模型，通过构建可微分的环境模型，使智能体从选择动作到获得奖励的过程中，梯度可以在整个过程反向传播，实现更高的样本效率。

▶▶ 5.4.1　随机值梯度算法

本小节将介绍随机值梯度算法（Stochastic Value Gradients，SVG）。对于确定性模型，值函数可以写作：$V(s) = r(s,a) + \gamma V'(f(s,a))$，其中 $a = \pi(s;\theta)$，$s' = f(s,a)$，f 代表环境模型。分别对状态和策略求梯度可以得到

$$\begin{cases} V_s = r_s + r_a \pi_s + \gamma V'_{s'}(f_s + f_a \pi_s) \\ V_\theta = r_a \pi_\theta + \gamma V'_{s'} f_a \pi_\theta + \gamma V'_\theta \end{cases} \tag{5.16}$$

其中形如 g_x 的符号表示对变量进行求导，即 $g_x \triangleq \partial g(x,y)/\partial x$。这样就得到了值函数关于策略参数和环境参数的梯度，然后对其进行更新。

然而式（5.16）的梯度计算存在一个缺陷，即要求策略和模型必须是确定性的，为了使其能够扩展到随机 Bellman 公式中，方法采用了重参数化的技术。重参数化的一个简单例子是假设某个条件高斯函数 $p(y|x)=N(y|\mu(x),\sigma^2(x))$，且 $y=\mu(x)+\sigma(x)\xi$，其中 $\xi\sim N(0,1)$。这样做可以首先对噪声 ξ 进行采样，然后就可以确定性地得到 y。这里 f 是关于 y 和噪声 ξ 的确定性函数，即 $y=f(x,\xi)$，$\xi\sim\rho$，由此函数 $g(y)$ 的期望可以写作 $E_{p(y|x)}g(y)=\int g(f(x,\xi))\rho(\xi)\mathrm{d}\xi$。重参数化方法可以帮助我们利用蒙特卡罗采样的方式得到 $g(y)$ 对变量 x 的导数：

$$\nabla_x\mathbb{E}_{p(y|x)}g(y)=\mathbb{E}_{\rho(\xi)}[g_yf_x]\approx\frac{1}{M}\sum_{i=1}^{M}g_yf_x\big|_{\xi=\xi_i}\qquad(5.17)$$

下面将重参数化的方法应用到代入有随机性的 Bellman 公式中。在策略和环境中引入两个随机噪声，其中 $a=\pi(s,\eta;\theta)$，$\eta\sim\rho(\eta)$，随机环境 $s'=f(s,a,\xi)$，$\xi\sim\rho(\xi)$，将其带入到贝尔曼公式中可以得到

$$V(s)=\mathbb{E}_{\rho(\eta)}[r(s,\pi(s,\eta;\theta))+\gamma\mathbb{E}_{\rho(\xi)}[V'(f(s,\pi(s,\eta;\theta),\xi))]]\qquad(5.18)$$

分别对模型参数和策略参数求导可得

$$\begin{cases}V_s=\mathbb{E}_{\rho(\eta)}[r_s+r_a\pi_s+\gamma\mathbb{E}_{\rho(\xi)}V'_{s'}(f_s+f_a\pi_s)]\\V_\theta=\mathbb{E}_{\rho(\eta)}[r_a\pi_\theta+\gamma\mathbb{E}_{\rho(\xi)}[V'_{s'}f_a\pi_\theta+V'_\theta]]\end{cases}\qquad(5.19)$$

通过上述梯度表达式，发现环境模型和策略都可以直接影响到值函数，这样对值函数进行求导便可以以一种端到端的方式得到最优策略，这便是 SVG 的核心思想。

▶▶ 5.4.2 模型增强的 actor-critic 算法

本小节将介绍一种前沿的基于白盒模型的强化学习算法，称为模型增强的 actor-critic 算法（Model-Augmented Actor Critic，MAAC）。MAAC 利用学习到的环境模型计算累积回报对策略参数的梯度，为策略学习提供了一个更加直接的更新信号，进一步降低了样本复杂性。

MAAC 对优化的函数目标进行了一些修改，定义学习目标为

$$J_\pi(\theta)=\mathbb{E}\Big[\sum_{t=0}^{H-1}\gamma^tr(s_t)+\gamma^H\hat{Q}(s_H,a_H)\Big]\qquad(5.20)$$

其中 $s_{t+1}\sim\hat{f}(s_t,a_t)$，$a_t\sim\pi_\theta(s_t)$，这里环境模型和策略都是可微的。可以发现，MAAC 的优化目标和一般的强化学习方法相同，采用一种 n-step bootstrap 更新方式，比无模型的 on-policy 强化学习方法具有更高的样本效率，比 off-policy 强化学习方法更稳定。参数 H 也实现了模型准确度和值函数准确度之间的平衡，$H=0$ 则表示环境模型不准确，不使用环境模型，$H=\infty$ 则直接模拟到终止状态，类似于打靶算法。最重要的一点，策略模型和环境模型是由正态分布拟合，可以直接计算梯度，如图 5.3 所示。

接下来介绍完整的 MAAC 算法，整个 MAAC 算法可以分成三个部分：模型学习、策略优化

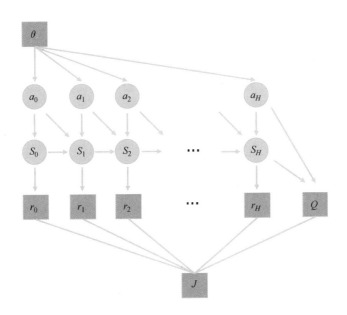

图 5.3　模型增强的 actor-critic 算法计算图

和 Q 值学习。为了避免过拟合的问题，**MAAC** 利用集成学习的思想，训练了一个环境模型的集合 $\{\hat{f}_{\phi_1}, \cdots \hat{f}_{\phi_M}\}$。每个模型分别拟合正态分布的均值和协方差，这种集成模型的方法还可以用来衡量由于数据缺失带来的不确定性和环境本身的不确定性，每次从中随机采样进行轨迹的生成。模型优化时引入策略的熵鼓励智能体探索，与 SAC 算法一致：

$$J_\pi(\theta) = \mathbb{E}\left[\sum_{t=0}^{H-1} \gamma^t r(\hat{s}_t) + \gamma^H Q_\psi(\hat{s}_H, a_H)\right] + \beta H(\pi_\theta) \tag{5.21}$$

注意 $J_\pi(\theta)$ 将直接回传多步的梯度来更新策略网络的参数 θ。MAAC 通过 Q 学习算法来更新 critic 模块，

$$J_Q(\psi) = \mathbb{E}\left[(Q_\psi(s_t, a_t) - (r(s_t, a_t) + \gamma Q_\psi(s_{t+1}, a_{t+1}))^2\right] \tag{5.22}$$

最终 MAAC 算法流程如算法 5-7 所示。

算法 5-7　MAAC 算法

1：初始化环境模型 $\hat{f}_\phi$，策略 π_θ，值函数 $\hat{Q}_\psi$，真实环境数据集 D_{env}，拟合环境数据集 D_{model}；

2：**for** 时间步 $t = 0$ to T_1 **do**

3：　　使用策略 π_θ 与真实环境交互采样，样本加入到 D_{env}

4：　　**for** 时间步 $i = 1$ to G **do**

5：　　　　利用 D_{env} 样本更新环境模型：$\phi \leftarrow \phi - \beta_f \nabla_\phi J_f(\phi)$

6：　　**end for**

（续）

算法 5-7　MAAC 算法

7：　利用 $\hat{f}_\phi$ 采样，样本加入到 $D \leftarrow D_{env} \cup D_{model}$
8：　**for** 时间步 $i = 1$ to T_2 **do**
9：　　利用 D 中数据更新策略：$\theta \leftarrow \theta + \beta_\pi \nabla_\theta J_\pi(\theta)$
10：　　利用 D 中数据更新值函数：$\psi \leftarrow \psi - \beta_Q \nabla_\psi J_Q(\psi)$
11：　**end for**
12：**end for**

5.5　实例：AlphaGo 围棋智能体

AlphaGo 是 DeepMind 公司研发的围棋智能体，于 2016 年横空出世，并以 4∶1 的成绩击败了世界冠军李世石。一年以后，DeepMind 公司再次取得突破，AlphaGo Zero（AGZ）出现了，它以 100∶0 的惊人战绩打败了 AlphaGo，相比于 AlphaGo，它不再依赖人类专家数据库，而是通过自我博弈，从零开始逐渐打败自己之前的策略，是人工智能研究的里程碑式成果。AGZ 是基于模型的强化学习算法的典型应用，因为在围棋环境中，状态转移和奖励函数都是确定已知的，无须再去拟合环境模型，智能体可以实现精确地推演、规划。本节将介绍 AGZ 的主要模块，旨在帮助读者能够加深对基于模型的强化学习算法的理解。

▶▶5.5.1　网络结构介绍

AGZ 的网络结构由三部分组成，第一部分是特征提取部分，AGZ 利用残差神经网络作为特征提取器，残差神经网络由基本的残差块组成，实现如下：

```
1   class BasicBlock(nn.Module):
2     def_init_(self,inplanes,planes,stride=1,downsample=None):
3      super(BasicBlock,self)._init_()
4      self.conv1=nn.Conv2d(inplanes,planes,kernel_size=3,
5                 stride=stride,padding=1,bias=False)
6      self.bn1=nn.BatchNorm2d(planes)
7      self.conv2=nn.Conv2d(planes,planes,kernel_size=3,
8                 stride=stride,padding=1,bias=False)
9      self.bn2=nn.BatchNorm2d(planes)
10    def forward(self,x):
11       residual=x
12       out=self.conv1(x)
```

```
13          out=F.relu(self.bn1(out))
14          out=self.conv2(out)
15          out=self.bn2(out)
16          out=residual
17          out=F.relu(out)
18          return out
```

再利用若干残差块构成特征提取器：

```
1    class Extractor(nn.Module):
2       def _init_(self,inplanes,outplanes):
3         super(Extractor,self)._init_()
4         self.conv1=nn.Conv2d(inplanes,outplanes,stride=1,
5                   kernel_size=3,padding=1,bias=False)
6         self.bn1=nn.Batch Norm2d(outplanes)
7         for block in range(BLOCKS):
8             setattr(self,"res{}".format(block),BasicBlock(outplanes,outplanes))
9
10      def forward(self,x):
11          x=F.relu(self.bn1(self.conv1(x)))
12          for block in range(BLOCKS-1):
13              x=getattr(self,"res{}".format(block))(x)
14          feature_maps=getattr(self,"res{}".format(BLOCKS-1))(x)
15
15          return feature_maps
```

然后将特征提取器的输出作为策略网络和值函数网络的输入，策略网络输出所有可行的动作概率，值函数网络输出当前状态获得胜利的概率。

最后介绍一下网络的输入，即当前的棋局状态。围棋棋盘尺寸是 $19×19$，利用维度为 $19×19$ 的向量表示当前棋盘上黑色棋子的位置，为了提供更多信息，网络输入不仅包含当前棋局状态，还考虑之前 7 步棋局中黑色棋子的位置，这样一共需要维度为 $19×19×8$ 的向量表示黑色棋子 8 步内的位置信息，同理还要考虑 8 步以内白色棋子的位置，需要同样维度的向量表示，最后使用一张 $19×19$ 的全 0 或者全 1 向量代表当前走棋的玩家，这样输入向量维度为 $19×19×(8×2+1)$。

▶▶ 5.5.2 蒙特卡罗树搜索

无论是围棋还是其他棋类游戏，要想取得胜利需要有提前规划的能力，就要从全局出发判断当前采取的动作对之后若干步产生的影响。由于围棋的动作空间、状态空间过于庞大，计算机无法利用传统的暴力搜索法或者普通机器学习方法来规划找到最优策略，AGZ 使用蒙特卡罗树搜索方法解决了这个问题，蒙特卡罗树搜索方法通过某种规划策略从当前局面开始向后推演直至结束，可以帮助智能体挑选出更有可能取得胜利的动作，缩小了动作空间。

首先介绍节点的概念，每个节点代表了棋盘上的一个状态，也是搜索树上的基本单元，具体实现如下：

```
1   class Node():
2     def_init_(self,state):
3       self.state=state
4       self.playerTurn=state.playerTurn
5       self.id=state.id
6       self.edges=[]
7     def isLeaf(self):
8       if len(self.edges)>0:
9         return False
10      else:
11        return True
```

其中 state 代表当前节点存储的棋盘状态，playerTurn 记录了当前走棋的玩家，函数 isLeaf 判断该节点是否是叶子节点，edges 是该节点拥有的边，每个节点包含了所有可行的、合法的动作构成的边，Edge 的实现如下：

```
1   class Edge():
2     def_init_(self,inNode,outNode,prior,action):
3       self.id=in Node.state.id+'|'+outNode.state.id
4       self.inNode=inNode
5       self.outNode=outNode
6       self.playerTurn=inNode.state.playerTurn
7       self.action=action
8       self.stats={'N':0,'W':0,'Q':0,'P':prior}
```

playerTurn 代表当前玩家，其余的属性记录了状态转移，比如在对局过程中产生了 (s,a,s') 这样的状态转移，inNode 存储 s，action 存储 a，outNode 存储 s'。stats 记录状态动作对 (s,a) 的一些信息，其中 N 记录了访问次数，W 为总的动作值函数，Q 代表平均动作值函数，P 为访问该状态动作对的先验概率。

有了节点和边，便可以将走棋的过程形式化成一颗搜索树，需要考虑如何利用该搜索树和其记录的信息来选择合适的动作。假设当前处于某个节点上，第一步从当前节点开始每次按照最大化 $Q+U$ 来选择分支，其中 Q 为该分支对应的值函数，U 为上限置信，定义如下：

$$U(s,a) = c_{\text{puct}} P(s,a) \times \frac{\sqrt{\sum_b N(s,b)}}{1+N(s,a)} \tag{5.23}$$

其中，c_{puct} 为探索因子，为常数。U 的大小与该分支的访问次数成反比，这样就通过控制 c_{puct} 实现了探索与利用的平衡。通过最大化子节点的 $Q+U$，从当前的根节点遍历到子节点，整个过程如下：

```
1   # 从根节点访问到叶子节点
2   leaf,value,done,breadcrumbs=moveToLeaf()
3   # 评估叶子节点
4   value=evaluateLeaf(leaf,value,done)
5   # 根据叶子节点的结果反向更新到根节点
6   backFill(leaf,value,breadcrumbs)
```

各个函数具体实现如下:

```
1   def moveToLeaf(self):
2       # breadcrumb 用来存储根节点到叶子节点的轨迹
3       breadcrumbs=[]
4       currentNode=self.root
5       done=0
6       value=0
7       while not currentNode.isLeaf():
8           maxQU=-99999
9           Nb=0
10          # 获取到不同状态动作对访问的总次数
11          for action,edge in currentNode.edges:
12              Nb=Nb+edges.states['N']
13          # 遍历所有后续的边,找到最大的 Q+U 对应的那条分支
14          for idx,(action,edge) in enumerate(currentNode.edges):
15              U=self.cpuct* edges.states['P']*
16                  np.sqrt(Nb)/(1+edge.stats['N'])
17              Q=edge.stats['Q']
18              if Q+U>maxQU:
19                  maxQU=Q+U
20                  simulationAction=action
21                  simulationEdge=edge
22          # 向下遍历
23          newState,value,done=currentNode.state.take Action (simulation Action)

24          currentNode=simulation Edge.outNode
25          # 将当前已经遍历的分支存储起来,方便后续更新
26          breadcrumbs.append(simulation Edge)
```

到达叶子节点后,我们扩展该叶子节点,对其每个可行的动作进行评估,利用强化学习神经网络的输出得到策略和当前值函数:

```
1   def evaluateLeaf(self,leaf,value,done):
2       # 当游戏没有结束,则评估叶子节点的子节点,反之直接返回棋局的结果。
3       if done==0:
4           # get_pre ds 函数的作用是利用强化学习的神经网络获取到叶子节点的值函数,策略和允许执行的动作
```

```
5        value,probs,allowedActions=self.get_preds(leaf.state)
6        probs=probs[allowedActions]
7        # 扩展所有可行的动作,将后续节点添加到搜索树当中
8        for idx,action in enumerate(allowed Actions):
9            newState,_,_=leaf.state.take Action(action)
10           if new State.id not in self.mcts.tree:
11               node=mc.Node(new State)
12               self.mcts.add Node(node)
13           else:
14               node=self.mcts.tree[new State.id]
15           new Edge=mc.Edge(leaf,node,probs[idx],action)
16           leaf.edges.append((action,new Edge))
17       # 返回叶子节点的值函数
18       return value
```

最后根据对叶子节点评估得到的值函数进行反向更新：

```
1   def backFill(self,leaf,value,breadcrumbs):
2       currentPlayer=leaf.state.playerTurn
3       # 遍历从根节点到叶子节点访问过的分支
4       for edge in breadcrumbs:
5           playerTurn=edge.playerTurn
6           # 如果是对手,值函数要取相反的方向
7           if playerTurn==currentPlayer:
8               direction=1
9           else:
10              direction=-1
11          # 对应的状态动作对访问次数加1
12          edge.stats['N']=edge.stats['N']+1
13          edge.stats['W']=edge.stats['W']+value* direction
14          edge.stats['Q']=edge.stats['W']/edge.stats['N']
```

这样就完成了一次搜索的过程，整个过程可以重复多次，根据计算机的算力来指定。在完成了若干次上述的搜索后，**AGZ** 对当前根节点的所有子节点都有了比较可靠的评估，最终根据策略 $\pi(a\,|\,s_0)=N(s_0,a)^{1/\tau}/\sum_b N(s_0,b)^{1/\tau}$ 选择出要执行的动作，其中 τ 称为温度参数，用来探索。如果是在评估策略阶段，则直接选择 $N(s_0,a_i)^{1/\tau}$ 值最大的动作执行。

AGZ 执行动作之后，环境转移到新的状态，对手也同样利用相同的策略走棋，直到到达一局棋局的终止状态，得到奖励 $r_T \in \{-1,+1\}$，然后将这一局的所有样本标记为 $<s_t,\pi_t,z_t>$，其中 $z_t=\pm r_T$，根据不同的玩家需要变换奖励的符号，将样本存储到经验池中，这样就完成了样本的采集。得到足够样本之后，**AGZ** 开始训练神经网络，具体过程和之前强化学习算法相同：

```
1   def replay(self,ltmemory):
2       for i in range(config.TRAINING_LOOPS):
3           minibatch=random.sample(ltmemory,min(config.BATCH_SIZE,len(ltmemory)))

4           # 获取到网络对于采样状态的评估
5           training_states=np.array([self.model(row['state'])for
                row in minibatch])
6           # 从经验池中获取到真正采用的策略和获得的真实奖励
7           training_targets=
8           {'value_head':np.array([row['value']for row in minibatch]),
9       'policy_head':np.array([row['AV']for row in minibatch])}
10      fit=self.model.fit(training_states,training_targets,epochs
            =config.EPOCHS,batch_size=32)
```

在经验池中存储的是真实的奖励和利用蒙特卡罗树搜索得到的策略，可以被看作是强化学习策略网络和值函数网络的标签，因此这里采用一种监督学习的方式进行训练。

▶▶ 5.5.3 总体训练流程

利用前面介绍的内容，AGZ 的总体训练流程如下：

```
1   # 定义相同的网络结构
2   current_NN=Policy_Value_Network()
3   best_NN=Policy_Value_Network()
4   # 初始化两个玩家水平相同
5   current_player=Agent('current_player',current_NN)
6   best_player=Agent('best_player',best_NN)
7   while 1:
8       # 利用最佳玩家自我对弈产生样本
9       memory,_=selfPlay(best_player,best_player)
10      if len(memory)>=start_training_step:
11          # 当前的玩家利用样本更新网络
12          current_player.training()
13      # 最佳玩家和更新后的玩家进行对弈,返回分数
14      _,scores=selfPlay(best_player,current_player)
15      # 如果更新后的玩家赢得次数更多,则成为最佳玩家
16      if scores['current']>scores['best']* threshold:
17          best_player=current_player
```

第6章

值分布式强化学习算法

▶▶▶▶▶▶▶

分布式强化学习算法是在一般的 Q 学习算法基础上提出的一个重要的改进算法。对于一个固定的状态和动作 (s,a)，使用基于值函数的策略评价方法可以得到在对应策略下的回报的期望值，记为 $Q^\pi(s,a)$。然而，由于环境具有随机性，实际上值函数应该是一个分布而不是一个单一的值。为了区别于 Q，我们将这个分布记为 Z。基于值函数的方法估计的 Q 值可以认为是这个分布 Z 的平均值，即 $Q^\pi(s,a)=\mathbb{E}\left[Z^\pi(s,a)\right]$。然而，$Q$ 值是能够反映值函数分布的一个统计量，并不能完整地反映 Q 函数的分布。本章介绍基于值分布的强化学习，这类方法可以直接估计 Z^π 的分布，在学习中可以更全面地利用分布的信息，从而更加高效地学习。

6.1 离散分布投影的值分布式算法

本节介绍基于离散分布投影的值分布式学习算法。该方法中，将值函数建模为一个离散的分布。首先，根据任务的奖励范围，可以设定一个 Z 值的区间为 $[V_{\min},V_{\max}]$。例如，已知每个时间步的奖励的最大值为 $r_{\max}$，学习中的折扣函数为 γ，$0\leqslant\gamma<1$，则值函数的最大值不会超过 $\sum_{t=0}^{\infty}\gamma^t r_{\max}=r_{\max}/(1-\gamma)$，这里的推导利用了数列级数收敛的性质。强化学习任务的值函数都是有界的。在实际中，值函数的区间可以设置的大一些，用于涵盖所有可能出现的值，比如在图 6.1 中，将值函数的区间设定在了 $[-10,10]$ 之间。

随后，将该区间划分成 N 个小区间，每个小区间以其区间的中心作为该区间的值函数。每个区间的宽度为 $\Delta v=\dfrac{V_{\max}-V_{\min}}{N-1}$，则第 i 个区间对应的值为 $z_i=V_{\min}+i\Delta v$，$0\leqslant i<N$。对于一个任务，当固定了值函数的总区间和小区间的大小，则每个小区间对应的值函数是确定的，不需要学习。

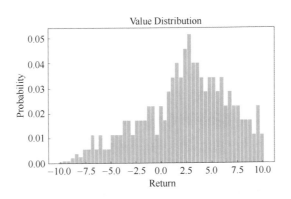

●图6.1　一个典型的离散的值分布

一个典型的离散的值分布强化学习算法是 C51，在该算法中小区间的个数有 $N=51$。

在对整个值函数区间进行划分的基础上，基于值分布的强化学习算法只需要估计每个 z_i 的概率 p_i 即可，从而 N 个 z_i 的概率分布构成了总体的值函数的分布。熟悉图像分类的读者会发现，这个值分布类似于图像分类中使用的 softmax 分布。在图像分类中，对于每个类别，网络会预测一个离散的 softmax 分布来表示一幅图像属于每个类别的概率。在值分布的强化学习算法中，值网络对于一个 (s,a) 的输入，预测的是值函数对应于每个小区间的值 z_i 的概率 p_i。在预测中，p_i 使用的也是 softmax 分布，即

$$Z_\theta(s,a) = z_i，对应于 z_i 的概率 p_i = \frac{\exp(\theta_i(s,a))}{\sum_{j=1}^{N} \exp(\theta_j(s,a))} \tag{6.1}$$

该式表示，对于输入 (s,a)，网络会预测 N 个 θ_i 的值，随后使用 softmax 函数将其规约成和为 1 的概率分布：$\sum_{i=1}^{N} p_i = 1$。

回顾 Q 学习中的目标 Q 函数定义为 $r+\gamma Q(s',a')$，这个操作相当于对 $Q(s',a')$ 进行比例为 γ 的放缩，然后再进行 r 的偏移。在值分布的 Z 函数中，由于 Z 被离散化成 N 个部分，需要对其中每个部分对应的 z_i 进行放缩和偏移，并保持 p_i 不变。这里定义一个运算符 Tz_i，表示对 z_i 这个部分进行放缩和偏移的操作：$Tz_i = r+\gamma z_i$。

C51 操作的核心在于完成 Tz_i 之后的合并和求解。这里先讨论为什么进行 Tz_i 的操作之后不能直接用于计算。例如，在前面的例子中将 N 设置成 21，由于区间的宽度是 $[-10,10]$，因此切分后每个小区间的宽度是 1，此时 z_i 是 $[-10,10]$ 之间的整数。取其中一个 $z_i = 5$，假设 $r=0$，$\gamma=0.99$，则经过贝尔曼变换之后 $Tz_i = r+\gamma z_i = 4.95$。这时出现了问题：$Tz_i$ 已经不是整数了，因此不再对应于我们划分好的区间（每个 z_i 都是整数）。这种情况在计算 Tz_i 时是几乎必然会出现的。当目标 Q 函数中的 $TZ(s,a)$ 对应的小区间位置和原始 $Z(s,a)$ 的区间不同时，将无法度量二者的距离，其中 $TZ(s,a)$ 表示对值分布 $Z(s,a)$ 离散化后的每个元素计算贝尔曼学习目标。由于

TD-error最小化在基于值分布的算法中是最小化两个分布的距离，因此必须保证两个分布的"基"是相同的，这里区间的划分就是离散值分布的"基"。

C51 提出了一种方法对 $TZ(s,a)$ 的每个元素进行重新分配，将其概率分配到原始设定的小区间上。仍然沿用上面的例子，对于 $z_i=5$，$Tz_i=r+\gamma z_i=4.95$，假设 Tz_i 对应的概率是 $p_j=0.1$。此时，由于 4.95 相邻近的两个原始的区间坐标是 4 和 5，因此可以计算 4.95 到两个基的坐标，分别是 0.95 和 0.05。由于到第一个左侧的基的距离较远，应该分配一个较小的概率 $p_{\text{left}}=p_j\times 0.05=0.005$；到右侧的距离较小，因此应该分配一个较大的概率 $p_{\text{right}}=p_j\times 0.95=0.095$。可以发现两侧分配的概率和等于原始的概率 $p_{\text{left}}+p_{\text{right}}=p_j$。对于使用贝尔曼公式 $TZ(s,a)$ 后的分布离散化后的每个概率，都应当重新进行概率的分配，将概率映射到原始的基上。我们将这个映射的过程定义为一个操作 Φ，则上述计算过程可以形式化地写成

$$(\Phi TZ_\theta(s,a))_i = \sum_{j=0}^{N-1}\left[1-\frac{\left|[Tz_j]_{V_{\min}}^{V_{\max}}-z_i\right|}{\Delta z}\right]_0^1 p_j(s',a') \tag{6.2}$$

以上公式虽然看起来非常复杂，但实现的就是上面描述的对概率进行重新映射的过程。其中，整个方括号的内容是对 z_i 进行重新映射的过程，首先对 Tz_j 进行裁剪，使其保持在我们开始时规定的 $[V_{\min},V_{\max}]$ 的区间范围（如 $[-10,10]$）。随后，除以 Δz 是为了确认当前 Tz_j 处于哪个区间上，例如上面的例子中该值等于 4.95，因此处于第 4~5 个区间上。对于一个特定的 z_i，如果 z_i 不代表第 4~5 个区间，$\frac{\left|[Tz_j]_{V_{\min}}^{V_{\max}}-z_i\right|}{\Delta z}$ 的结果会大于 1，此时 $1-\frac{\left|[Tz_j]_{V_{\min}}^{V_{\max}}-z_i\right|}{\Delta z}<0$，被裁剪之后等于 0，在计算中不起作用。因此，只有当 z_i 代表第 4~5 个区间时，Tz_j 才会对这两个相邻的区间进行投影，权重是 1 减去距离。距离越大投影的权重越小，距离越小投影的权重越大。权重确定后乘以在 $r+\gamma z_j(s',a')$ 对应的概率即可，该概率等于 $z_j(s',a')$ 本身的概率 $p_j(s',a')$。上面描述的总体过程可以用图 6.2 来表示，值分布进行收缩和偏移后，在最后一步将每个小区间的概率重新映射到原始的基上，即完成了一次 Bellman 操作。

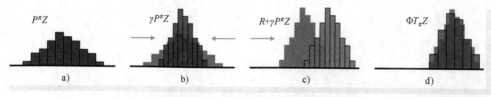

● 图 6.2　离散值分布函数在 Bellman 公式计算后的投影过程（见彩插）

在对当前的值分布 $Z_\theta(s,a)$ 进行 Bellman 更新后得到新的值分布 $\Phi TZ_\theta(s,a)$，随后需要最小化两个分布的距离。C51 中用 KL 距离度量两个分布的距离。对于两个分布 P 和 Q，分布的距离为 $\sum_{x\sim P(x)}\log\left[\frac{P(x)}{Q(x)}\right]$，即 $\sum_{x\sim P(x)}\log P(x)-\sum_{x\sim P(x)}\log Q(x)$，其中第一项是策略分布 P 本身的熵的

相反数，一般不进行优化，第二项为交叉熵损失。在 C51 算法中，分布 P 相当于 $\Phi T Z_\theta$，分布 Q 相当于 Z_θ。由于两个分布都是离散的分布，从分布中采样相当于分别取 N 个小区间，随后比较小区间对应的概率分布的差，因此损失函数为 $-\sum_i p_i \log q_i$，其中 p_i 是 $\Phi T Z_\theta$ 分布的第 i 个区间的概率，q_i 是 Z_θ 分布的第 i 个区间的概率。这个损失也是分类任务中常见的交叉熵损失。

理论上，状态值函数的分布 Z 应当是一个连续的概率分布，需要无穷大的 N 才能表示。C51 算法的优点在于，使用有限个（$N=51$）小区间的离散概率分布就可以近似来代表整体的 Z 分布，而这种近似相比于一般 Q 学习带来了很大的性能提升。其次，值分布相比于 Q 值来说为强化学习的训练过程提供了更多的解释性。在交互过程中，如果值分布明显存在多峰或者较宽的分布，表明此处环境的随机性较大；否则表明环境是较为确定的。这一性质在金融风控领域是非常有用的。在金融领域，不但要考虑获得高回报，还要尽量避免高风险。如果一个值函数期望回报较大，但分布很宽，则表明该函数会存在产生较差回报的概率，因此存在一定的风险。而如果一个值函数虽然期望回报不大，但值函数的分布非常集中，则产生的回报会集中在期望回报附近，因此风险更小。

值分布强化学习和神经科学也有一定的联系。最近，DeepMind 公司的研究者在 *Nature* 发表论文，使用分布式强化学习算法来进行多巴胺神经元的奖励预测。多巴胺细胞对大脑的行为、情绪等方面具有很大的影响。例如，人在跨越障碍物时，大脑会产生两种预期：一种是乐观的，代表可以成功跨越；一种是悲观的，代表会失败。这两种预期都有一定的概率。使用值分布可以对这两种预期进行建模，而一般的算法只能学习到两种预期的平均预期，与事实不符。研究人员发现，使用多巴胺细胞的放电速率可以重建细胞的奖励的分布，这与小鼠执行任务时奖励的实际分布非常接近。这一发现验证了大脑也在使用类似的分布式强化学习算法，促进了神经科学和人工智能的交叉研究。

6.2 分位数回归的值分布式算法

在上节中，我们使用离散概率分布来描述一个值函数的分布。然而，这种离散分布的表达能力会受到离散化概率的数目限制。本节介绍一种在统计上更为直观地描述值函数分布的方式，即分位数（quantile），基于分位数的值分布 Q 学习方法可以称为分位数回归 Q 学习（Quantile-Regression DQN，QR-DQN）。下面先介绍分位数和分位数回归的相关性质，随后再介绍如何将该方法用于值分布 Q 学习中。

▶▶ 6.2.1 分位数回归

分位数是概率统计中的一个概念，例如我们常见的中位数是 50% 分位数。一个随机变量 X

的 50% 中位数是 M，表明该变量有 50% 的取值会大于 M，有 50% 的取值会小于 M。那么可以定义分位数为 τ，其取值在 0 到 1 之间。假设随机变量 X 的 τ 分位数为 M_τ，则表明如果从随机变量 X 采样足够多的样本点时，有比例为 τ 的样本小于 M_τ，有比例为 $1-\tau$ 的样本大于 M_τ。例如，图 6.3 是儿童成长分位数曲线表，其中包含了身高和体重的分位数的曲线图。图中分别显示了对应于不同年龄儿童的 5%、10%、25%、50%、75%、90%、95% 的分位数曲线图。如果一个儿童的身高落在了 75% 分位数之上，则表明该儿童的身高高于同年龄的 75% 的孩子。而如果一个儿童的身高高于 95% 分位数或者低于 5% 分位数，则表明儿童的身高落在了正常值外，应该加以重视。

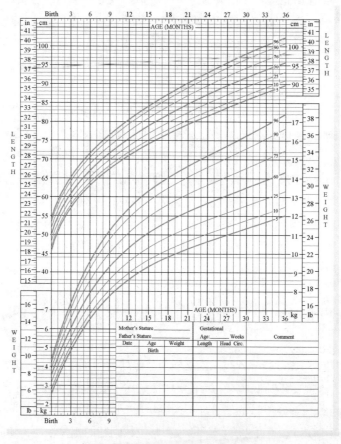

● 图 6.3　儿童成长分位数曲线图（摘自美国疾病控制与预防中心）

如果将不同年龄的儿童的身高数据作为一个随机变量，则儿童成长分位数曲线图就是通过采样很多随机变量的样本，然后执行分位数回归得到的。在这里，我们把 X 作为自变量，代表儿童的年龄；把 Y 作为因变量，代表儿童的身高。这里的目标是学习一个映射关系 $f_{0.5}$ 来作为中位数的映射函数，即对于每一个输入 x，可以得到预测的中位数 y。在求解中，首先从两个随机变量中采样 n 个样本 $(x_i, y_i)_{i=1}^{n}$，然后通过求解如式（6.3）所示的目标函数来得到最优的 $f_{0.5}$，即

$$\min \sum_{i=1}^{n} |y_i - f_{0.5}(x_i)| \tag{6.3}$$

其中 $f_{0.5}(\cdot)$ 在实际模型中可以是一个线性映射，或者是一个神经网络。更一般化的，可以通过分位数回归来求解任何分位数的映射 $f_{\tau}(\cdot)$，其中 $\tau \in [0,1]$。设 f_{τ} 为当前对 τ 分位数的估计，当 $\tau = 0.5$ 时，上述的损失函数其实是对 $y_i > f_{\tau}$ 和 $y_i < f_{\tau}$ 的样本分别给予了 50% 的权重。扩展到一般化的 τ 的设置时，只需要对 f_{τ} 两侧的样本给予不同的权重，就能收敛到 τ 分位数。具体的，对小于 f_{τ} 的样本，在损失中给予 $1-\tau$ 的权重；对于大于 f_{τ} 的样本，在损失中给予 τ 的权重，即

$$\min \sum_{i:y_i \geq f_{\tau}(x_i)} \tau(y_i - f_{\tau}(x_i)) + \sum_{i:y_i < f_{\tau}(x_i)} (1-\tau)(f_{\tau}(x_i) - y_i) \tag{6.4}$$

在计算中位数中，如果将绝对值拆成 $y_i \geq f_{\tau}(x_i)$ 和 $y_i < f_{\tau}(x_i)$ 两个集合，则该形式等价于上式。

在 Python 中，有很多工具包可以实现分位数回归。例如可以使用 scikit-learn 中的 QuantileRegressor 类来实现分位数回归。首先，引入一些必要的包：

```
import numpy as np
import matplotlib.pyplot as plt
from sklearn.linear_model import QuantileRegressor
```

初始化一些服从正态分布的点。先初始化一些服从线性分布的点，随后在点的分布中增加噪声。

```
x=np.linspace(start=0,stop=10,num=100)
X=x[:,np.newaxis]
y_true_mean=10+0.5* x
y_normal=y_true_mean+np.random.normal(loc=0,scale=0.5+0.5* x,size=x.shape[0])
```

下面初始化 QuantileRegressor 类，该类的输入为 τ 和 α，其中 τ 为指定的分位数，α 为对权重的约束，这里设置为 0。随后调用 fit 函数来拟合上面产生的数据，得到预测的结果。

```
quantiles=[0.1,0.3,0.5,0.7,0.9]
predictions={}
for quantile in quantiles:
    qr=QuantileRegressor(quantile=quantile,alpha=0)
    y_pred=qr.fit(X,y_normal).predict(X)
    predictions[quantile]=y_pred
for quantile,y_pred in predictions. items():
    plt.plot(X,y_pred,label=f" Quantile: { quantile}")
plt.scatter(x, y_normal, color=' black',alpha=0.5)
plt.legend()
```

```
11   plt.xlabel("x")
12   plt.ylabel("y")
13   plt.show()
```

将所有分位数的预测结果保存下来，绘图，得到图 6.4 所示的结果。图中不同曲线显示了不同分位数回归的结果，曲线从上到下依次对应分位数 0.9、分位数 0.7、分位数 0.5、分位数 0.3 和分位数 0.1 的回归结果。可以看出，当对于特定的 x、y 的分布较宽时，分位数曲线会比较分散。

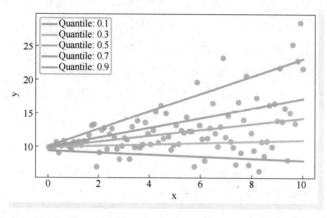

● 图 6.4   使用 sklearn 进行分位数回归示意图（见彩插）

在上面的例子中，我们使用了不同的分位数回归曲线的来描述分布。类似的，在强化学习中，上述的变量 X 即为状态和动作 $S×A$，变量 Y 即为 Q 值，我们希望通过训练来建模二者的关系，并通过分位数回归来获得值函数的分布信息。

▶▶ 6.2.2   Wasserstein 距离

在介绍 QR-DQN 算法之前，先介绍 Wasserstein 距离（简称 W 距离）的意义。QR-DQN 使用 W 距离在最小化当前值分布和目标值分布的距离，原因是在上节介绍的分位数表示的基础上，最小化两个分布的距离可以简化为对分位数的距离的最小化。W 距离又被称为推土距离（EarthMover's distance）。假设有两个分布 P、Q，则 W 距离定义为将 P 的概率分布对齐到 Q 的概率分布所需要的最小代价。将两个分布 P、Q 看作是两堆"土"，那么有些地方 P 的概率值大于 Q，有些地方 P 的概率值小于 Q，此时需要把 P 大于 Q 处的"土"推一些给 P 小于 Q 的地方，这样使得 P 接近于 Q。有很多不同的推土方案可以对分布 P 进行操作，使其完全等价于 Q。W 距离衡量的就是这些推土方案中代价最小的一个。

前面介绍的 $C51$ 方法使用 KL 距离，两个分布的 KL 距离的表达式为 $\mathbb{E}_{x\sim P}\left[\dfrac{P(x)}{Q(x)}\right]$。可以看

到，KL 距离使用的两个分布的概率的商。然而，考虑当对某个 x，$P(x)$ 远大于 $Q(x)$ 时，KL 值就会非常大；当 $Q(x)$ 接近于 0 时，KL 值会趋于没有定义。因此，KL 距离变化不够平滑。对比而言，W 距离的变化更加平滑，衡量两个分布的距离有其实际的物理意义。

很容易忽略的一点是，分位数其实和常见的累积分布函数有紧密的联系。这里区分三个概念：概率密度函数 $f(x)$，累积分布函数 $F(t)$ 和分位数函数。首先，概率密度函数是最常见的，而累积分布函数其实是 $f(x)$ 的积分：$F(t) = \sum_{-\infty}^{t} f(t)\,\mathrm{d}t$。如图 6.5 所示，左侧 $f(x)$ 在 $[-\infty, t]$ 区间内的积分等于右侧 $F(t)$ 在 t 处的函数值。图 6.5 中 $t = -1$。在 $t = -1$ 时，$F(t) = 0.16$ 表明，在该随机变量的分布中，有 16% 的样本的取值是小于 t 的。可以看到，这个概念与分位数的概念有紧密联系。在分位数中，16% 分位数就表明该随机变量中有 16% 的样本是小于该分位数的，因此在这个分布中，16% 分位数值就等于 -1。可以看到，分位数其实是累积分布函数的反函数，即 $F(-1) = 0.16$ 可以导出 $F^{-1}(0.16) = -1$。因此，我们使用 $F^{-1}(X)$ 代表一个随机变量 X 的分位数函数。

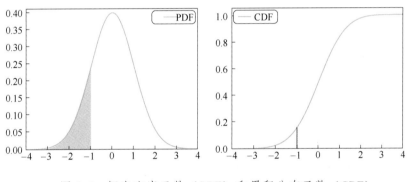

● 图 6.5　概率密度函数（PDF）和累积分布函数（CDF）

明确了分位数函数的具体意义，下面可以使用分位数函数来求解 W 距离。现有的理论结果表明，两个分布 Z_1 和 Z_2 的 W_p 距离可以使用两个分布的分位数来求解，如下式所示。

$$d_p(Z_1, Z_2) = \left(\int_0^1 \left| Z_1^{-1}(\tau) - Z_2^{-1}(\tau) \right|^p \mathrm{d}\tau \right)^{1/p} \tag{6.5}$$

其中，Z^{-1} 函数的输入是分位数 $\tau \in [0, 1]$。如果我们能够学习到两个分布的分位数函数 Z_1^{-1} 和 Z_2^{-1}，则根据上式可以求解 W_p 距离。在求解该距离时，一般设置为 $p = 1$。在计算 W_1 距离时，对于每个分位点，都分别计算两个分布对应的分位数并做差，将每个分位点的差的绝对值求和，就得到了两个分布的 W_1 距离。

在分布式强化学习中，使用 W 距离还有一个原因是，在策略评价中，W 距离可以构成收缩映射（Contraction Mapping），从而保证收敛性。一般在分析中还需要考虑对于所有的取值，两个分布的 W_p 距离的最大值。在强化学习中，对应于所有状态动作的取值，两个分布的 W_p 距离的

最大值定义为 $\bar{d}_p(Z_1,Z_2):=\sup_{s,a}d_p(Z_1(s,a),Z_2(s,a))$。此时，收缩映射满足

$$\bar{d}_p(T^\pi Z_1,T^\pi Z_2)\leqslant\gamma\,\bar{d}_p(Z_1,Z_2)\tag{6.6}$$

该性质表明，在使用 Bellman 公式进行更新时，相比于原有的距离度量是收缩的（因为 $\gamma<1$），这点可以保证收敛。以下给出简单的证明过程：

$$
\begin{aligned}
d_p(T^\pi Z_1(s,a),T^\pi Z_2(s,a))&=d_p(R(s,a)+\gamma P^\pi Z_1(s,a),R(s,a)+\gamma P^\pi Z_2(s,a))\\
&\leqslant\gamma d_p(P^\pi Z_1(s,a),P^\pi Z_2(s,a))\\
&\leqslant\gamma\sup_{s',a'}d_p(Z_1(s',a'),Z_2(s',a'))
\end{aligned}\tag{6.7}
$$

将其转换为最大的 (s,a) 对应的度量，有

$$
\begin{aligned}
\bar{d}_p(T^\pi Z_1,T^\pi Z_2)&=\sup_{s,a}d_p(T^\pi Z_1(s,a),T^\pi Z_2(s,a))\\
&\leqslant\gamma\sup_{s',a'}d_p(Z_1(s',a'),Z_2(s',a'))\\
&=\gamma\,\bar{d}_p(Z_1,Z_2)
\end{aligned}\tag{6.8}
$$

上述证明过程中利用的性质有

$$
\begin{aligned}
d_p(aU,aV)&\leqslant|a|d_p(U,V)\\
d_p(A+U,A+V)&\leqslant d_p(U,V)\\
d_p(AU,AV)&\leqslant\|A\|_p d_p(U,V)
\end{aligned}\tag{6.9}
$$

▶▶ 6.2.3 QR-DQN 算法

在 C51 算法中，我们考虑固定的区间位置，但是对每个区间赋予不同的概率值，则值分布的期望是每个区间的概率加权和。与之相反，在 QR-DQN 中，我们考虑的是固定的概率值（由分位数的个数决定），转而学习这些分位数对应的取值，值分布的期望是分位数取值和固定概率值的加权和。在 QR-DQN 中，使用有限个分位数来描述分布。图 6.6 显示了对分位数 τ 的总体区间的一个划分，分为了四个部分，其中每个部分的区间长度为 0.25，这表示每个区间的概率为 0.25。在每个区间内，估计处于区间中心点 $\hat\tau$ 处的分位数，用以代表整个区间的分位数值，记为 $F^{-1}(\hat\tau)$。这是一种近似估计的方法，用区间中心处的分位数来代表整个区间的值。然而，当使用足够多的分位数划分时，这一估计是比较准确的。例如，图 6.6 中将分位数区间划分成了 4 份，在解决复杂问题时，可以划分成 32 份或 64 份，从而对分布进行更好的描述。

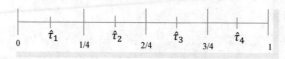

● 图 6.6　对分位数进行区间的划分

一般的，考虑有 N 个分位数的区间，对于每一个区间的中心点 $\hat{\tau}_i$，如果能够估计其对应的分位数的值 $F^{-1}(\hat{\tau}_i)$，则整个值分布的期望为 $\mathbb{E}[Z] = \frac{1}{N}\sum_i F_Z^{-1}(\hat{\tau}_i)$。由于区间是均等划分的，因此每个区间具有相同的概率，均为 $1/N$。在实际计算中，由于分位数的值是无法准确求解的，QR-DQN 使用神经网络参数化的方式来估计 $F_Z^{-1}(\hat{\tau}_i)$，将其记为 θ_i，使用 N 个估计 $\{\theta_1, \cdots, \theta_N\}$ 来描述一个分布 $Z(s,a)$。

在分位数描述的基础上，计算目标值函数的过程变成了对每个分位数分别计算目标值函数。因此，定义对单个分位数的 Bellman 更新操作，即

$$T\theta_j \rightarrow r + \gamma\theta_j(s', a^*), \; j \in [1, N] \tag{6.10}$$

其中，类似于 Q 学习，a^* 表示为下一个状态最优动作。这里，最优动作的选择不能只基于某个分位数，而是应该基于分位数的期望值，即 $a^* = \arg\max_{a'}\mathbb{E}[Z(s', a')]$。其中 $\mathbb{E}[Z]$ 是下一个状态的所有分位数值的平均：$\mathbb{E}[Z] = \frac{1}{N}\sum_j \theta_j(s', a')$，$\frac{1}{N}$ 代表每个区间的概率。

在计算 TD-error 时使用 $\{\theta_1, \cdots, \theta_N\}$ 的分布来描述分布 $Z(s,a)$，使用变换后的结果 $\{r+\gamma\theta_1, \cdots, r+\gamma\theta_N\}$ 来描述分布 $TZ(s,a)$，随后用这两组分位数来执行分位数回归。分位数回归时使用的损失函数为

$$L = \sum_{i=1}^{N}\mathbb{E}_j[\rho_{\hat{\tau}_i}^{\kappa}(T\theta_j - \theta_i)] \tag{6.11}$$

其中 $\rho_{\hat{\tau}_i}^{\kappa}(u)$ 是对 θ_i 进行回归损失函数，对应的分位数是 $\hat{\tau}_i$。在之前的分位数回归例子中，分位数损失和一般线性回归损失不同，需要在分位数值的左右两侧分别对其进行加权。对于目标值大于估计值的样本点给予 τ 的权重，对于目标值小于估计值的样本点给予 $1-\tau$ 的权重。在上式中 $T\theta$ 是目标值，θ 是估计值。为了简单，我们将二者之差记为 u。对于 $u<0$ 的样本，给予 $1-\tau$ 的权重；对于 $u>0$ 的样本，给予 τ 的权重。因此，可以将两种情况的权重合并写成 $|\tau - \delta_{u<0}|$。注意当 $u<0$ 时，$|\tau-1| = 1-\tau$，因为 $\tau \leq 1$ 恒成立。

在该基础上，可以直接定义损失 $\rho_{\hat{\tau}}^{\kappa}(u) = |\tau - \delta_{u<0}||u|$，这里使用绝对值是因为默认使用 W_1 损失。然而，绝对值损失在 $u=0$ 时是不连续的，因此 QR-DQN 使用了 Huber 损失的技巧对 u 进行了平滑。图 6.7 中显示了三种类型的损失函数，可以看到 $L2$ 损失在任何位置都是平滑的，$L1$ 损失的缺点是在 $u=0$ 处是没有梯度的。Huber 损失相当于综合

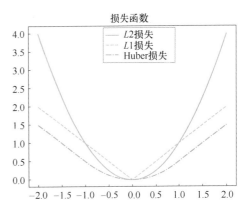

● 图 6.7　对比 $L2$ 损失，$L1$ 损失和 Huber 损失三种损失函数（见彩插）

了两者, 在 $u=0$ 附近的区域内使用 $L2$ 损失, 在其余位置使用 $L1$ 损失。

形式化的, Huber 损失定义为

$$L_\kappa(u) = \begin{cases} \dfrac{1}{2}u^2, & |u| \leqslant \kappa, \\ \kappa\left(|u| - \dfrac{1}{2}\kappa\right), & \text{其他}。 \end{cases} \tag{6.12}$$

其中 κ 为一个超参数, 控制损失的增长速度, 一般设置为 $\kappa=1$。在 QR-DQN 中的损失函数中, 使用 $L_\kappa(u)$ 来代替原始的绝对值损失 $|u|$。因此, 结合上述关于分位数回归时对 τ 的权重设置, 可知 QR-DQN 的损失中使用的操作为

$$\rho_\tau^\kappa(u) = |\tau - \delta_{|u<0|}| L_\kappa(u) \tag{6.13}$$

将该定义代入式 (6.11) 中就可以得到最终的损失函数。算法 6-1 归纳了 QR-DQN 损失函数计算的过程。为了简便, 其中忽略了智能体与环境的交互过程以及经验池的存储和采样过程。算法描述的是对于从经验池中采样得到的样本 s、a、r、s', 其分位数回归损失的计算过程。损失在训练中迭代分位数网络, 最终得到值分布的分位数描述。

算法 6-1 QR-DQN 损失函数计算过程

Require s, a, r, s'; $\gamma \in [0, 1)$, N, κ

1: # 计算目标 Q 函数的值分布
2: $Q(s',a') := 1/N \sum_j \theta_j(s',a')$
3: $a^* \leftarrow \arg\max_{a'} Q(s',a')$
4: $T\theta_j \leftarrow r + \gamma\theta_j(s',a^*), \forall j$
5: # 计算分位数回归的损失
6: $L = \sum_{i=1}^N \mathbb{E}_j [\rho_{\hat{\tau}_i}^\kappa(T\theta_j - \theta_i(s,a))]$

▶▶ 6.2.4 单调的分位数学习算法

QR-DQN 算法建立了每个状态动作对的值分布的表示方法。对于策略 π, 值分布 $Z^\pi(s,a)$ 表示为 N 个分位数的估计 $\{\theta_1^\pi(s,a), \cdots, \theta_N^\pi(s,a)\}$。对于其中任意两个分位数, 若 $i<j$, 应该有 $\theta_i < \theta_j$。这里的原因是, 分位数本身有着单调的约束: 一个随机变量 X 的 75% 分位数一定会大于或等于 50% 分位数。在 QR-DQN 的学习过程中, 任何策略对应的值函数的分位数都应当满足这种单调性的原则。

然而, 在实际的 QR-DQN 训练中, 由于对每个 θ_i 的估计是单独进行的, 这种单调性约束却不总是满足的。对于每个 θ_i, 通过 Bellman 公式来计算其对应的目标值函数, 随后通过对应的 $\hat{\tau}_i$ 最小化损失。这就导致了算法对 $\theta_i < \theta_j$, $\forall i<j$ 缺乏全局的约束。在实际的实验中也发现, 这种分

位数函数不满足单调性的情形经常出现，特别是在训练初期，训练数据较为缺乏时。这种情况影响了 QR-DQN 算法的性能。下面给出一种近期提出的 NC-QR-DQN 算法，其中 NC 指 Non-Crossing，指这种单调性不会被打破。

NC-QR-DQN 算法提出了一种 NC 的网络设计，能够产生单调的分位数预测，结构如图 6.8 所示。首先，与普通的 Q 网络类似，使用状态作为输入，得到一个状态编码的特征向量。随后，上面分支输出一个 softmax 分布，维度等于分位数的个数 N，记为 $\phi_1, \phi_2, \cdots, \phi_N$。然后执行一个累加操作，得到 $\phi_1, \sum_{i=1}^{2}\phi_i, \sum_{i=1}^{3}\phi_i, \cdots, \sum_{i=1}^{N}\phi_i$。可知，通过这个累加后，得到的 $\psi(s,a) \in \mathbb{R}^N$ 是一个单调增加的序列。另外，在状态特征向量后使用另外一个分支，输出两个变量 $\alpha(s,a)$ 和 $\beta(s,a)$，其中 α 使用 ReLU 激活函数来确保其值为非负的。随后对于 $\psi(s,a)$ 向量执行一个线性变换 $\alpha(s,a)\psi(s,a)+\beta(s,a)$，得到最终的输出结果。在整个网络中，$\psi(s,a)$ 向量作为值函数输出的基础，用累加的方式来确保单调性。然而，由于之前使用了 softmax 函数，$\psi(s,a)$ 的取值范围是受限的，并不能表示任意大小的 Q 值。因此，网络中使用 α 和 β 来对输出值进行放缩和位移，这些操作并不会改变输出值单调的属性，因此最终输出的分位数仍然能够保证单调。

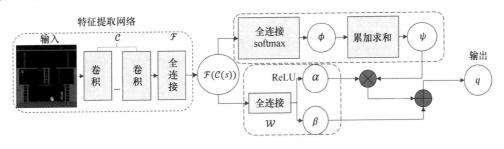

● 图 6.8　NC-QR-DQN 网络

6.3　隐式的值分布网络

本节将首先介绍 QR-DQN 的改进方法：隐式的分位数网络（Implicit Quantile Network，IQN）。随后在 IQN 的基础上讨论如何构建代价敏感的强化学习算法。

QR-DQN 使用有限个分位数来描述值分布，取得了不错的效果。一般而言，学习分位数越密集，对整个分布的描述越好。在此基础上，IQN 提出可以使用无限多个分位数来对值分布进行描述。实际上，IQN 将 $\tau \in [0,1]$ 当成一个连续的随机变量，在每次训练中从均匀分布 $U([0,1])$ 中采样一些 τ，然后学习值函数对应于这些 τ 的分位数。在下一次训练中重新采样新的 τ 变量进行学习。因此，可以认为算法最终可以学习到 $[0,1]$ 区间上的所有分位数值。记分位数的值为 $Z_\tau = F_Z^{-1}(\tau)$。在 IQN 中，值分布的期望可以表示为

$$Q(s,a) = \mathbb{E}_{\tau \sim U([0,1])}[Z_\tau(s,a)] \tag{6.14}$$

在 IQN 中，相当于从区间内采样了无穷的分位数点。由于近似认为这些采样点是均匀的，所以可以对所有的采样点的值求平均来得到期望的值函数。在智能体和环境交互的过程中或者在计算目标值函数时，都需要得到 (s,a) 处的贪心动作，此时需要计算值分布的期望。在 IQN 中，TD-error 的计算方式为

$$\delta_t^{i,j} = r_t + \gamma Z_j(s',a') - Z_i(s,a) \tag{6.15}$$

IQN 在训练中对当前值函数和目标值函数采样不同的分位数，分别用 τ_i 和 τ_j 表示，其中 $a' = \arg\max_{a'} Q(s',a')$。IQN 的损失表示为

$$L(s,a,r,s') = \frac{1}{N'} \sum_{i=1}^{N} \sum_{j=1}^{N'} \rho_{\tau_i}^\kappa(\delta_t^{i,j}) \tag{6.16}$$

其中，$\rho_{\tau_i}^\kappa(\cdot)$ 是与 QR-DQN 中一致的分位数回归的 Huber 损失。N 和 N' 分别是在本次训练中对当前值分布 $Z(s,a)$ 和下一个状态的值分布 $Z(s',a')$ 采样的 τ 的个数。当 IQN 用于 Atari 任务时，一般设置为 $N=N'=32$。

在实现中，由于 IQN 在不同的训练周期会采样不同的 τ，所以 τ 需要作为网络输入的一部分。相比于 QR-DQN 的网络结构，IQN 会增加一个输入的分支来提取 τ 的特征。关于 C51、QR-DQN 和 IQN 网络结构的区别如图 6.9 所示。QR-DQN 和 IQN 输出的都是分位数的估计，而 C51 输出固定区间的离散分布。在 IQN 中，多了一个输入 τ 的分支来对 τ 进行特征提取。IQN 使用固定的余弦编码，设维度为 N，则编码后的结果为 $\cos(\pi \cdot i \cdot \tau)$，其中 $i \in \{0,1,\cdots,n-1\}$。在对数字进行编码时，余弦函数具有一定的优势。首先，余弦函数对于不同的输入，其输出的特征值的范围是有界的，适用于神经网络。很多神经网络在输入时要对输入进行规约，也是为了确保输入的有界性。其次，余弦函数是周期性的，能够对不同维度使用不同频率的正/余弦公式，进而生成不同位置的高维位置向量。在其他常见模型如 Transformer 等也用正余弦函数来进行位置编码。

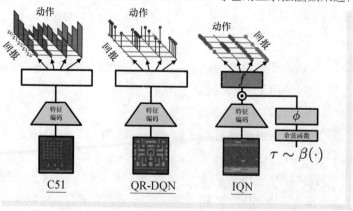

● 图 6.9　C51、QR-DQN 和 IQN 网络结构对比

在使用余弦函数对采样的 N 个 τ 进行编码后，使用全连接网络进行特征提取，可以得到和状态特征 $\psi(s)$ 相同维度的特征向量 $\phi(\tau)$。随后，使用逐项乘（element-wise product）对二者的特征进行拼接，用于后续的计算。最终网络会对每个动作预测 N 个值，代表 N 个采样的分位数对应的值。图 6.10 中显示了采样数目 N 和 N' 在 Atari 任务的早期训练中对性能的影响，图中的数值代表最后得分。可以发现，一般而言使用更多的分位数采样能够得到更好的值函数估计和损失计算。然而，使用更多的采样会带来更高的计算代价，因此在实际使用中需要进行权衡。

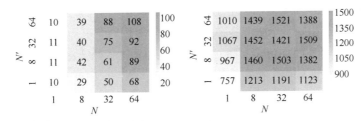

● 图 6.10　IQN 中分位数采样数目对早期性能的影响

6.4　基于值分布的代价敏感学习

本节介绍如何进行基于值分布的代价敏感学习。在值分布 Q 学习中，由于知道值函数的分布，所以可以根据需要进行代价敏感的学习。考虑一个简单的例子。在图 6.11 中，车到达目的地有两条路，其中第一条路的时间为 5；第二条路的时间存在两种可能性：有 90% 的概率不会发生堵车，此时代价为 3，有 10% 的可能性会发生堵车，此时代价为 20。可知，第一条路的期望代价为 5，而第二条路的期望代价为 $0.9 \times 3 + 0.1 \times 20 = 4.7$。如果从期望的角度考虑，则第二条路的代价更少，应该选第二条路；然而，从代价的角度考虑，则第二条路有一定的概率会产生非常大的代价（20），不应该选择第二条路。这种考虑回报和代价权衡的强化学习策略方式被称为代价敏感（risk-sensitive）的强化学习。

● 图 6.11　关于代价敏感学习的实际应用举例

在上面的例子中，我们已经提前知道了两条路的价值分布。然而，在深度 Q 学习中，Q 函数仅仅建模期望回报，无法直接获得第二条路的代价分布，也就无法分析是否存在很差的情况。通过回报的期望无法进行代价敏感学习，而应该建模回报的整体分布。在本章介绍的 C51，QR-DQN，IQN 三种方法都可以建模回报的分布。特别的，在 IQN 算法中，通过将分位数作为输入，能够获得任何分位数对应的函数值，从而可以更加方便的设定代价的度量。

▶▶ 6.4.1　IQN 中的代价敏感学习

在 IQN 的基础上，可以使用 CVaR 进行代价度量。举一个简单的例子，在如图 6.12 所示的分布中，横轴表示回报，纵轴表示概率分布。由于灰色部分的面积是 0.16，因此对应于 0.16 的分位数。在 IQN 估计值分布的期望时，通过采样 $\tau \sim U([0,1])$ 并计算分位数的值，并将它们取平均就得到了期望值。容易看到，该分布的期望值为 0。然而，如果希望考虑灰色部分而非整个分布的话，仅需要将原本的采样范围 $\tau \sim U([0,1])$ 转化为 $\tau \sim U([0,0.16])$，再从新的区间内采样并估计分位数的值再取平均即可。一般的，CVaR_η 代表考虑分布中最差的 η 部分的期望回报。在图 6.12 中，$\eta = 0.16$ 时 $\text{CVaR}_\eta \approx -1.7$。由于这时考虑的是回报中较差的那部分，该值低于整个分布的期望回报。

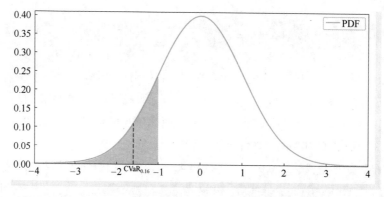

●图 6.12　正态分布中 CVaR（0.16）的示意图

回到图 6.11 的例子中，我们考虑 CVaR_η 的值，其中 $\eta = 0.1$。则第一条路的值仍然是 $\text{CVaR}_\eta = -5$，第二条路的 $\text{CVaR}_\eta = -20$（由于这里考虑回报，将其设置为代价的相反数）。将 η 设置为 0.1 表示现在考虑的是最差的 10% 的情况。在这种情况下，第二条路的回报是 -20，应该避免选择这条路。

由于 IQN 建模了值分布，可以使用类似的做法来使用一个代价敏感的策略。此时，策略不再选择最大化分布的期望，而是最大化 CVaR_η 的值，在 IQN 中表示为

$$a = \arg\max_a \text{CVaR}_\eta(s,a) = \arg\max_a \mathbb{E}_{\tau \sim U([0,\eta])}[Z_\tau(s,a)] \tag{6.17}$$

可以看到，在 IQN 中，计算 CVaR_η 的方式非常简单。只需要改变 τ 的采样分布，将其限制在最差的 η 分布，再取期望就可以得到 CVaR 的估计。在 IQN 中，可以将动作选择的方式应用于智能

体与环境的交互过程，使得智能体倾向于选择保守的动作。另外，还可以将策略应用于在计算目标值分布时在 s' 处选择 a' 的过程，从而得到保守的目标值分布。

6.4.2 基于 IQN 的 actor-critic 模型的代价敏感学习

由于 IQN 建立在 Q 学习的基础上，因此无法用于连续动作空间。一个简单地将 IQN 扩展到连续动作空间的做法是使用在策略梯度法中介绍的确定性策略梯度法（DDPG）。在 IQN 中增加一个 actor，该 actor 通过最大化 critic 输出的 Z 分布的期望来学习，critic 的学习过程与 IQN 完全相同。这种模型被称为 Distributed Distributional Deterministic Policy Gradients（D4PG）。实验表明，D4PG 有着优于 DDPG 的性能，值分布可以提升策略梯度法的性能。类似的，IQN 还可以与最大熵策略梯度、TD3 等模型结合，结合方法都非常类似。

在 D4PG 算法的基础上，可以通过改变 actor 的学习目标来得到代价敏感的 D4PG 算法。如图 6.13 所示，策略原本的从期望中学习转为从 CVaR_η。actor-critic 网络的 critic 训练流程没有改变，然而在 actor 训练中，梯度的优化方向转为最大化 CVaR_η 的值，从而使网络学习到代价敏感的策略。其中 η 的设置决定了算法对代价的敏感程度，如果 $\eta = 1.0$，该算法等价于一般的 D4PG 算法。η 的值越小，算法学习到的策略是越趋于保守的。代价敏感学习在很多实际任务中有着广泛的应用。在实际应用中，一般需要在最大化回报的同时控制风险，在风险和回报中进行权衡，从而得到一个稳健的策略。

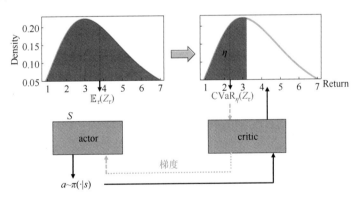

• 图 6.13　代价敏感的 D4PG 算法学习示意图

6.5　实例：基于值分布的 Q 网络实现

在本节中，我们介绍 IQN 算法在离散动作空间任务中的实现。IQN 和一般 Q 学习的环境交互、经验池等操作类似，主要区别在于模型构建和损失函数。下面分别进行介绍。

▶▶ 6.5.1 IQN 模型构建

在 IQN 模型中首先要对状态进行特征提取，特征提取的网络和深度 Q 学习中的网络一致。

```
1   class DQNBase (nn.Module):
2       def _init_(self,num_channels,embedding_dim=7* 7* 64):
3           super(DQNBase,self)._init_()
4           self.net=nn.Sequential(
5               nn.Conv2d (num_channels,32,kernel_size=8,stride=4),
6               nn.ReLU(),
7               nn.Conv2d(32,64,kernel_size=4,stride=2),
8               nn.ReLU(),
9               nn.Conv2d(64,64,kernel_size=3,stride=1),
10              nn.ReLU(),
11              Flatten(),
12          ).apply(initialize_weights_he)
13
14      def forward(self,states):
15          state_embedding=self.net(states)
16          return  state_embedding
```

随后，IQN 有额外的输入 τ，对 τ 需要用余弦函数进行编码，编码后的结果再用一个全连接网络进行输出。具体实现如下：

```
1   class  CosineEmbeddingNetwork(nn.Module):
2       def  _init_(self,num_cosines=64,embedding_dim=7* 7* 64):
3           super(CosineEmbeddingNetwork,self)._init_()
4           self.net=nn.Sequential(
5               nn.Linear(num_cosines,embedding_dim),
6               nn.ReLU()
7           )
8           self.num_cosines=num_cosines
9           self.embedding_dim=embedding_dim
10
11      def forward(self,taus):
12          batch_size=taus.shape[0]
13          N=taus.shape[1]
14          #计算余弦编码
15          i_pi=np.pi* torch.arange(
16          start=1,end=self.num_cosines+1,dtype=taus.dtype).
                    view(1,1,self.num_cosines)
17      cosines =torch.cos(
18          taus.view(batch_size,N,1)* i_pi
```

```
19        ).view(batch_size* N,self.num_cosines)
20     # 使用全连接网络进行编码
21     tau_embeddings=self.net(cosines).view(batch_size,N,self.embedding_dim)
22
23     return   tau_embeddings
```

随后将两个编码器分别输出的状态编码和 τ 的编码，进行逐元素的乘法得到编码结果。最后输出 $N \times |A|$ 个元素，代表对 $|A|$ 个动作的 N 个分位数的预测。

```
1   class QuantileNetwork(nn.Module):
2     def init_(self,num_actions,embedding_dim=7* 7* 64,
          dueling_net=False,noisy_net=False):
3         super(QuantileNetwork,self)._init_()
4         self.net=nn.Sequential(
5             nn.Linear(embedding_dim,512),
6             nn.ReLU(),
7             nn.Linear(512,num_actions))
8
9     def forward(self,state_embeddings,tau_embeddings):
10        # 输出状态的编码
11        state_embeddings=state_embeddings.view(
12            batch_size,1,self.embedding_dim)
13      # 输出 τ 的编码
14      embeddings=(state_embeddings* tau_embeddings).view(
15          batch_size* N,self.embedding_dim)
16      quantiles=self.net(embeddings).view(batch_size,N,self.
          num_actions)
17      return quantiles
```

在此基础上，对值分布的期望 Q 值的计算就非常简单，直接对输出的分位数在 N 的维度上进行平均：

```
1   Q=quantiles.mean(dim=1)
```

▶▶ 6.5.2 IQN 损失函数

在 IQN 模型中，使用 calculate_quantiles 函数对于输入 s，τ 计算对所有动作的分位数的值。由于考虑离散动作空间，因此从所有输出值中提取出当前选择的动作对应的分位数预测。在计算目标值分布时也使用类似的方法。最后使用 Huber 损失来计算二者的损失。在下面的函数中，我们省略了采样和特征提取的过程，对于从经验池中采样的状态动作等信息进行如下处理。

```
1   def calculate_loss(self,state_embeddings,actions,rewards,
        next_states,dones,weights):
2         # 从 0-1 的范围内采样 N 个 τ
3         taus=torch.rand(self.batch_size,self.N)
4         # 通过网络计算分位数的值,维度为(batch_size,N,1)
5         current_sa_quantiles=evaluate_quantile_at_action(self.
            online_net.calculate_quantiles(taus,state_embeddings),
6            actions)
7         with torch.no_grad():
8             # 选择 next-Q 处的值分布的期望
9             next_state_embeddings=self.target_net.
                calculate_state_embeddings(next_states)
10            next_q=self.target_net.calculate_Q(state_embeddings=
                next_state_embeddings)
11            # 选择动作(batch_size,1)
12            next_actions=torch.argmax(next_Q,dim=1,keepdim=
                True)
13            # 采样下一个状态处的值分布
14            tau_dashes=torch.rand(self.batch_size,self.N_dash)
15            # 计算分位数
16            next_sa_quantiles=evaluate_quantile_at_action(self.
                target_net.calculate_quantiles(tau_dashes,
                state_embeddings=next_state_embeddings),
                next_actions).transpose(1,2)
17            # Bellman 更新
18            target_sa_quantiles=rewards[...,None]+(
19                1.0-dones[...,None])* self.gamma_n*
                    next_sa_quantiles
20        td_errors=target_sa_quantiles-current_sa_quantiles
21        # 调用 Huber 损失
22        quantile_huber_loss=calculate_quantile_huber_loss(
            td_errors,taus,weights,self.kappa)
23        return quantile_huber_loss
```

其中，在计算 TD-error 之后要调用 Huber 损失的函数来计算分位数的损失，Huber 损失定义如下。

```
1   def calculate_huber_loss ( td_errors , kappa =1.0):
2       torch . where ( td_errors. abs () <= kappa ,
3           0.5 * td_errors. pow (2),
4           kappa * ( td_errors. abs ()-0.5 * kappa ))
```

可以看到，这里的实现完全依据定义，使用 tf.where 对两种情况分别进行计算。随后，在主损失函数中进行调用，根据计算得到的 TD-error 计算 Huber 损失。

```
1  def calculate_quantile_huber_loss(td_errors,taus,kappa=1.0):
2      batch_size,N,N_dash=td_errors.shape
3      element_wise_huber_loss=calculate_huber_loss(td_errors,kappa)

4      #计算 Huber 损失
5      element_wise_quantile_huber_loss=torch.abs(
6          taus[...,None]-(td_errors.detach()<0).float()
7          )*element_wise_huber_loss/kappa
8      batch_quantile_huber_loss=element_wise_quantile_huber_loss.
           sum(dim=1).mean(dim=1,keepdim=True)
9      return batch_quantile_huber_loss.mean()
```

其中主要实现的是 $|\tau-\delta_{|u<0|}|$ 的计算，该值是分位数对两侧样本的加权。随后乘以 Huber 损失即为最后的损失。

　　根据图 6.14 的比较结果，在 Atari 任务中，本章介绍的三种算法都能取得不错的效果。如果考虑单一算法，则 IQN 的性能优于 QR-DQN 优于 C51。Rainbow 算法在 C51 的基础上使用了噪声网络（后续章节介绍）、优先回放等机制、n-step 回报、Dueling 网络等机制进一步提升了性能。可以发现，在这些技巧使用后，Rainbow 算法的性能能够超越 IQN，其中 IQN 不适用其他提升的技巧。基于值分布的强化学习算法都优于不基于值分布的深度 Q 学习算法以及基于 DQN 的优先经验回放算法，可见值分布的建模对于强化学习具有重要的作用。

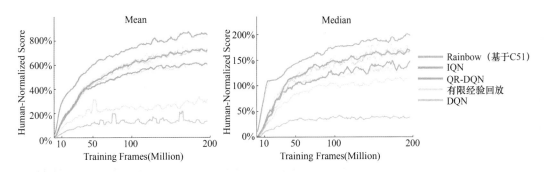

● 图 6.14　在 Atari 所有任务中的平均规约分数和规约分数的中位数的训练曲线图，对比方法包括
　　　　　Rainbow（基于 C51）、IQN、QR-DQN、有限经验回放、DQN。

第7章

强化学习中的探索算法

7.1 探索算法的分类

探索与利用是强化学习的核心问题，智能体在学习中需要平衡探索与利用。"探索"表示选择当前非最优的动作。由于探索的状态和动作具有较大的不确定性，探索这些状态动作可能在未来得到更大的回报。"利用"表示基于当前的值函数或策略估计来选择当前认为最优的动作。然而，由于当前策略是非最优的策略，完全利用当前策略会阻碍智能体获得更大的奖励。此外，探索的重要性主要还体现在稀疏奖励环境中。例如，AlphaZero 在进行围棋游戏时，整个周期内都是没有奖励的，在周期末尾才会得到"输赢"作为奖励，奖励是非常稀疏的。机械臂抓取、自动驾驶、调度等任务也类似，我们往往很难定义中间过程的好坏，只有在周期结束时才能得到较为明确的奖励。在这种环境中，仅仅依据外在奖励是难以训练的，需要使用探索的方法依据内在激励来进行探索，从而驱动早期的智能体的行为。本章将讨论现有的探索策略。

探索策略在宏观上可以分为两类，第一类是基于不确定性估计的探索方法，第二类是基于内在激励的探索方法。除此之外，还有一些探索方法如基于分布式探索、参数噪声、模仿、技能学习等要素，如图 7.1 所示。

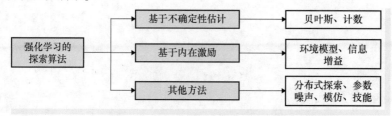

● 图 7.1　强化学习探索算法的分类

基于不确定性估计的方法来源于传统赌博机（Bandit）算法中的 Optimism in the face of uncertainty 的思想，通过度量状态的不确定性来选择值函数的上界（Upper Confidence Bound，UCB）。使用 UCB 代表了一种乐观探索的思路，认为具有高度不确定性的状态代表了未来更好的收益，在学习中要增加对该状态的访问。在 Bandit 算法中，由于状态空间是有限的，因此可以使用 $N(a)$ 来代表对某个动作被访问的次数，在此基础上动作选择机制表示为

$$a = \arg\max_a \left[Q(a) + \sqrt{\frac{2\ln T}{N(a)}} \right] \tag{7.1}$$

其中，$Q(a)$ 代表了"利用"的部分，对应动作的值函数评价越高，则越有可能被选择；而 $N(a)$ 代表了"探索"的部分，如果一个状态在历史中被选择的次数越少，则表明不确定性较大，应该被更多的探索。举个例子，在开始训练时，所有动作被执行的次数都为 0，上式中第二项会趋近于无穷大。因此，在探索策略下，智能体会首先将所有未执行过的动作都执行一遍，因为这些动作表现出极大的不确定性。在 Bandit 中，有很多理论证明了基于 UCB 的方法具有良好的理论保证。该算法在蒙特卡罗树搜索（MCTS）中被用于评价节点的价值和对节点进行扩展，在 AlphaGo 中使用的也是该算法。在深度强化学习中，一般有两种思路来近似地衡量 UCB。首先是基于贝叶斯方法的后验概率分布，后验概率分布可以估计 Q 函数的置信区间，从而得到 Q 值的置信区间上界用于探索。然而，在大规模连续状态空间中一般无法准确地估计后验分布，因此一般使用近似贝叶斯推断或重采样的方法来进行近似。其次，可以使用概率模型来对状态进行概率密度估计，在此基础上可以近似度量对状态的访问次数，从而得到 UCB。

基于内在激励的方法来源于生物智能的启发。儿童在探索环境时常基于自身对环境认知产生的内在激励。一般的，大脑会对环境状态转移进行建模，如果现实世界和大脑对世界的认知产生较大差异，会激发大脑对现实世界的探索。在强化学习中，可以用历史的状态转移构建环境模型，依据当前交互样本和环境模型的差异来进行探索，此类方法被称为基于内在激励的方法。然而，环境中往往含有噪声，而噪声的转移是无法建模的，会对内在激励的衡量产生影响。基于内在激励的方法往往需要学习一个好的特征，在特征表示的基础上再构建环境模型。另外，内在激励会存在一定的收敛性问题，将在后序章节中进行讨论。

在这两类探索方法之外，其他一些探索方法也取得了不错的效果。

1）分布式探索的目的是使用多个不同的策略进行探索，每个策略有不同的探索方法。利用策略之间的差异以及多个策略与环境的交互可以提升探索的效率。然而在真实世界中，可交互的环境往往只有一个（如仅有一个机械臂），此类方法将不能进行应用。在仿真环境中，此类方法极大地提升了性能。

2）参数噪声可以认为是不确定性方法在 UCB 以外的一种应用。通过在神经网络的参数空间加入噪声，每次策略网络前向传播的过程都会产生略微不同的策略，从而增加了对环境的探索。

参数的不确定性提升了策略交互的多样性，而这种不确定性能够在学习中自动进行调整。

3）基于模仿的探索算法较为直观。如果一个任务中有专家的样本可以利用，则可以利用专家的交互序列反推可能的存在高奖励的关键点，随后在探索中引导智能体访问这些关键点。由于模仿学习本身是一个独立的研究课题，而一般强化学习任务中没有专家数据可以用作指导，因此应用场景有限。

4）基于技能的探索方法通过无监督的方式来学习技能。技能可以代表一种类型的交互轨迹，如机器人可以学习站立、行走、抓取等技能，随后在完成复杂任务时再调用这些技能。在无监督的技能学习中，可以通过最大化技能和轨迹的互信息来使学到的技能和交互的轨迹进行强相关。随后，策略可以由基于状态变为同时基于状态和技能，在选择不同的技能时，能够以不同的策略对环境进行探索。

以上关于探索算法的分类并不是绝对的，只是为了方便地对各种算法的主体思路进行解释。探索与利用是一个热门的研究方向，有很多新提出的方法不一定沿用以上的研究思路。另外，很多基础的探索算法，如 ε-探索、熵正则（用于 SAC）、动作噪声（用于 DDPG、TD3）等，在复杂的任务中都能取得不错的效果。因此，在解决实际任务时，可以先尝试基础的探索算法，这些方法往往具有更好的普适性。

7.2 基于不确定性估计的探索

基于不确定性的方法需要衡量环境中的不确定性。不确定性分为两种，包括认知不确定性（epistemic uncertainty）和任意不确定性（aleatoric uncertainty）。认知不确定性是由于对环境探索不足而产生的不确定性。极端情况下，如果从未访问过某个状态，则该状态导致的认知不确定性就会比较大。在大规模任务中（如基于图像观测），很难找到两个完全相同的状态，此时认知不确定性不能简单地使用计数的方法来进行统计，而是需要使用模型进行度量。任意不确定性是由环境本身的不确定性引起的。例如一个状态的值函数的真实分布为 $N(0,1)$。由于分布是一个正态分布而不是一个确定的值，因此不论访问多少次，不同的采样之间都会给出不同的结果。这种不确定性是无法通过多次访问来消除，是与环境自身属性相关的。在探索中，我们希望能够度量环境的认知不确定，而消除度量中包含的任意不确定性。在得到不确定性度量的基础上，一般有两种思路将其用于探索。

第一种方法是构建一个乐观的动作值函数，为了区别于一般的 Q 函数，这里记为 Q^+，

$$Q^+(s_t,a_t) = Q(s_t,a_t) + \alpha \cdot \text{Uncertainty}(s_t,a_t) \tag{7.2}$$

其中，Uncertainty 代表不确定度量。因此，Q^+ 函数包含了不确定性的度量，这里是使用方法类似于 UCB。在构建了乐观值函数的基础上，使用选择 $a = \arg\max Q^+(s,a)$ 来选择动作，其中包含了

基于不确定性的探索，α 是一个权重因子。基于计数的方法往往使用该思路，相关内容将在下一节进行介绍。

第二种方法是构建值函数的后验概率估计，这里的后验是对值函数参数的后验。一般而言，神经网络只有一套参数，相当于从这个后验概率中采样的一个点估计。为了构建后验概率分布，需要使用贝叶斯神经网络、变分推断、重采样网络等模型来构建 Q 函数的后验分布。如果得到了后验概率分布，则在探索中可以每次从 Q 的后验中采样一个 Q 函数，依据该 Q 函数来选择动作，即

$$a_t = \arg\max_a Q_\theta(s_t, a), \quad Q_\theta \sim \text{Posterior}(Q) \tag{7.3}$$

其中，$\text{Posterior}(Q)$ 代表值函数的后验概率分布。对于一个值函数，不确定性越大的地方后验概率的分布会越宽，因此多次采样得到的 Q 函数也会有更多的不同。下面对这种方法进行介绍。

衡量后验概率分布的方法主要可以分为两类：第一类参数化的方法，第二类是非参数化的方法。由于非参数的方法较为简单且效果不错，因此这里先简要介绍参数化的方法，随后介绍非参数化的方法，即重采样的方法。

▶▶ 7.2.1 参数化后验的算法思路

在监督学习中，给定样本数据 x 和 y，其中 x 可以是输入的图像，而 y 代表类别标签。贝叶斯模型在估计条件概率 $p(y \mid x, D)$ 时，需要考虑到历史所有的数据 D。与频率方法使用单个点估计不同，贝叶斯方法对所有参数空间进行了加权，即

$$p(y \mid x, D) = \int p(y \mid x, w) p(w \mid D) \, \mathrm{d}w \tag{7.4}$$

其中，$p(w \mid D)$ 就代表了在当前数据集中参数的后验分布。一般的，我们可以假设 w 服从某个先验分布（如正态分布），而 $p(y \mid x, w)$ 的似然函数如果也服从正态分布，由于正态分布有共轭的性质，则可以推导出 $p(w \mid D)$ 所服从的概率分布。在线性特征映射下，这种方法即为贝叶斯线性回归，感兴趣的读者可以查阅相关的教材了解推导的细节。

在强化学习中，可以认为 y 是我们想估计的 Q 函数，而 x 是状态和动作。如果考虑值函数和 (s, a) 之间是线性映射的关系，则可以通过类似贝叶斯线性回归的做法推导出参数 w 迭代的闭式解。然而，由于 w 一般不是一个线性映射，而是一个神经网络，无法得到贝叶斯后验的闭式解。近年来，有很多在深度强化学习中进行近似贝叶斯推断的方法。

贝叶斯 Q 网络提出，可以将 Q 网络的前面的层看作是一个固定的特征映射，得到状态的特征编码。由于网络最后一层执行的是 $Wx+b$ 的操作，其中 W 代表权重矩阵，b 代表偏置向量因此可以看作是将特征编码映射到 Q 函数的线性映射。随后，贝叶斯 Q 网络在最后一层使用贝叶斯线性回归进行更新，得到 Q 值的后验概率估计，在交互中使用式（7.3）所示的后验采样的方式

来选择动作。

后继不确定性（Successor Uncertainty）构造了一种 Successor 的特征表示，该特征表示可以直接和 Q 值构成线性映射关系。首先，假设状态动作的映射为 $\phi(s,a) \in \mathbb{R}^d$。在此基础上，假设奖励函数和 $\phi(s,a)$ 呈线性关系，即 $R_{t+1} = \phi(s_t, a_t)^\mathrm{T} w$，其中 w 是待学习的权重向量。随后，可以导出 Q 值和 $\phi(s,a)$ 之间的关系为

$$Q^\pi(s_t, a_t) = \sum_{\tau=t}^\infty \gamma^{\tau-t} R_{\tau+1} = \sum_{\tau=t}^\infty \gamma^{\tau-t} \phi(s_\tau, a_\tau)^\mathrm{T} w \tag{7.5}$$

由于 w 和前面的 Σ 无关，可以将 w 从求和式中提出来，得到

$$Q^\pi(s_t, a_t) = \Big[\sum_{\tau=t}^\infty \gamma^{\tau-t} \phi(s_\tau, a_\tau) \Big]^\mathrm{T} w = \psi(s_t, a_t)^\mathrm{T} w \tag{7.6}$$

其中，我们将 $\sum_{\tau=t}^\infty \gamma^{\tau-t} \phi(s_\tau, a_\tau)$ 定义为一个新的特征映射 $\psi(s_t, a_t)$。可见，此时 $Q^\pi(s_t, a_t)$ 和 $\psi(s_t, a_t)$ 构成了一种线性映射的关系，因此可以沿用贝叶斯线性回归的理论来计算 w 的后验概率分布。另外 $\psi(s_t, a_t) = \sum_{\tau=t}^\infty \gamma^{\tau-t} \phi(s_\tau, a_\tau)$ 可以写成类似于 TD 的形式，即

$$\psi(s_t, a_t) = \phi(s_t, a_t) + \gamma \psi(s_{t+1}, a_{t+1}) \tag{7.7}$$

因此，$\psi(s_t, a_t)$ 可以通过类似于计算 TD-error 的方式来进行更新，不同的是这里的 $\psi(s_t, a_t)$ 是一个向量。Successor Uncertainty 通过构造一个和 Q 值线性相关的特征表示，可以在神经网络中使用贝叶斯线性回归的相关分析。

▶▶ 7.2.2 重采样 DQN

在以上介绍了参数化后验分布的求解方式，下面介绍非参数化后验概率的求解。重采样 DQN（Bootstrapped DQN）是一种使用重采样来近似后验概率的做法。其实际做法比较简单，如图 7.2 所示，将 Q 网络分为两部分，首先是一个共享网络，其次是 K 个不同的分支，每个分支包含几个全连接层，随后输出不同动作的 Q 值。我们将第 k 个分支的 Q 网络记为 Q^k。

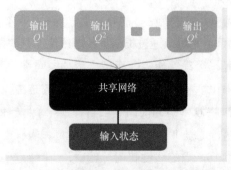

• 图 7.2 重采样 DQN 的网络结构

在训练中，每个 Q^k 采样独立的样本进行训练。由于每个 Q^k 网络初始化的不同和随机梯度法的影响，最终每个 Q^k 的收敛情况会略有不同。此时得到了 K 个 Q^k 函数，每个 Q^k 函数都能很好地表示 (s, a) 和值函数之间的关系，这 K 个 Q^k 函数总体上构成了一个 Q 值的后验概率分布。这种后验概率 $p(w \mid D)$ 是通过 K 个网络来表示的，从后验中采样 $w \sim p(w \mid D)$ 可以实现为从 K 个网络中随机选择一个 Q^k 网络。相比于参数化的方式，非参数化后验中采样的过程变得非常简单。其次，每个 Q^k 的训练过程和普通 Q 网络没有差别，只是总体上增加了计算量，需要对每个 Q^k 分别进行训练。

下面举例说明为什么重采样方法能够得到很好的后验概率估计，从而表示不确定性。考虑一个简单的回归问题，我们使用正态分布初始化 30 个数据点，数据点的坐标如图 7.3 所示。

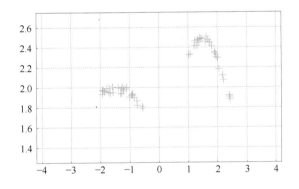

● 图 7.3　生成的 30 个数据点

生成数据的代码如下，该分布其实是由两个正态分布加入噪声构成的。注意我们在使用神经网络进行回归的时候并不需要考虑数据是如何生成的，只需要知道这些数据是给定的。

```
1   import numpy as np
2   def gaussian(x,mu,sigma):
3       # 正态分布
4       return np.exp(-np.power(x-mu,2.)/(2* np.power(sigma,2.)))

5
6   def generate_data(n_data,scale=2):
7       # 初始化一些数据点
8       x1=np.random.random(n_data)* 1.5-2.0      # [-2,-0.5]
9       y1=1.0+gaussian(x1,mu=-1.5,sigma=1.4)+np.random.randn(n_data)* 0.02

10      x2=np.random.random(n_data)* 1.5+1.0      # [1.0,2.5]
11      y2=1.5+gaussian(x2,mu=1.5,sigma=0.7)+np.random.randn(n_data)* 0.02
```

```
12      return np.expand_dims(np.concatenate([x1,x2],axis=0),axis
            =1),np.expand_dims(np.concatenate([y1,y2],axis=0),axis
            =1)
13
14  # 可视化
15  x,y=generate_data(n_data=30)
16  plt.figure(figsize=(10,6))
17  plt.scatter(x,y,color='gree n',marker="+",s=[250])
18  plt.show()
```

下面，使用重采样 DQN 类型的网络来回归这些数据点。首先，初始化一个小型的全连接的残差网络作为基本的网络模块。这里使用 tensorflow 库。

```
1  class ResBlock(tf.keras.Model):
2     def_init_(self,hidsize=20):
3        super(ResBlock,self)._init_()
4        self.dense1=tf.keras.layers.Dense(hidsize,activation=tf
              .nn.leaky_relu)
5        self.dense2=tf.keras.layers.Dense(hidsize,activation=None)
6
7     def call( self , x):
8        s=x
9        x=self. dense1 (x)
10       x=self. dense2 (x)
11       return x+s
```

随后，初始化一个重采样网络，包含 20 个相同的网络，每个网络包含 4 个残差结构。注意，这里的实现方式和重采样 DQN 略有不同，没有使用共享层和分支层。原因是网络结构比较小，因此直接初始化多个完全独立的网络也不会有太大的开销。而重采样 DQN 考虑的是高维状态空间，使用的共享层包含了卷积神经网络（CNN），如果使用多个完全独立的网络而不共享卷积层的话会产生更大的计算量，同时在数据量不大的情况下难以训练很多独立的网络。总的来讲，重采样 DQN 使用图 7.2 的网络结构的目的是减少计算量。本质上，独立的网络更能体现重采样的思想，但需要更多的计算。在本节的例子中，由于拟合的是低维的线性的数据，所以可以使用独立的网络。

```
1  class Model Ensemble(tf.keras.Model):
2     def_init_(self,num_ensemble=20):
3        super(ModelEnsemble,self)._init_()
4        self.num_ensemble=num_ensemble
5        # 初始化了 num_ensemble 个完全独立的网络
6        self.models=[tf.keras.models.Sequential([
7           ResBlock(20),
```

```
8                ResBlock(20),
9                ResBlock(20),
10               ResBlock(20),
11               tf.keras.layers.Dense(1,activation=None)
12           ])for_inrange(num_ensemble)]
13
14      def call(self,xs):
15           # 循环,对每个网络分别进行前向传播,把结果整理在一起
16           # output.shape=(num_ensemble,batch_size,1)
17           return tf.stack([self.models[i](xs[i]) for i in range(self
                .num_ensemble)],axis=0)
```

注意，这里在前向传播计算中对每个网络使用了相同的数据，和重采样 DQN 的实际做法是吻合的。重采样 DQN 论文中还描述了另外一种做法，即使用掩码（mask）的做法。在该做法中，每个样本有一定的概率来用于每个 Q^k 的训练。在具体实现时，可以对每个样本设置一个 mask，长度为 K。如果该 mask 在第 k 个位置为 1，则用于 Q^k 的训练，否则不用于 Q^k 的训练。由于这样可以使每个 Q 网络用于训练的样本是稍有不同的，是从整体的样本重采样得到的，可以增加不同 Q 网络的多样性。然而，在重采样 DQN 的实验中发现，由不同的网络初始化和随机梯度法导致的 Q 网络之间的差异已经足够保证多样性，mask 的使用不是必要的。在这里的例子中沿用重采样 DQN 的结论，对每个网络使用相同的数据进行训练。训练的过程使用 $L2$ 损失：

```
1   def train_step(model,optimizer,xs,ys):
2       # 输入数据,计算损失函数
3       with tf.GradientTape()as tape:
4         total_pred=model(xs)
5         loss=tf.nn.l2_loss(ys-total_pred)
6
7     # 迭代训练
8       gradients=tape.gradient(loss,model.trainable_variables)
9       optimizer.apply_gradients(zip(gradients,model.
            trainable_variables))
10      return loss
11
12  # 训练多个周期
13  for epoch in range(3000):
14      loss=train_step(model,optimizer,xs,ys)
```

通过多个周期的训练，可以可视化神经网络集合的结果。在可视化中，需要均匀地在坐标轴采样一些测试数据点，然后在 20 个神经网络中分别进行预测，分别绘制每条预测曲线。

```
1  # 测试数据
2  x_eval=np.expand_dims(np.linspace(-4.,4.,1000),axis=1)
3  total_pred=model(np.stack([x_eval for _ in range(num_ensemble)],
       axis=0))
4
5  # 绘图
6  num_ensemble=20
7  plt.figure(figsize=(10,6))
8  for i in range(num_ensemble):
9      plt.plot(x_eval,total_pred.numpy()[i].reshape(1000,),label='
          total',color='red',linewidth=1.5,zorder=1)
10 plt.scatter(x,y,color='green',marker="+",s=[250],zorder=2)
11 plt.grid()
12 plt.show()
```

可以得到如图 7.4 所示的结果。

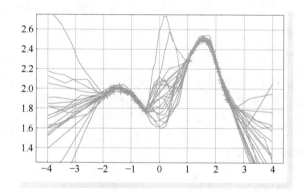

● 图 7.4 使用重采样神经网络来拟合数据点（见彩插）

在图 7.4 中，曲线代表一个网络的拟合结果。可以发现，每条网络都能很好地拟合我们生成的数据点，表明训练是成功的。更为关键的是，每条曲线可以在数据"缺乏"的地方表现出"不同"。由于所有的模型使用相同的训练数据，所以这种不同是由网络初始的不同和随机梯度导致的。在这个例子中，20 个神经网络近似代表了参数的后验概率分布，从 20 个网络中进行采样就等同于从参数的后验概率分布中进行采样。进一步的，对于输入的每个点，都可以计算所有神经网络预测的标准差，从而得到图 7.5 所示的不确定性估计。

图 7.5 中的两层阴影分别表示 1 倍标准差和 2 倍标准差所覆盖的区域。可以看到，重采样网络能够很好地获得认知不确定性的估计：在数据较多的地方不确定性很小，在数据较少的地方不确定性很大，这种性质正是强化学习探索中需要的。由上述的例子可以扩展到强化学习中，将横坐标的单个数据点扩展为状态动作的特征表示，将纵轴需要拟合的目标值扩展为 TD-target 的

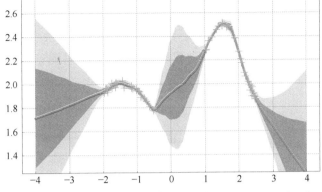

● 图 7.5　使用重采样神经网络得到的不确定性估计

值，使用多个 Q 网络进行拟合的过程中，不同的 Q 网络对同一个 (s,a) 的预测能够在数据量较多的地方产生相似的预测（不确定性较小），而在数据量较少的地方产生不同的预测（不确定性较大），随后可以依据这种不确定性的预测进行后验采样来探索。

算法 7-1 给出了重采样 DQN 的算法描述。值得注意的地方是，在交互过程中，每个周期开始时都会随机地从 K 个网络中采样一个用于整个周期的交互，相当于整个周期使用的都是从后验中采样的一个分布。在周期内使用一个探索策略能够实现"深度"的探索，比如有些环境中需要穿越很长的通道才能获得奖励。另外，在计算每个 Q^k 的目标 Q 函数时使用的也是目标网络 θ^-，这一点和 DQN 等方法类似。

算法 7-1　重采样 DQN

1：初始化重采样的网络结构，包括共享卷积层和 K 个分支，初始化经验池
2：**for** 周期 $i=1$ to M **do**
3：　在 K 个 Q 函数中随机选择一个用于交互 $k \sim \text{Unif}\{1,\cdots,K\}$
4：　**for** 时间步 $t=0$ to $T-1$ **do**
5：　　根据值函数 Q_θ^k 在 s_t 处选择动作 $a_t = \arg\max_a Q_\theta^k(s_t,a)$，交互得到 r_{t+1}，s_{t+1}；
6：　　将 $(s_t,a_t,r_{t+1},s_{t+1})$ 存储到经验池中；
7：　**end for**
8：　从经验池中采样一个批量的样本
9：　**for** $k=1$ to K **do**
10：　　计算 $Q_\theta^k(s,a)$ 处的目标值函数为 $Q_{\text{target}}^k = r_{t+1} + \gamma \max_{a_{t+1}} \theta_{\theta^-}^k(s_{t+1},a_{t+1})$；
11：　　最小化 $L^k = (Q_\theta^k - Q_{\text{target}}^k)^2$，计算 L^k 对 θ 的梯度；
12：　**end for**
13：**end for**

在重采样 DQN 方法的基础上，可以进一步使用不同 Q^k 之间的标准差来计算 $\mathrm{std}\{Q^k\}$ 作为不确定性的估计，其中 $\mathrm{std}(\ )$ 是标准差函数，从而构建乐观 Q 函数 $Q^{k+}=Q^k+\mathrm{std}\{Q^k\}$ 来实现探索。这一点被 OB2I 算法和 SunRise 算法分别应用在了 Q 学习和策略梯度方法中。在策略梯度中，通过训练多个 critic 可以构造不确定性的估计，该奖励可以用来构造乐观 Q 函数用于策略学习。此外，重采样 DQN 类的方法也被用于其他强化学习算法的不确定性估计中。

7.3 进行虚拟计数的探索

下面考虑一种不同的思路，使用虚拟计数来衡量不确定性。回顾本章最初讨论的 UCB，在 UCB 的定义中，第一项可以代表智能体实际获得的环境奖励的期望，而第二项 $\sqrt{2\ln T/N(a)}$ 代表对所选动作的不确定性。在赌博机问题中，一个周期只包含一步，因此对动作计数 $N(a)$ 相当于对状态计数 $N(s)$ 或者对状态-动作对计数 $N(s,a)$。在深度强化学习中，由于状态空间一般很大，而动作空间是有限的，所以一般使用对状态的计数来作为衡量不确定性的指标。形式化的，在不确定性的作用下，智能体在每个时间步获得的奖励 r^+ 是环境奖励 r 和内在奖励 B 之和：

$$r^+(s)=r_i(s)+B(\hat{N}(s)) \tag{7.8}$$

其中，内在激励函数中的 $\hat{N}$ 是对状态 s 进行"虚拟"计数的函数。为什么是虚拟计数而不是真实计数？因为在连续状态空间（如机械臂）或以图像作为观测的状态空间（如视频游戏、导航等），难以找到两个完全相同的状态。如果使用真实的计数，那么每个访问过状态出现的次数都为 1，这样就无法衡量状态的相似性。一般的，$B(\hat{N}(s))$ 的形式包括多种，包括以下三种：

$$B(\hat{N}(s))=\sqrt{\frac{2\ln T}{\hat{N}(s)}},\ B(\hat{N}(s))=\sqrt{\frac{1}{\hat{N}(s)}},\ B(\hat{N}(s))=\frac{1}{\hat{N}(s)} \tag{7.9}$$

其中第一种是 UCB 中定义的，第二种和第三种分别由不同的 Bandit 算法提出，都是 UCB 的简化形式。在深度强化学习中一般使用第二种形式，即不确定性和状态被访问的次数成反比。现在有了不确定性的定义形式，后面要解决的问题就是如何针对以图像为观测的状态来近似计算 $\hat{N}(s)$。

▶▶ 7.3.1 基于图像生成模型的虚拟计数

在虚拟计数中，需要建立状态的计数 $N(s)$ 和概率密度函数 $\rho(s)$ 之间的关系。原因是我们最终希望通过使用一些概率模型来估计 $\rho(s)$ 进而导出 $N(s)$。使用图像的概率密度模型 $\rho(s)$ 来衡量当前遇到的状态 x 在已经观察到 n 个状态 $x_{1:n}$ 的条件下概率密度，形式化的，有

$$\rho(s)=Pr(X_{n+1}=s\mid X_1\cdots X_n=x_{1:n})$$

我们希望通过 $\rho(s)$ 来度量在之前 n 个状态 $x_{1:n}$ 中，包含当前状态 s 的次数 $\hat{N}(s)$。从频率角

度，状态 s 出现的概率 = 状态 s 出现的虚拟次数/总的虚拟状态数。因此有

$$\rho(s) = \frac{\hat{N}(s)}{\hat{n}} \tag{7.10}$$

由于状态 s 是虚拟计数，那么总的状态数也变为虚拟计数 $\hat{s}$。在式（7.10）中，由于希望得到 $\hat{N}$ (s)。假设可以从概率密度模型得到 $\rho(s)$，那么还有一个未知数 $\hat{n}$ 是不知道的。因此引入第二个式子，用 $\rho'(s)$ 来表示在 X_{n+1} 处观察到 s 之后，在 X_{n+2} 处再一次观察到同一个状态 s 的概率：

$$\rho'(s) = Pr(X_{n+2} = s \mid X_1 \cdots X_n = x_{1:n}, X_{n+1} = s)$$

注意 $\rho'(s)$ 相比于 $\rho(s)$ 多了一个条件：$X_{n+1} = s$。因此，$\rho'(s)$ 代表的状态 s 出现的次数比 $\rho(s)$ 中多 1 次，形式化的，有

$$\rho'(s) = \frac{\hat{N}(s) + 1}{\hat{n} + 1} \tag{7.11}$$

此时，联立式（7.10）和式（7.11）两个方程 $\rho(s) = \dfrac{\hat{N}(s)}{\hat{n}}$ 和 $\rho'(s) = \dfrac{\hat{N}(s) + 1}{\hat{n} + 1}$，可以求解得

到虚拟计数 $\hat{N}(s)$：

$$\hat{N}(s) = \frac{\rho(s)(1 - \rho'(s))}{\rho'(s) - \rho(s)} \tag{7.12}$$

因此，计算 $\hat{N}(s)$ 同时需要 $\rho(s)$ 和 $\rho'(s)$。$\rho(s)$ 表示模型在没有使用状态 s 训练之前对 s 的概率估计。随后，需要将 s 用于概率模型训练，表示概率模型已经使用 s 训练一次了，随后再用概率模型评价 s，得到的概率就是 $\rho'(s)$。用两次预测的关系可以导出 $\hat{N}(s)$。

下面来分析概率模型 $\rho(s)$ 需要满足的性质，因为后面我们需要设计合理的概率模型来拟合 $\rho(s)$。首先，可以推导出 $\rho'(s) - \rho(s) = \dfrac{\hat{n} - \hat{N}(s)}{(\hat{n} + 1) \cdot \hat{n}}$。可知，由于分子中 $\hat{n} \geq \hat{N}(s)$，因此 $\rho'(s) \geq \rho(s)$ 恒成立。因此，要求概率模型 ρ 满足 Learning Positive，对于任何状态，每多见到该状态 1 次，都应增加该状态的概率输出。另外，由于 $\rho(s) = \hat{N}(s)/\hat{n}$，要求从没有见过的状态，其虚拟计数为 0。最后，要求对于已经见到过非常多次的状态，即 $\hat{N}(s) = \infty$ 时，要求 ρ 不再发生变化，即 $\rho'(s) = \rho(s)$。这点在上式 $\rho'(s) - \rho(s)$ 中也可以验证，当 $\hat{N}(s) = \infty$ 时，分子中 $\hat{n} \approx \hat{N}(s)$，二者的差值为 0。

最开始的计数方法使用 CTS 模型作为 ρ 的模型，该模型在这里不做介绍。在图像领域，显式的概率模型中基于 PixelCNN 的方法表现更好，将在后面阐述。在该模型下，上述提出的 ρ 应该满足的条件在 Atari 游戏 FreeWay 中进行了验证，如图 7.6 所示。设定待计数的状态为 Agent 处于图 7.6b 中最上面时的状态，图 7.6a 中下面的线显示的是对该状态的虚拟计数，在阴影区域能够

观察到该状态，在其他区域不能观察到该状态。可以看到，在阴影区域虚拟计数呈线性上升，在其他区域也有上升，原因是全局的概率密度估计发生了变化，产生了泛化。

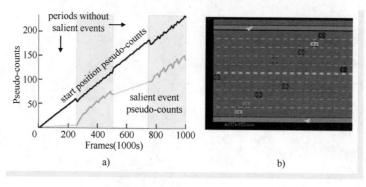

● 图 7.6　概率模型对 FreeWay 任务中状态的计数和真实计数的对比（见彩插）

下面对 PixelCNN 模型的基本原理进行简述。该模型是一种图像生成模型，非常类似于自然语言处理中常见的语言模型。熟悉基于循环神经网络（RNN）的语言模型的读者可知，在语言模型中可以使用 RNN 来根据前面位置的词预测后面位置的词。给定一段文本，依次计算每一个词（以前面词的出现为条件）的概率，然后使用极大似然估计最大化概率进行训练，得到一个语言模型。该模型有两个用途。

1）计算概率：对于一段文本 x_1，x_2，$\cdots$，x_n，根据该模型，可以计算每个词出现的概率 $p(x_t \mid ,x_1,\cdots,x_{t-1})$。将每步的输出概率连乘可以得到整个文本的概率。

2）生成文本：给定前几个词，以概率采样可以得到生成的文本。具体应用包括写音乐，写诗等。

在图像中的概率模型原理类似，将图像中的所有像素作为一个序列，可以使用上述方法来拟合一个图像概率模型。不同的是，图像中的像素没有很明确的依赖关系，因此需要指定一个条件依赖的关系。比如图 7.7a 可以看到，假设图像中每个像素点依赖于本行前面的像素以及本行

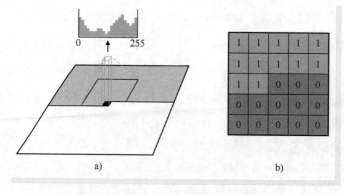

● 图 7.7　图像概率模型 PixelCNN 示意图

以上的所有像素。这种条件依赖关系可以使用类似于 RNN 的形式表现出来，算法称为 PixelRNN。但这种方法的时间和空间开销较大。PixelCNN 是这一思想的简化模型，使用卷积掩码（图 7.7b）表示这种依赖关系。掩码会屏蔽图像中与当前像素是非依赖关系的像素值用于训练。

在探索中，实际上只利用了生成模型的"计算状态概率"这一功能。对于图像表示的观测，计算每个像素在 PixelCNN 中的概率，随后得到整个图像的概率值 $\rho(s)$。分别计算 $\rho(s)$ 和 $\rho'(s)$ 后可以得到虚拟计数。另外，可以对式（7.12）进行简化。$\rho(s)$ 衡量的是状态 s 的概率，由于状态空间巨大，单个状态的 $\rho(s)$ 和 $\rho'(s)$ 一般是比较小的，接近于 0。因此 $\hat{N}^{-1}(s) = \dfrac{\rho'(s) - \rho(s)}{\rho(s)(1 - \rho'(s))} \approx$

$\dfrac{\rho'(s) - \rho(s)}{\rho(s)} = \dfrac{\rho'(s)}{\rho(s)} - 1$。一般将使用状态 s 训练前后对其概率的预测的差称为预测增益（Prediction

Gain，PG），即 $PG(s) = \log \dfrac{\rho'(s)}{\rho(s)}$，因此 $\hat{N}(s) \approx \exp(PG(s) - 1)^{-1}$。在训练中，可以将智能体的奖

励修改为外在奖励和基于计数的不确定性估计的和，即 $r^+(s,a) = r + \dfrac{\beta}{\sqrt{(\hat{N}(s) + 0.01)}}$，其中 β 表示

权重，0.01 是为了防止分式没有定义。

▶▶ 7.3.2 基于哈希的虚拟计数

上面介绍了基于图像概率模型的方法，然而此类方法有两点不足：①显式的概率模型结构比较复杂，有较高的计算代价，因此更希望建立一种简单的计数方法；②PixelCNN 模型只能用于图像观测中，而强化学习还有一类连续控制任务使用的是低维的状态观测，在此类任务中无法使用。基于哈希函数的方法被提出，用于解决上述两个问题。

哈希方法的思路是，使用一个自编码器来代表哈希函数，将状态映射到低维特征空间中，然后在特征空间中进行计数。自编码器的模型结构如图 7.8 所示。自编码器具有相同的输入和输出，在输入端使用卷积层压缩信息，在中间得到一个低维的编码。自编码器的学习目标是在输出端重建输入的信息，因此需要编码层能够保留输入的大部分信息，从而得到一个紧凑的特征表示。在编码层后使用反卷积进行上采样，最后进行预测。

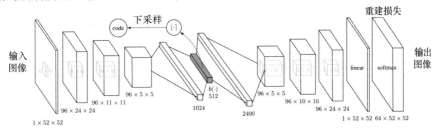

● 图 7.8 使用自编码器构造哈希编码

注意，一般的自编码器的中间编码层是连续的变量，但由于这里要使用编码层来进行哈希，因此是离散的。如果使用连续的变量，是很难找出两个完全相同的编码向量的；而离散的变量能够把编码相同的向量进行归类，从而得到计数。这里设定编码是二值编码，在该层使用 sigmoid 激活函数，将编码经过处理后在 0~1 之间。随后，在损失函数中加入一项，迫使编码后的状态的每一位 $b_i(s_n)$ 都趋于 0 或 1，损失函数如下：

$$L = -\frac{1}{N}\sum_{n=1}^{N}\left[\log p(s_n) - \frac{\lambda}{K}\sum_{i=1}^{D}\min\left\{(1-b_i(s_n))^2, b_i(s_n)^2\right\}\right] \tag{7.13}$$

其中，第一项是自编码器最终重建结果中 softmax 输出的交叉熵损失，第二项是对 $b_i(s_n)$ 的限制。如果 $b_i(s_n)=1$ 或 $b_i(s_n)=0$，则第二项损失为 0。该损失函数还有另外一个好处，可以保证编码的稳定性。如果已经有 $b_i(s_n)=1$，在 sigmoid 下表明激活值已经进入了饱和区。此时，$b_i(s_n)$ 是不容易变为 0 的。$b_i(s_n)$ 如果要变为 0，则在转变的过程中，第二项损失将会增大。

同时，在 $b_i(s_n)$ 加入了一定量的均匀分布的噪声。加入噪声后增加了训练的难度，提高了编码的方差。自编码器为了恢复图像，会将不同的 s 的编码距离尽量散开，以便区别状态本身的不同和噪声带来的不同。例如，不同状态 s_1 和 s_2 的编码距离 $b(s_1)-b(s_2)$ 应该大于噪声的范围才能避免噪声带来的影响。拉开不同状态的编码距离有利于后续的哈希处理。每个状态的编码 $b_n(s)$ 会经过四舍五入的处理，将每一位转变为 0 或 1。随后通过一个随机投影（random projection）的过程将其压缩至更低的维度，作为最终的编码。这样做的原因是，一般由于自编码器需要恢复图像，中间层的编码维度不能太低，因此需要在后处理压缩维度。

根据编码构建哈希表之后可以实现对状态编码的计数，随后作为奖励的一部分，形式为 $r = \dfrac{\beta}{\sqrt{N(\phi(s))}}$。其中 β 代表权重，ϕ 代表编码函数。最终的效果显示，基于哈希的方法和显式的虚拟计数效果相当，但是实现起来更加简单，可以应用到连续动作空间中。

7.4 根据环境模型的探索

基于内在激励的探索目的是构建一个模型来衡量智能体的好奇心，一般通过环境模型的预测误差来度量。由于外在奖励很大程度上是稀疏的，使用内在奖励能够鼓励探索。特别的，有些环境中外在奖励是完全缺乏的。此时，使用内在奖励仍然能够获得比较好的效果。例如，在超级玛丽任务中，仅基于内在激励进行探索就能使智能体通过很多关卡。对比而言，基于不确定性的方法没有类似的效果，因为 Q 值的估计是依赖于外在奖励的。如果外在奖励完全缺乏，无法得到 Q 值的后验分布，也无法得到不确定性的估计。

一种有效的内在激励方法是基于环境模型的误差。在智能体与环境交互的过程中，可以使用交互得到的样本训练一个环境模型。该环境模型的输入是 s 和 a，预测环境给予的下一个状态 s'。环境模型的构建可以理解为智能体对环境的一种理解，如果对于某次新的交互产生的样本 (s_c, a_c, s_{c+1}) 在当前环境模型产生了较高的预测误差，则代表当前的交互样本"超出"了智能体对环境的理解。可以认为，此时智能体探索到了一个新的区域，而该区域和以往的区域有较大的不同，此时应该给予智能体较大的奖励来鼓励探索。例如，图 7.9 所示的迷宫有两个房间，每个房间的环境设置有很大不同。智能体开始在房间 1 内进行探索，因此环境模型学习的是房间 1 的交互样本的状态转移。当某个偶然的机会智能体穿过房间 1 到达房间 2 时，会得到一些和房间 1 非常不同的样本，应该对这些样本给予较高的内在奖励，从而激励智能体在新的房间中继续探索。

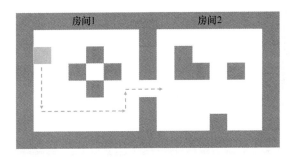

● 图 7.9　两个房间的探索问题

形式化的，对于交互的历史样本 (s_t, a_t, s_{t+1})，假设状态的编码为 $\phi(s_t)$，构建环境模型的参数为 θ，则下一个状态的编码的预测为

$$\hat{\phi}(s_{t+1}) = f_\theta(\phi(s_t), a_t) \tag{7.14}$$

注意这里预测的是状态的编码，因为编码是低维的，所以更容易建模。通过最小化预测结果和真实编码的损失来学习环境模型：

$$L_\theta = \frac{1}{2} \| \hat{\phi}(s_{t+1}) - \phi(s_{t+1}) \|_2^2 \tag{7.15}$$

注意这里计算的是两个向量的差，需要计算差向量的模。在基于大量交互的历史样本训练得到的 f_θ 模型的基础上，对于一个新的样本 (s_c, a_c, s_{c+1}) 可以计算其内在奖励为

$$r_c^i = \beta \| \hat{\phi}(s_{c+1}) - \phi(s_{c+1}) \|_2^2 \tag{7.16}$$

▶▶ 7.4.1　特征表示的学习

这里的特征表示指的是式（7.14）中对状态的编码 $\phi(s)$。如果不对特征进行编码，在原始状态层面构建环境模型，则需要直接预测下一个状态 s'。在图像观测中，预测状态需要预测图像

的每个像素值。而某些像素值预测不准往往不会影响整幅图片代表的意义，但是会产生较大的预测误差 r^i，给算法带来不稳定性。在游戏任务中，不同关卡的背景、亮度不同，但是内容是相近的，过分关注这些不同会产生无谓的探索。因此，需要学习一个 $\phi(s)$ 的特征表示，随后基于该特征表示来衡量内在激励。$\phi(s)$ 应该具备以下性质：

- 紧凑、稳定。希望 $\phi(s)$ 的维度较低，在训练过程中较为稳定，不容易产生剧烈的变化。奖励的剧烈变化会导致值函数的不稳定。
- 编码有用信息。特别的，环境中智能体相关的信息是动作直接相关的，例如智能体射出的子弹，此类信息是需要进行编码的。另外，有一些智能体不可控制，但是对探索有实际影响，比如障碍物、对手、怪物的移动。同时希望去除无效的信息。

逆环境信息（Inverse Dynamic Feature，IDF）是近期提出的一种用于探索的特征表示方法，其模型结构如图 7.10 所示。一般的，环境模型使用 $\phi(s)$ 和动作 a 来预测下一时刻的状态 $\phi(s')$，而逆环境模型使用两个连续的状态的编码（$\phi(s)$ 和 $\phi(s')$）来预测动作 a。IDF 的思路是，如果环境的特征是和智能体的动作相关的，则会在逆环境模型预测动作的过程中发挥一定的作用，这些特征会予以保留；如果和动作是完全无关的，则会在学习逆环境模型的过程中进行去除。例如，智能体在交互过程中无论采取什么动作，环境的背景和固定的设置都是不变的。因此这些信息对逆环境模型的预测是没有帮助的，学习到的 $\phi(s)$ 特征将不包含这些信息。

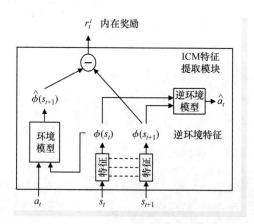

● 图 7.10　逆环境信息的特征提取模型

另外，近期有实验证明简单的随机网络编码（随机 CNN）也可能获得类似 IDF 的性能，这主要是由于随机 CNN 一方面有一定的特征提取能力，在多数环境中能够编码有用的信息；另一方面具有紧凑和稳定的性质，随机 CNN 的权重在策略训练的过程中是保持不变的。

▶▶ 7.4.2　随机网络蒸馏

上述基于环境模型的探索方法中，预测误差的来源主要包含几个方面：

1）训练数据的数量。如果一个状态 s（或其相似的状态）被访问的次数越少，则对于该状态的预测误差将会越大。

2）预测目标问题。由于环境本身含有随机性，这种随机性越大，预测下一个状态时产生的误差就会越大。

3）模型失配问题。如果环境本身比较复杂，而使用的神经网络表达能力不足，将会导致较高的预测误差。

4）优化问题。优化算法无法找到最小值。在这些组成部分中，探索问题考虑的是第一点中由于"训练数据数量"不足而导致的预测误差，而希望消除后面三点产生的误差。然而，由于环境本身含有随机性环境的状态转移较为复杂，基于环境模型的探索方法不可避免地遇到第二点和第三点的影响。

随机网络蒸馏（Random Network Distillation，RND）是一种基于环境模型探索的简化方法，解决了环境建模本身比较困难、环境中存在随机性的问题。RND 包含两个神经网络，一个是随机初始化的目标网络，作为学习的目标，该网络是固定的。对于一个状态 s 的输入，其输出记为 $f(s)$。另外一个网络是预测网络，参数是需要训练的。两个网络具有同样的网络结构，将预测网络的输出记为 $\hat{f}_\theta(s)$。在训练中，预测网络希望最小化其输出 $\hat{f}_\theta(s)$ 和目标网络对于同一状态的输出 $f(s)$ 的距离，因此损失函数为 $L_{\mathrm{RND}}(s) = \| \hat{f}_\theta(s) - f(s) \|_2^2$。损失函数用于更新预测网络的参数 θ。

RND 的原理是，如果特定状态 s_c 被访问的次数越多，则损失 $L_{\mathrm{RND}}(s_c)$ 被优化的次数也会越多，预测网络的输出 $\hat{f}_\theta(s_c)$ 就越接近于目标网络的输出 $f(s_c)$，损失就越小。在强化学习中直接使用 $r_c^i = \| \hat{f}_\theta(s_c) - f(s_c) \|_2^2$ 作为内在激励。

▶▶ 7.4.3　Never-Give-Up 算法

Never-Give-Up（NGU）是一个近期提出的算法，结合了上述介绍的基于 RND 的内在激励和基于 ICM 的特征表示，同时结合了长期和短期的内在激励用于探索，模型结构如图 7.11 所示。图中左侧是基于 ICM 进行特征提取的模型，输入连续的两个状态，预测动作。由于这里考虑的是离散动作空间，因此动作的预测可以看作是一个分类问题。在预测动作的过程中可以学习到一个特征表示，该特征表示将用于后续对状态的编码。

在长期内（图 7.11 右上），使用基于 RND 的方法来计算整个探索过程中的内在激励，鼓励智能体探索与之前遇到过的不同的状态。长期内在激励基于 RND 来进行计算，将 RND 中预测网

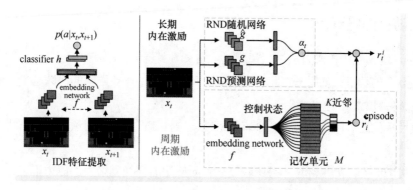

● 图 7.11 Never-Give-Up 算法的模型结构（见彩插）

络和目标网络的差记为 $\mathrm{err}(s_t)$。随后 NGU 使用了一个平滑的方法得到 $r_t^{\mathrm{RND}} = 1 + \dfrac{\mathrm{err}(s_t) - \mu_e}{\sigma_e}$，其中 μ_e 和 σ_e 分别是历史的 $\mathrm{err}(s_t)$ 的均值和标准差，用来进行规约。

在短期内（图 7.11 右下），使用基于 K 近邻的方式来鼓励智能体在一个周期内不要探索相似的状态。与长期的内在激励不同，短期内在激励在周期之间是不继承的，每个周期都会清空并重新计算短期内在激励。短期内在激励需要使用一个记忆单元 M，其中存储了当前周期的状态编码（使用 IDF）。短期内在激励的计算方法为，对于一个新的状态 s_t，计算它与 M 中最相似的 k 个状态（记为一个集合 N_k）的距离，即

$$r_t^{\mathrm{episode}} = \frac{1}{\sqrt{\sum_{f_i \in N_k} K(f(s_t), f_i) + c}} \tag{7.17}$$

其中 $K(x, y) = 2 \dfrac{\epsilon}{\dfrac{d^2(x, y)}{d_m^2} + \epsilon}$。其中，$d$ 是欧几里得距离，d_m 是历史的距离的平均值，起到平滑的

作用。可以看到，当前样本与 N_k 中的样本的距离越大，K 的值将会越小，从而导致短期内在激励 r_t^{episode} 越大。如果当前状态和近邻状态很相似，则应该给予更小的奖励。由于每个周期开始时会清空 M 中的样本，所以 r_t^{episode} 仅考虑当前周期样本的不同，能够鼓励智能体在当前周期内访问不同的状态。

最后，NGU 将长期内在激励 r_t^{RND} 和短期内在激励 r_t^{episode} 进行组合，得到最终的内在激励为

$$r_t^i = r_t^{\mathrm{episode}} \cdot \min\{\max\{r_t^{\mathrm{RND}}, 1\}, L\} \tag{7.18}$$

一般设置为 $L = 5$。这个表达式的目的是平衡长期内在激励和短期内在激励，使其在实际任务中得到最好的效果。近期，DeepMind 基于 NGU 探索算法提出了 Agent57 算法，首次在 57 个 Atari 任务中均取得了超越人类玩家的水平，体现了探索算法在强化学习中的重要作用。

7.5　实例：蒙特祖玛复仇任务的探索

图 7.11 中显示的状态观测来自于蒙特祖玛复仇任务。该任务是一个具有挑战性的探索任务，智能体首先需要拿到钥匙，可以获得 100 的奖励，随后打开第一个房间的门，可以获得 300 的奖励。在第二个房间中也有类似的操作，需要躲避障碍，穿越第二个房间才能获得奖励来到第三个房间。蒙特祖玛复仇任务一共包含 24 个房间，因此需要智能体具有很强的探索能力。采用基本的 ε−贪心算法的智能体在该环境中得分为 0，基于重采样 DQN 的探索算法可以得到 100 分，基于随机特征的环境模型的内在激励算法可以得到约 250 分。基于 RND 探索算法的 PPO 算法在经过非常长的训练时间步之后，最终可以得到 8152 分，显著提升了性能。基于 NGU 的 Agent57 算法可以得到 9300 分的高分。在蒙特祖玛复仇类的稀疏奖励任务中，使用高效的探索算法是能否成功的关键。

本节将介绍 RND 算法的核心实现。本章介绍的探索算法一般不限制具体使用的底层算法，底层算法可以针对不同的问题使用 DQN、PPO、SAC 等。本节略过了底层算法的实现，仅介绍核心的 RND 探索算法的实现。

▶▶ 7.5.1　RND 网络结构

RND 包含两个具有相似结构的网络，分别代表目标网络和预测网络。由于后面要用预测网络的输入来逼近目标网络，两个网络在初始化时的权重要不同。网络的输入是图像，输出是一个特征向量。在实现中，预测网络的深度要高于目标网络，从而保证有足够的拟合能力。

```
1   class RNDModel(nn.Module):
2       def _init_(self,input_size,output_size):
3           super(RNDModel,self)._init_()
4           feature_output=7*7*64
5           self.predictor=nn.Sequential(
6               nn.Conv2d(in_channels=1,out_channels=32,kernel_size
                    =8,stride=4),nn.Leaky ReLU(),
7               nn.Conv2d(in_channels=32,out_channels=64,kernel_size
                    =4,stride=2),nn.Leaky ReLU(),
8               nn.Conv2d(in_channels=64,out_channels=64,kernel_size
                    =3,stride=1),nn.Leaky ReLU(),Flatten(),
9               nn.Linear(feature_output,512),nn.ReLU(),
10              nn.Linear(512,512),nn.ReLU(),
11              nn.Linear(512,512))
12
13          self.target=nn.Sequential(
```

```
14          nn.Conv2d(in_channels=1,out_channels=32,kernel_size=8,
                stride=4),nn.Leaky ReLU(),
15          nn.Conv2d(in_channels=32,out_channels=64,kernel_size
                =4,stride=2),nn.Leaky ReLU(),
16          nn.Conv2d(in_channels=64,out_channels=64,kernel_size
                =3,stride=1),nn.Leaky ReLU(),Flatten(),
17          nn.Linear(feature_output,512))
18
19      for p in self.modules():
20          if isinstance(p,nn.Conv2d):
21              init.orthogonal_(p.weight,np.sqrt(2))
22              p.bias.data.zero_()
23          if isinstance(p,nn.Linear):
24              init.orthogonal_(p.weight,np.sqrt(2))
25              p.bias.data.zero_()
26      # 目标网络的权重是不参与训练的
27      for param in self.target.parameters():
28          param.requires_grad=False
29
30  def forward(self,next_obs):
31      # 分别输入两个网络对同一个状态的预测
32      target_feature=self.target(next_obs)
33      predict_feature=self.predictor(next_obs)
34      return predict_feature,target_feature
```

▶▶ 7.5.2　RND 的训练

RND 训练使用的是交互样本，通过计算两个网络的输出的差异，并最小化该差异来训练预测网络。另外，在更新时可以额外增加一些随机性。

```
1   # 定义损失函数
2   forward_mse=nn.MSELoss(reduction=' none')
3   # 将采样的状态通过两个网络得到预测的输出
4   predict_next_state_feature,target_next_state_feature=self.rnd(
        next_obs_batch[sample_idx])
5
6   # 计算二者的预测的差
7   forward_loss=forward_mse(predict_next_state_feature,
        target_next_state_feature.detach()).mean(-1)
8
9   # 在更新时增加一些随机性
10  mask=torch.rand(len(forward_loss))
11  mask=(mask<self.update_proportion).type(torch.FloatTensor)
12  forward_loss=(forward_loss* mask).sum()/torch.max(mask.sum(),torch.Tensor([1]))
```

▶▶ 7.5.3 RND 用于探索

内在激励的定义和上面损失函数的定义相同，在与环境交互的过程中，在外在激励的基础上加入内在激励用于后续的训练。

```
1   def compute_intrinsic_reward(self,next_obs):
2       #计算两个网络的输出,得到内在激励
3       target_next_feature=self.rnd.target(next_obs)
4       predict_next_feature=self.rnd.predictor(next_obs)
5       intrinsic_reward=(target_next_feature-predict_next_feature).pow(2).sum(1)/2

6       return intrinsic_reward.data.cpu().numpy()
```

另外，RND 需要调整一些超参数，如 RND 模型的更新频率、内在激励的权重、网络输出的维度等。可以看到，RND 探索机制的实现是非常简单的，能够和大多数的强化学习算法进行结合，提升在稀疏激励任务中的探索能力。

第8章

多目标强化学习算法

8.1 以目标为条件的价值函数

现有的强化学习方法一般只针对单个特定的目标。例如，导航任务中，智能体到达特定的位置获得奖励。机械臂任务中，智能体抓取物体后放置到特定位置获得奖励。在目标变化后，单目标策略需要重新进行训练。多目标强化学习对单目标策略进行了扩展，在状态空间和动作空间的基础上增加了目标空间，可以针对不同的目标给出不同的策略，扩展了策略的通用性和表达能力。许多其他强化学习问题中也有类似的扩展，如层次化学习、技能学习等。

现有的强化算法一般考虑单目标学习问题，奖励函数根据特定目标的任务来设定。然而，在许多实际问题中，智能体需要学习一个策略来同时完成多个目标。图 8.1a 是一个单目标学习问题，智能体学习一个策略从 S 出发，目标是到达 G；图 8.1b 是一个多目标学习问题，智能体从 S

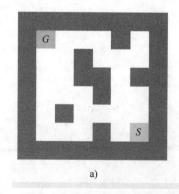

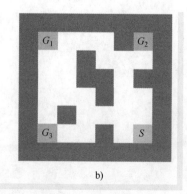

a)   b)

● 图 8.1　单目标和多目标的马尔可夫决策过程

a) 单目标 $S{\rightarrow}G$　b) 多目标 $S{\rightarrow}\{G_1, G_2, G_3\}$

出发，学习一个多目标策略能够到达指定的目标 $G \in \{G_1, G_2, G_3\}$。多目标学习在机械臂任务中也很常见，如机械臂需要学习一个策略将物体抓取到不同的位置。在多目标任务中，需要将原有 MDP 扩展为多目标 MDP。多目标 MDP 表示为 $(S, A, G, P, r_g, p_g, T)$，其中 S 为状态空间，A 为动作空间，G 为目标空间，P 为状态转移函数，T 为周期长度，r_g 为基于目标的奖励函数，p_g 目标分布。

多目标 MDP 和一般 MDP 在定义上的区别主要有两点：

1）增加了一个目标空间 G 和目标分布 p_g。在图 8.1 所示的迷宫问题中，目标空间 G 可以是迷宫中所有可达的状态，此时 G 是状态空间 S 的一个子空间。在学习中，往往希望智能体能够到达 G 中的任意一个目标，可以将 p_g 定义为目标空间 G 上的均匀分布，即 $p_g = \mathrm{U}(G)$。

2）奖励函数从 r 变为以目标为条件的函数 r_g。在迷宫中，r_g 可以表示为一个二值函数，代表当前状态是否已经到达了目标 g。如果到达，则奖励为 0，否则奖励为 −1。形式化的，

$$r_g(s_t, a_t, g) = \mathbb{1}\{D(s_t, g) \leq \epsilon\} - 1 \tag{8.1}$$

其中 $D(\cdot, \cdot)$ 代表状态和目标之间的距离，ϵ 代表误差，如果距离小于该值，则表示成功到达了目标。在此基础上，多目标 MDP 定义为以目标为条件的策略 $\pi(a \mid s, g)$，对于给定的目标 g，根据当前状态 s，智能体选择合理的动作 a 来到达目标 g。类似的，由于奖励是目标的函数，值函数也被扩展为以目标为条件的值函数。

在多目标 MDP 中，每个周期开始时会设置一个目标 $g^o \in G$，表示该周期中智能体希望完成的目标，称为原始目标（original goal）。在每个时间步，策略 $\pi(s_t, g^o)$ 根据当前状态 s_t 和 g^o 的设置来产生动作 a_t，使用 a_t 与环境进行交互。动作值函数 $Q^\pi(s_t, a_t, g^o)$ 代表从状态 s_t 出发，执行动作 a_t，随后根据策略 $\pi(s_t, g^o)$ 执行直到周期末尾所获得的期望回报。多目标强化学习的目标是找到一个最优的多目标策略 $\pi^* = \arg\max_\pi Q^\pi(s, a, g^o)$。对于环境的状态转移元组 $e^o = (s_t, a_t, r_t^o, s_{t+1}, g^o)$，将该元组中实际出现过的状态对应的目标称为已到达的目标（achieved goal），对应关系为 $g_t^a = f(s_t)$，$g_{t+1}^a = f(s_{t+1})$，其中 $f(\cdot)$ 为状态空间与目标空间的映射关系，将状态空间 S 投影到目标空间 G。例如，在机械臂应用中，目标空间包含了从状态空间中提取的关键信息，用于判断智能体是否到达了目标，如机械臂末端的位置。在大多数任务中，可以认为目标空间 G 是状态空间 S 的一个子空间。

在多目标任务中，式（8.1）所示的二值化的奖励用于代表"成功"或"失败"是非常合理的，符合大多数任务的实际情况。如果将稀疏的二值化奖励扩展为密集奖励，就需要根据不同的任务设计不同的结构化奖励（shaped rewards）。然而，设计这样的奖励函数需要使用机器人、运动学等领域的相关知识。同时，由于结构化奖励需要人为设计，容易引入主观因素，往往不能反映任务的真实需求。然而，使用二值奖励会导致学习的困难，当智能体没有成功完成目标时都无法获得奖励。在开始学习时，智能体使用的是随机策略。在一些复杂的任务中，很难通过随机策略完

成目标，从而获得的交互轨迹都是无奖励的。一般的强化学习算法面对无奖励的轨迹都难以学习。

　　事后目标回放法（Hindsight Experience Replay，HER）是用于二值化奖励下多目标策略学习的一种方法，通过目标回放来解决稀疏奖励问题。可以认为，产生稀疏奖励的直接原因是原始目标过于困难，导致智能体无法完成目标。当智能体策略水平较弱时，往往无法完成原始目标，此时 HER 使用目标回放方法将原始目标替换为回放目标 g^h，从而加速智能体的学习。在 HER 中，g^h 采样至已到达的目标，这些目标符合智能体当前的策略水平，能够给智能体带来密集的奖励。具体的，在 t 时刻的状态 s_t 使用的回放目标 g^h 采样至从当前时刻到周期末尾的已到达目标，即

$$g^h = \mathrm{U}\{g_{t+1}^a, g_{t+2}^a, \cdots, g_{T-1}^a\} \tag{8.2}$$

其中 g_t^a 为上述定义的已到达目标，是对应时间步的状态在目标空间中的映射，这种设置方法称为 "future"。另一种 g^h 的是指方法为 $g^h = g_{T-1}^a$，将其设置为最后一个时间步状态对应的目标，称为 "final"。在实际表现中，"future" 略优于 "final"。使用回放目标替换后的奖励函数重新计算为

$$r_t^h = r_g(s_t, a_t, g^h) = r(g_{t+1}^a, g^h) = \mathbb{1}\{\|g_{t+1}^a - g^h\|_2^2 < \epsilon\} - 1 \tag{8.3}$$

　　总体上，原始的状态转移元组 $e^o = (s_t, a_t, r_t^o, s_{t+1}, g^o)$ 中的目标和奖励函数将随着回放目标的替换而改变，替换后的转移元组记为 $e^h = (s_t, a_t, r_t^h, s_{t+1}, g^h)$。由于 g^h 和 s_{t+1} 来源于同一个周期，使得智能体有更大的概率获得奖励。

　　具体的，HER 算法的基本流程如算法 8-1 所示。首先智能体跟随原始目标与环境进行交互一个周期，随后以一定的概率对每个时间步的样本执行 hindsight 目标回放，并重新计算奖励。在训练中采样 e^h，根据新的奖励使用策略梯度法来训练。由于智能体学习中使用的是从目标空间中采样的目标，在对许多目标进行学习后，策略将具有在目标空间中的泛化能力，从而可以到达目标空间中给定的任意目标。

算法 8-1　HER 算法的基本流程

1：**for** 周期 $i = 1$ to M **do**
2：　采样周期交互的原始目标 g^o；
3：　**for** 时间步 $t = 0$ to $T-1$ **do**
4：　　根据当前策略 $\pi(s_t, g^o)$ 在状态 s_t 处选择动作 a_t；
5：　　执行动作得到 r_{t+1}，s_{t+1}；
6：　**end for**
7：　**for** 时间步 $t = 0$ to $T-1$ **do**
8：　　以一定的概率根据式（8.2）选择 hindsight 目标 g^h，否则 $g^h = g^o$；
9：　　根据式（8.3）重新计算奖励 r_t^h；
10：　　将 hindsight 元组 $e^h = (s_t, a_t, r_t^h, s_{t+1}, g^h)$ 存储到经验池；
11：　**end for**
12：　从经验池中采样一个批量的样本；
13：　将 $s_t \| g^h$ 的连接看作一个整体作为新的状态，使用 DDPG 算法训练；
14：**end for**

▶▶ 8.1.1　最大熵 HER

最大熵优先（Maximum Entropy Prioritization，MEP）的 HER 算法是对 HER 的改进，通过在学习中采样多样化的轨迹来提升轨迹和目标的多样性。形式化的，可以将 HER 的学习目标表示为 $\eta = \mathbb{E}_{p(\tau^g)}\left[\sum_{t=1}^{T} r_t^h\right]$，其中 $\tau^g = \{e^h\}_{h=1}^{T}$ 是经过 hindsight 之后的状态转移样本。MEP 算法提出，在采样轨迹 $p(\tau^g)$ 时可以通过采样熵较大的轨迹来获得更好的性能。轨迹的熵为 $\mathbb{E}_{p(\tau^g)}[-\log p(\tau^g)]$，则 MEP 的学习目标表示为

$$\eta^{\text{mep}_1} = \mathbb{E}_{p(\tau^g)}\left[\log \frac{1}{p(\tau^g)} \sum_{t=1}^{T} r_t^h\right] \tag{8.4}$$

然而，由于 $\log \dfrac{1}{p(\tau^g)}$ 可能不是有界的，在训练中会存在一定的问题。MEP 提出了另一个替代的采样分布为 $q(\tau^g) = p(\tau^g)(1-p(\tau^g))$，此时目标函数为

$$\eta^{\text{mep}_2} = \mathbb{E}_{p(\tau^g)}\left[\sum_{t=1}^{T} r_t^h\right] \tag{8.5}$$

可以证明这两个目标函数的关系为

$$\begin{aligned}
\eta^{\text{mep}_2} &= \sum_{\tau^g}\left[q(\tau^g)\sum_{t=1}^{T} r_t^h\right] = \sum_{\tau^g}\left[p(\tau^g)(1-p(\tau^g))\sum_{t=1}^{T} r_t^h\right] \\
&\leq \sum_{\tau^g}\left[-p(\tau^g)\log p(\tau^g)\sum_{t=1}^{T} r_t^h\right] = \mathbb{E}_{p(\tau^g)}\left[\log \frac{1}{p(\tau^g)}\sum_{t=1}^{T} r_t^h\right] = \eta^{\text{mep}_1}
\end{aligned} \tag{8.6}$$

其中不等式成立的原因是 $\log x \leq x-1$。

相比于 HER，MEP 在具体实现中包含两个额外的步骤。

1）估计轨迹的似然概率 $p(\tau^g)$。似然概率的估计方法有很多，如高斯模型，自回归模型，变分自编码器等。当 τ 所包含的时间步较短、每个时间步状态的维度较低时，可以直接将 τ 中的所有状态连接成一个长向量，使用高斯混合模型拟合该向量的概率模型，MEP 中实际使用的也是该方法。然而，当轨迹 τ 包含的时间步较长或状态维度较高时，估计 $p(\tau^g)$ 需要较高的计算代价，所以 MEP 在用于高维观测任务中会受限。

2）构建优先经验池。在学习中，先对经验池中的每条轨迹计算 $q(\tau^g)$ 的值，随后根据深度 Q 学习中介绍的优先经验回放的方法，来根据 $q(\tau^g)$ 的值优先采样 $q(\tau^g)$ 值较大的轨迹，从而提升采样轨迹的多样性，获得更好的效果。

▶▶ 8.1.2　动态目标 HER

在 HER 的设定中，每个周期中智能体有一个固定的目标。然而，在一些任务中，每个周期

可能有一系列的目标。例如，希望机器人按照固定的轨迹巡视，或希望机械臂按照特定的姿态进行抓取，此时目标表示为一个序列，称为动态的目标。在面对此类问题时，可以将 HER 算法扩展为动态的 HER（Dynamic HER，DHER）算法。

DHER 的算法流程如图 8.2 所示。智能体在交互过程中，每一个周期都有一条动态的目标轨迹，希望智能体能够按照该目标轨迹进行运动。智能体在实际交互轨迹与动态目标轨迹中重合的时间步处会获得奖励，用于鼓励智能体跟随预设的目标轨迹进行运动。在训练中，智能体在策略较弱时往往无法跟随目标轨迹运动而产生很多无奖励轨迹，在经验池中保存了很多失败的轨迹和对应的动态目标。图 8.2 中以两条轨迹为例来说明 DHER 的学习过程。设 E_i 和 E_j 是从经验池中采样的两条失败的经验，其中 E_i 中包含了一条轨迹 τ_i 和一条动态目标轨迹 g_{d_i}。同理，E_j 中包含了一条轨迹 τ_j 和一条动态目标轨迹 g_{d_j}。但由于 τ_i 和 g_{d_i} 没有重合的状态，E_i 并没有获得奖励，E_j 同理。

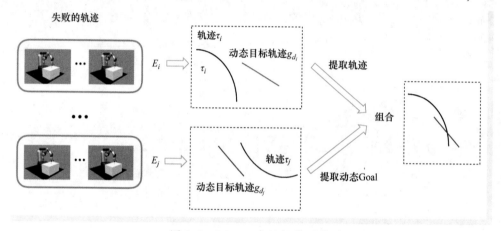

● 图 8.2　DHER 多目标学习算法

然而，存在一定的概率使得 E_i 中的轨迹和 E_j 中的预设目标轨迹是有交叉的。此时，可以将 E_i 中的 τ_i 和 E_j 中的 g_{d_j} 重新组合成一个新的样本 $E_{i,j}$。g_{d_j} 相当于 E_i 的一条动态的回放轨迹，遵循了 hindsight 的设计思想。经过动态目标回放后，DHER 重新计算 $E_{i,j}$ 每个时间步获得的奖励。重新组合后的经验中在某个时间步会获得奖励，可以将该经验用于智能体的训练。DHER 遵循了 hindsight 的基本准则，可以用于解决更为复杂的动态目标跟随问题。

8.2　监督式的多目标学习

上文介绍的 hindsight 回放方法是与环境交互同时进行的，本节将介绍如何在一个固定的数据集上通过 hindsight 回放进行监督式的多目标学习。监督式的学习中将给定一个交互样本的集合，其中包含很多交互轨迹。随后，希望直接使用基于监督学习的方法，而不使用强化学习的方

法来学习策略 $\pi(s,g)$。

智能体的学习目标为在周期中能够到达目标，随后停留在目标处。这样，优化目标可以写成在状态 s_T 时与目标 g 是重合的：

$$J(\pi)=\mathbb{E}_{g\sim p(g)}\big[P(s_T=g)\big] \tag{8.7}$$

该优化函数只要求在周期末尾能够到达目标，而没有要求以最短的时间步到达。但是该目标更具鲁棒性，使智能体到达目标后停留在目标位置。在多目标策略下，该优化目标表示为

$$J(\pi)=\mathbb{E}_{g\sim p(g),\tau\sim\pi_g}\big[r_g(s_T)\big] \tag{8.8}$$

其中 $r_g(s)=\mathbb{1}[s=g]$，所有目标都使用同一 MDP 的状态转移函数。本节研究如何从一个固定数据集中学习来最大化以上学习目标。

▶▶ 8.2.1 Hindsight 模仿学习

一种直接的做法是模仿学习（Imitation Learning，IL），通过固定数据集中的 $\{s,a,r,s'\}$，直接学习映射 $s\to a$ 来作为策略。如果数据集中采样的轨迹是最优策略，从而使 $s_T=g$，则可以通过模仿专家轨迹 s_0，a_0，$\cdots$，s_T 中的动作选择得到的策略为

$$\pi_{IL}=\arg\max_{\pi}\mathbb{E}_{\tau\sim\pi*}\big[\log\pi(a_t\,|\,s=s_t,g=s_T)\big] \tag{8.9}$$

然而，上述的直接模仿存在一个问题，如果产生轨迹的策略并不是最优策略，那么模仿得到的策略也会是非最优策略。监督式多目标学习（GCSL）通过使用 hindsight 回放缓解了这一问题。具体的，通过对非最优的轨迹执行 hindsight 目标替换，可以近似得到专家样本进行学习。下面以图 8.3 所示的例子进行分析。图 8.3a 中显示了一条轨迹，从 s_0 出发到 g 使用了一条曲线路径。由于最优策略可以通过直线路径到达目标，图示的曲线路径是非最优的。对于状态 s_t，GCSL 使用了 hindsight 的方法来进行目标替换。从 $[t+1,T]$ 之间的状态中随机采样出一个状态 s_{t+h} 来作

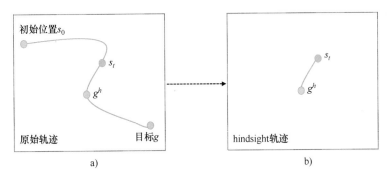

● 图 8.3　监督式多目标学习距离

注：图 8.3a 中是一条非最优轨迹，通过对 s_t 状态设置 hindsight 目标 g^h，可以将从 s_t 到 g^h 的轨迹看作一条近似最优轨迹，如右图所示。随后智能体从图 8.3b 的 hindsight 轨迹中进行监督式的多目标学习。

为 hindsight 目标。如右图所示，考虑 s_t 到 s_{t+h} 之间的轨迹，由于轨迹使用的目标发生了改变，该轨迹可以是一条近似最优的轨迹。

对 GCSL 的具体过程总结如下。

1）给定一个采样的目标 g，多目标策略 $\pi(s,g)$ 执行动作与环境交互产生一条轨迹。该轨迹可能为非最优轨迹。

2）根据该轨迹，在状态 s_t 处采样 h 步之后的状态 s_{t+h}，将其作为 hindsight 目标。相对于新目标，这一小段轨迹 $\{s_t, \cdots, s_{t+h}\}$ 是近似最优的。原因是在新目标下，智能体在轨迹的结尾到达了 hindsight 目标，能够获得奖励。

3）根据上述方法，对一条长度为 T 的非最优轨迹，可以采样出 C_T^2 条最优的轨迹。以任意采样 s_t 为初始点，$g^h = s_{t+h}$ 为目标，可以构造如下所示的新的最优的轨迹集合：

$$D_\tau = \{(s_t, a_t, g^h = s_{t+h}): t,\ h>0, t+h \leqslant T\} \tag{8.10}$$

在新的轨迹集合 D_τ 中，使用以下似然概率来训练策略：

$$\pi_{GCSL} = \arg\max_\pi \mathbb{E}\{Q_\tau[\log\pi(a_t \mid s=s_t, g^h = s_{t+h})]\} \tag{8.11}$$

在训练后得到策略 π_{GCSL}。整个过程包含了 hindsight 目标替换和模仿学习，并不需要学习强化学习中的值函数。

▶▶ 8.2.2 加权监督式多目标学习

加权监督式多目标学习（WGCSL）方法在 GCSL 的基础上对目标进行了加权。具体的，在训练中优化以下目标：

$$\pi_{WGCSL} = \arg\max_\pi \mathbb{E}\{D_\tau[w_{t,h}\log\pi(a_t \mid s=s_t, g^h = s_{t+h})]\} \tag{8.12}$$

从优化目标中可知，学习使用的 hindsight 目标回放过程没有改变，仅在学习时增加了对目标的加权。下面介绍几种权重设置的方式。

1）将 $w_{t,h}$ 设置为 γ^h，其中 h 表示 hindsight 目标和当前状态 s_t 之间的距离。根据如图 8.3 所示的目标选择过程，如果 h 较大，则回放目标和状态的距离较远，此时有更大的概率使 $(s_t, a_t, g^h = s_{t+h})$ 是非最优的。特殊的，当 $h = T-t$ 时，$g^h = s_T$ 为轨迹的最后状态，相当于没有执行 hindsight 目标替换，此时使用原始的非最优轨迹进行训练。相反，当 h 的值较小时，选择的 hindsight 目标会更加靠近于当前状态 s_t，此时 $(s_t, a_t, g^h = s_{t+h})$ 是一条近似最优轨迹。

2）将 $w_{t,h}$ 设置成 $\gamma^h\exp(A(s_t, a_t, g^h)+C)$，其中 C 是一个常数，A 是优势函数（advantage function）。用优势函数来加权也是比较直观的，例如策略梯度也是用优势函数对 $\log\pi(a \mid s)$ 进行加权。对于优势函数较大的元组 (s_t, a_t, g^h)，在训练中应该给予较大的权重。该方法在数据中混合了多种不同水平策略产生的轨迹时更为有效，此时不同的元组之间的期望回报相差较大。通过度量优势函数，能够对期望回报较高的元组给予更大的学习权重。然而，这种方法会带来额外的计算代价，需要额外的估计 $A(s_t, a_t, g^h)$ 的值。因为优势函数需要通过估计值函数的方法来估计，所以需要引入基于值函数的强化学习方法。

通过大量的实验结果可以验证，加权监督式多目标学习方法相对于 GCSL 方法来说有更大的优势，但会带来额外的计算代价。Hindsight 方法通过将非最优的轨迹转为最优轨迹，可以通过直接模仿替换目标后的轨迹来进行学习。

8.3 推广的多目标学习

本节介绍一种 hindsight 算法在更加普遍的多任务和多目标学习中的推广。HER 中的二值化奖励设定虽然较为直接，但也限制了 HER 算法的应用范围。在真实世界的任务中，许多任务可以提供中间状态的奖励，奖励往往由多种因素的叠加来共同定义。例如，机械臂在抓取物体的同时也要考虑轨迹的安全性、动作的能量消耗等，这些因素将在奖励中进行体现。二值化奖励仅能表示任务是否完成，而无法表示实际任务中更复杂的因素。在一般化的奖励设定中，可以使用近似逆强化学习（Approximated Inverse RL，AIR）的方法来实现 hindsight 目标回放，从而适用于多任务学习。

区别于 HER 中使用的目标空间，AIR 使用了推广的任务空间 T，具有更广泛的意义。考虑从任务空间中采样的特定任务 $z \sim T$，则奖励函数定义为 $r(s, a \mid z)$。对于特定的策略 $\pi(\cdot \mid z)$，周期期望回报记为 $R(\pi \mid z)$。AIR 需要学习一个多任务策略用于最大化任务空间的期望回报。形式化的，AIR 最大化

$$\mathbb{E}_{z \sim T}[R(\pi \mid z)] \qquad (8.13)$$

其中 $R(\pi \mid z)$ 为折扣奖励之和。在学习中存在的问题是，由于训练开始时的策略是随机的，根据给定任务 z 产生的轨迹 $\tau(\pi(\cdot \mid z))$ 对于 z 而言是非最优的。该问题类似于 HER 中面临的问题，即由目标 g 产生的轨迹可能无法获得奖励。由于 HER 使用了二值化定义，获得奖励的轨迹被认为是最优轨迹，而无奖励轨迹则被认为是非最优轨迹。由于 AIR 定义在任务空间中，使用更一般的奖励设定，所以不能仅根据是否获得奖励来度量 z 与轨迹 $\tau(\pi(\cdot \mid z))$ 之间的关系，而应该使用更一般的逆强化学习的准则。

逆强化学习是一种从专家轨迹中反推最优奖励设计的方法。给定一个专家策略 π_E 对应的交互轨迹，希望能够找到符合这些轨迹的奖励函数定义 r^*。随后根据 r^*，从一个随机的策略开始，使用合适的强化学习算法就能够学习到类似于专家水平的策略。由于 π_E 和 r^* 之间是匹配的，所以在 π_E 和 r^* 的组合下，智能体在交互中能够获得最大的累计回报。形式化的，π_E 与 r^* 的关系满足

$$\mathbb{E}\left[\sum_t \gamma r^*(s_t) \mid \pi_E\right] \geqslant \mathbb{E}\left[\sum_t \gamma r^*(s_t) \mid \pi\right], \forall \pi \tag{8.14}$$

根据这一准则，AIR 对于任务 z 产生的轨迹 τ，重新选择 hindsight 任务 z' 来替换 z，并重新计算奖励得到新的状态转移元组。z' 的选择依据逆强化学习的准则。τ 在任务 z 下是非最优轨迹，而在 hindsight 任务 z' 下是最优轨迹。下面介绍 AIR 使用的选择 z' 的方法，该方法近似求解了逆强化学习。

AIR 保存一个经验池来存储 N 个最近的轨迹，分别计算在 N 个轨迹上获得的回报。对于当前轨迹 τ，最为合适的 hindsight 任务 z' 满足

$$z' = \arg\max_z \frac{1}{N}\sum_{j=1}^{N} \mathbb{1}\left\{R(\tau \mid z) \geqslant R(\tau_j \mid z)\right\} \tag{8.15}$$

求解上式需遍历考虑任务集合中所有的 z。在计算中可以通过采样来近似。首先从任务集合中采样出 k 个任务，记为 $\{z_1, \cdots, z_k\}$。对于每个 z_i，分别计算 $p_{z_i} = \frac{1}{N}\sum_{j=1}^{N} \mathbb{1}\{R(\tau \mid z_i) \geqslant R(\tau_j \mid z_i)\}$ 的值，最后取最大的 $z \in \{z_1, \cdots, z_k\}$ 作为 τ 的 hindsight 任务。其中 p_{z_i} 度量了当前采样任务 z_i 在 τ 中的回报相对于其他轨迹回报的"优势"，如果优势较大，说明 z_i 与 τ 更加符合式 (8.14) 所定义的逆强化学习准则。由于每个任务对应特定的奖励函数，根据式 (8.15) 选择的 z' 定义了轨迹 τ 上的近似最优奖励函数。

HER 可以看作是 AIR 在稀疏奖励设定下的特例。对于状态 s_t，HER 可以直接选择处于同一周期的 t 后方的状态作为目标，从而获得奖励。AIR 中有更一般的奖励设定，无法直接以"能否"获得奖励来评价轨迹 τ 相对于任务 z 是否是最优的。具体的，AIR 使用逆强化学习理论，通过采样多个任务和多个轨迹来得到能够在当前轨迹中取得更大优势的 hindsight 任务 z'。AIR 将原始的状态转移元组 $(s, a, r(s, a \mid z), s', z)$ 使用逆强化学习选择新的 z'，随后重新计算奖励 $r(s, a \mid z')$，得到新的转移元组 $(s, a, r(s, a \mid z'), s', z')$ 进行训练。

除 AIR 之外，另有一种基于逆强化学习的 hindsight 算法，称为 HIPI（Hindsight Inference for Policy Improvement）。HIPI 算法由最大熵和逆强化学习的理论推导得到，该算法选择 hindsight 任务的标准和 AIR 略有区别。这里略过 HIPI 推导直接给出 HIPI 对采样的轨迹 τ 设定的 hindsight 任务为

$$z' \propto p(z') \exp(R(\tau \mid z') - \log Z(z')) \tag{8.16}$$

其中 $Z(z) = \int p(s_0)\prod p(s_{t+1} \mid s_t, a_t)\exp(r(s, a \mid z))$ 是对应于任务 z 的规约因子，只与任务有关。使用规约因子是为了解决不同的任务可能有不同奖励尺度的问题。$p(z)$ 是任务的先验分布，一般认为是均匀分布，在选择 z 时不考虑该项。考虑所有任务都有相同的奖励尺度，则 hindsight 任务的选择正比于 $\exp(R(\tau \mid z'))$。可以认为 HIPI 的决策机制是式 (8.15) 所示的 AIR 决策机制的弹性版本。AIR 直接根据轨迹在 hindsight 任务上的 $R(\tau \mid z')$ 值取 argmax，而 HIPI 使用

$\exp(R(\tau \mid z'))$ 构建了一个类似于 softmax 的分布。在 HIPI 中,使 $R(\tau \mid z)$ 较大的 z 有更大的概率被选择,使 $R(\tau \mid z)$ 较小的 z 仍有一定的概率会被选择。

8.4 实例: 仿真机械臂的多目标抓取

▶▶ 8.4.1 多目标实验环境

在 OpenAI Gym 中有 13 个多目标环境,包括了机械臂抓取任务和机械手(Shadow Hand)操作任务,使用二值化的奖励。如图 8.4 所示,其中 Fetch Env 表示了机械臂的操作环境,其余是机械手的操作环境。

Fetch Env　　　Hand Reach Env　　　Hand Block Env　　　Hand Egg Env　　　Hand Pen Env

● 图 8.4　机械臂和机械手环境的示意图 (见彩插)

机械臂环境包含四个具体的任务。

1)Fetch Reach,机械臂通过移动使其末端接近指定的位置,到达目标位置后可以获得奖励。

2)Fetch Push,机械臂通过推动桌子上的方块使其到达不同的目标位置来获得奖励。

3)Fetch Pick And Place,机械臂通过末端的夹子来抓取方块,随后将方块移动到空间中的某个目标位置,该位置一般会脱离桌面。

4)Fetch Slide,桌面上放置一个滑块,与地面有一定的摩擦力。机械臂使用末端来击打滑块,滑块会在桌面滑行,希望在滑行停止后的最终位置在目标位置附近。

在上述四个机械臂任务中,环境的状态空间表示为机械臂中各关节的位置、角度、速度。在除了 Fetch Reach 的其他任务中,由于机械臂会与物体进行交互,所以状态空间中还包括物体的位置和速度等信息。Fetch Reach 的状态空间为 10 维,其余任务的状态空间为 25 维。目标空间 G 是一个三维的坐标,表示一个指定的空间位置。在学习中,不同的指定位置是不同的目标,多目标策略需要学习如何到达不同的位置。二值化的多目标奖励中,允许到达目标的误差距离是 5cm。在所有环境中,动作空间是 4 维的,用于控制机械臂位置及末端夹子的开合。

机械手环境使用一个具有 24 个自由度的机械手来操控物体,包含 4 个任务集合,共计 9 个任务。Hand Reach 包含 1 个任务，智能体需要移动机械手的 5 个手指到达指定的目标位置。Hand Block 任务集合中，机械手通过操作和转动方块使其达到指定的姿态，包含 4 个任务，分别为 Hand Manipulate Block RotateZ、Hand Manipu-late Block Rotate Parallel、Hand Manipulate Block RotateXYZ、Hand Manipulate Block Rotate Full。不同任务对奖励函数的定义不同，RotateZ 任务需要对齐方块和目标方块的 Z 方向的角度，Rotate Parallel 需要对齐 (X, Y) 两个方向的角度，RotateXYZ 则需要对齐 (X, Y, Z) 三个方向的角度，而 Rotate Full 则需要对齐所有的角度来获得奖励。Hand Egg 任务集合中，机械手通过操作和转动一个圆形的物体来达到指定的姿态，包括 2 个任务，分别为 Hand Manipulate Egg Rotate 和 Hand Manipulate Egg Full。其中 Hand Manipulate Egg Rotate 任务需要物体与目标的方向一致，Hand Manipulate Egg Full 则需要物体和目标的方向和位置都一致。Hand Pen 任务集合包含 2 个任务，包括 Hand Manipulate Pen Rotate 和 Hand Manipulate Pen Full。类似地，Hand Maniputate Pen Rotate 通过操作笔杆来达到指定的角度和位置。在所有任务中，状态是一个 61 维的向量，其中包括了所有关节的位置和角度，动作是一个 20 维的向量。目标是一个 7 维的向量，包括目标的位置和角度。Hand Egg 和 Hand Pen 任务较为复杂，Egg 和 Pen 在转动过程中容易从机械手中滑落，有较大的难度。

▶▶ 8.4.2　HER 的实现方法

在基础算法的层面使用确定性策略梯度法 DDPG，损失的计算过程为

```
1   # 目标值函数
2   target_Q_pi_tf=self.target.Q_pi_tf
3   clip_range=(-self.clip_return,0.ifself.clip_pos_returnselsenp.inf)

4   target_tf=tf.clip_by_value(batch_tf['r']+self.gamma*
        target_Q_pi_tf,* clip_range)
5   # 值函数的损失
6   self.Q_loss_tf=tf.reduce_mean(tf.square(tf.stop_gradient(
        target_tf)-self.main.Q_tf))
7   # 策略的损失
8   self.pi_loss_tf=-tf.reduce_mean(self.main.Q_pi_tf)
9   self.pi_loss_tf+=self.action_l2* tf.reduce_mean(tf.square(self.
        main.pi_tf/self.max_u))
10  # 值函数和策略的梯度
11  Q_grads_tf=tf.gradients(self.Q_loss_tf,self._vars('main/Q'))
12  pi_grads_tf=tf.gradients(self.pi_loss_tf,self._vars('main/pi'))
```

HER 从经验池采样时，将一个批量的周期样本作为输入，从每个周期中选择一个样本用于训练。对于每个选择的样本，在该样本所在周期使用 HER 算法采样 hindsight 目标，并重新计算奖励得到转移元组。

```
1   def sample_her_transitions(episode_batch,batch_size):
2       # episode_batch 是一个字典,包括了状态、动作、奖励等。其中每个元素的第一维是经验池周期数目,第
    二维是周期长度
3       T=episode_batch['u'].shape[1]
4       rollout_batch_size=episode_batch['u'].shape[0]
5
6       # 随机采样一个批量的周期
7       episode_idxs=np.random.randint(0,rollout_batch_size,batch_size)
8
8       # 对每个周期,采样一个样本,其中包括状态、动作、奖励等
9       t_samples=np.random.randint(T,size=batch_size)
10      transitions={key:episode_batch[key][episode_idxs,t_samples].copy() for key in epi-
    sode_batch.keys()}
11
12      # 从周期中选择 20% 的样本进行 hindsight 目标替换,其余样本不变。
        # 这里 future_p 设置为 0.8
13      rnd=np.random.uniform(size=batch_size)
14      her_indexes=np.where(rnd<future_p)
15      other_indexes=np.where(rnd>=future_p)
16
17      # 对 her_indexes 中的每个元素,执行 hindsight 目标替换
18      # 从采样的时间步开始到周期结束的位置,选择一个位置作为 hindsight 目标
19      future_offset=np.random.uniform(size=batch_size)*(T-t_samples)
20      future_offset=future_offset.astype(int)
21      future_t=(t_samples+1+future_offset)[her_indexes]
22
23      # 将 her_indexes 中的目标替换为 hindsight 目标
24      future_ag=episode_batch['ag'][episode_idxs[her_indexes],future_t]
25      transitions['g'][her_indexes]=future_ag
26
27      # 对于 hindsight 目标重新计算奖励。使用当前 achieved goal 和 hindsight 目标之间的距离
28      # 这里的 reward function 由环境提供:
29      # reward_params=env.compute_reward(achieved_goal=ag_2,
            desire d_goal=g,info=info)
30      reward_params={k:transitions[k]forkin['ag_2','g']}
31      transitions['r']=reward_fun(**reward_params)
32
33      # 返回用于训练的样本
34      transitions={k:transitions[k].reshape(batch_size,*
            transitions[k].shape[1:])for k in transitions.keys()}
35      return transitions
```

▶▶ 8.4.3　MEP 的算法实现

　　MEP 算法在 HER 的基础上增加了按照轨迹熵进行优先采样的过程。MEP 首先需要估计轨迹的熵，这里使用了机器学习库 sklearn 中的高斯混合模型。

```
1   from sklearn import mixture
2   def fit_density_model(self):
3       # 提取将现有经验池中的 achieved goal 序列
4       ag=self.buffers['ag'][0:self.current_size].copy()
5       X_train=ag.reshape(-1,ag.shape[1]* ag.shape[2])
6
7       # 定义贝叶斯高斯混合模型的参数,拟合高斯混合模型
8       self.clf=mixture.BayesianGaussianMixture(
            weight_concentration_prior_type=" dirichlet_distribution ",n_components=3)
9
9       self.clf.fit(X_train)
10
11      # 得到每个样本的概率密度
12      pred=-self.clf.score_samples(X_train)
13      self.pred_min=pred.min()
14      pred=pred-self.pred_min
15      pred=np.clip(pred,0,None)
16      self.pred_sum=pred.sum()
17      pred=pred/self.pred_sum# 规约
18
19      self.buffers['e'][:self.current_size]=pred.reshape(-1,1)
```

　　注意这里并没有使用 MEP 中所示的近似求解方法，而是直接估计了概率密度，使用裁剪的方法使概率在一定的范围之内。随后需要使用优先经验池来根据熵进行采样，需要使用 sumTree 的数据结构，具体的实现方法参考优先经验回放。

第9章

▶▶▶▶▶▶

层次化强化学习算法

强化学习在面临奖励特别稀疏或者决策步数很多（long horizons）的任务时往往表现不佳。为了解决这一问题，层次化强化学习方法将复杂的、长时间步的任务分解成为几个较为简单的子任务逐一解决，取得了较好的效果。层次化强化学习是解决大规模、复杂的强化学习问题的重要途径，近年来成为强化学习的前沿研究领域。

9.1 层次化学习的重要性

深度强化学习中，深度 Q 学习在 Atari 的一些游戏中可以取得比人类还高的分数，在策略迭代方法中可以训练智能体完成 Mujoco 仿真任务。但是在面对复杂的游戏，比如"蒙特祖马的复仇"（图 9.1a 所示），或者需要多步决策的仿真环境，如蚂蚁走迷宫任务（图 9.1b 所示）时，

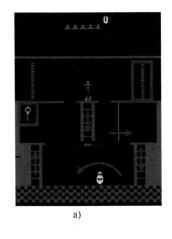
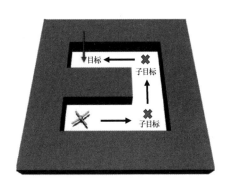

a)   b)

● 图 9.1 复杂强化学习任务示例（见彩插）

一般的强化学习方法往往无法获得好的性能。原因在于"蒙特祖玛的复仇"中，智能体需要走下梯子跳向绳子，然后落到右侧缓台上，接着爬下梯子，跳过敌人，爬上梯子，拿到钥匙，之后需要返回到右上方的房间入口，用钥匙开门，这样才能获得最终的奖励。整个过程只有拿到钥匙和最终用钥匙开门才能获得奖励，并且从高处直接落下或者碰到敌人会直接死亡，稀疏的奖励信号和这一系列复杂的操作给强化学习带来了巨大困难。对于蚂蚁走迷宫任务也是如此，在该任务中，蚂蚁智能体需要从起始位置运动到目标处，整个过程只有当智能体接近目标才会获得奖励，而且还需要智能体能够学习如何朝特定方向移动，一般的强化学习方法在这类任务中通常表现不佳。

层次化强化学习方法可以为解决这类复杂问题提供思路，面对蒙特祖玛复仇游戏，层次化方法将整个序列分解成若干子任务，并为每个子任务设置内在奖励。例如，整个过程可以分成两个阶段，第一阶段拿到钥匙，第二阶段返回房间门口。第一阶段可以接着细分成若干子任务，比如落到右侧缓台，躲过敌人，拿到钥匙。单独训练每个子任务可以使每个子任务都能比较容易完成，从而完成总体的任务。对于走迷宫任务也是如此，我们可以通过设置子目标和内在奖励的方式慢慢引导智能体到达最终的目标。层次化强化学习的思想可以帮助解决复杂问题，而且和人类的决策过程十分相似。人类在完成重大项目时，也需要设置若干关键的事件节点，完成这些节点要比直接完成整个项目难度要低，而且每次完成这些节点也可以给予信心去完成接下来的任务（对应于强化学习中设置的内在奖励）。层次化的思想对于强化学习十分重要。

除了可以应用到复杂的任务外，层次化强化学习也可以帮助解决强化学习泛化性差的问题，常见的强化学习算法仅仅能在单一任务中表现出色，更换任务则需要对智能体重新训练，这使得强化学习算法不具备足够的泛化性。在图 9.1b 的蚂蚁走迷宫任务中，层次化强化学习会要求智能体首先学会朝不同方向运动，再学习如何移动到指定的子目标节点，从而加速完成任务。可以发现"朝不同方向运动"这种技能不仅对蚂蚁走迷宫任务有帮助，在其他基于蚂蚁智能体的任务中，比如蚂蚁采集等，或者是另外一个具有复杂结构的蚂蚁走迷宫任务也会起到促进学习的作用，这样便可以在不同但是相似的任务中迁移通用的技能行为，从而加速智能体在新任务中的训练。

9.2 基于子目标的层次化学习

设置子目标是一种常见的、直观地将复杂任务分解的过程，通过设置子目标，原任务的难度得以降低，决策规模也随之变小，为解决复杂问题提供了可能。基于子目标的层次化方法通常由两层策略构成，顶层策略输出子目标到底层策略，底层策略根据子目标来做出行动。如图 9.2 所示，左侧为原始的任务，智能体需要从起始状态 S 处导航至目标，右侧为基于子目标方法简化后的任务模型，顶层策略输出了四个易于完成的子目标来引导智能体完成最终任务，实现了任务的分解与简化。如何训练顶层策略输出合适的子目标？如何训练顶层和底层策略？本节将解答这些问题。

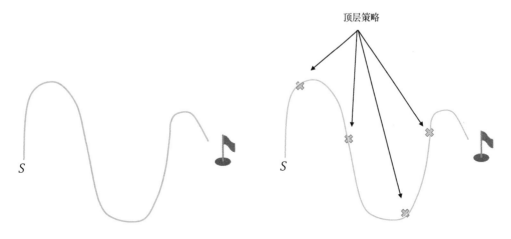

● 图 9.2　基于子目标层次化学习示意图

▶▶ 9.2.1　封建网络的层次化学习

封建网络的层次化方法（FeUdal Network for Hierarchical Reinforcement Learning，FuN）采用了管理者模块和工人模块实现分层，这种模式也称为封建网络。管理者为工人设置任务，工人无须理解管理者的意图，只需要完成分配给他们的任务即可。管理者也无须知道任务是如何完成的，只关心任务是否被完成。封建网络的另外一个特点是，管理者每隔若干时间步设置一个任务，而工人时刻都在工作，两者的工作时间尺度（temporal resolution）是不同的。这种结构可以帮助解决长时间信用分配的问题，而且可以让工人学习到和任务相关的子策略，便于复用。

具体实现上，FuN 由两个不同的神经网络模块构成——工人和管理者，管理者利用当前状态输出目标，工人根据当前状态和管理者的目标输出具体的动作，具体结构如图 9.3 所示。其中 f^{percept} 代表感知模块，用来处理输入状态 s_t，将其转换为特征表示 z_t，f^{Mspace} 是输出管理者隐状态 s_t 表示的函数，f^{Mrnn} 是输出目标 g_t 的 RNN，f^{Mrnn} 是输出临时策略矩阵 U_t 的 RNN，ϕ 是将目标映射到 ω_t 的线性转换，a_t 是工人输出的动作。

对于管理者来说，整个过程可以表示为

$$\begin{cases} z_t = f^{\text{percept}}(x_t); \quad s_t = f^{\text{Mspace}}(z_t) \\ h_t^M, \hat{g}_t = f^{\text{Mrnn}}(s_t, h_{t-1}^M); \quad g_t = \hat{g}_t / \| \hat{g}_t \| \end{cases} \quad (9.1)$$

其中 h 代表 RNN 的隐含状态，在对目标进行归一化之后，FuN 取得最近的 c 个目标，利用 ϕ 得到最终输出的目标，具体为 $\omega_t = \phi\left(\sum_{i=t-c}^{t} g_i\right)$，经过线性变换可以将目标从管理者的向量空间转换

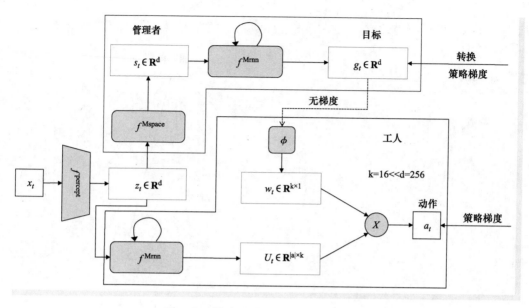

● 图 9.3　封建网络的层次化学习示意图

到工人的向量空间，并且可以编码之前 c 个目标，实现了对输出目标的平滑，避免输出目标产生不稳定的变化使工人无法理解。对于工人来说也是类似的操作，在接收状态特征表示 z_t 之后，利用 RNN 输出策略矩阵：

$$\begin{cases} h_t^W, U_t = f^{\mathrm{Mrnn}}(z_t, h_{t-1}^M) \\ \pi_t = \mathrm{softmax}(U_t \omega_t) \end{cases} \tag{9.2}$$

　　工人输出动作之后与环境交互，得到新的状态和奖励。接下来介绍如何利用得到的样本更新两个模块。对于管理者来说，目标是让输出的目标能够最大化外部环境的奖励，同时工人有能力完成这些目标，由此，管理者的更新过程如下：

$$\nabla g_t = A_t^M \ \nabla_\theta d_{\cos}(s_{t+c} - s_t, g_t(\theta)) \tag{9.3}$$

其中 $d_{\cos}$ 代表两个向量之间的余弦相似度（FuN 方法输出的目标含义是状态的变化，而不是绝对的状态位置，因此这里计算状态的变化 $s_{t+c} - s_t$ 和输出目标 $g_t(\theta)$ 的相似度，用来衡量是否完成目标；A 代表优势函数，可以通过常见的 actor-critic 方法和得到的外部奖励计算出来；c 代表管理者输出子目标的时间间隔。这样利用上述目标函数可以实现可行性和总体回报之间的平衡。注意管理者更新时要在目标和工人模块之间切断梯度传播，防止目标的更新对工人模块产生影响。

　　对于工人模块来说，更新的方向就是完成管理者提出的子目标，首先定义内部奖励：

$$r_t^I = 1/c \sum_{i=1}^c d_{\cos}(s_t - s_{t-i}, g_{t-i}) \tag{9.4}$$

该内部奖励衡量了工人对于管理者提出目标完成的程度。接下来和管理者类似，利用 actor-critic

算法来更新工人策略：

$$\nabla \boldsymbol{\pi}_t = A_t^D \, \nabla_\theta \log \boldsymbol{\pi} \, (\, a_t \mid x_t ; \theta)\ \tag{9.5}$$

▶▶ 9.2.2 离策略修正的层次化学习

本小节介绍一种流行的层次化方法：离策略修正的层次化学习（HIerarchical Reinforce-mentl-earning with Off-policy correction，HIRO）。HIRO 提出了一种两层策略结构来解决复杂强化学习问题，顶层策略提出目标，底层策略来完成这个目标，具体的网络结构如图 9.4 所示。

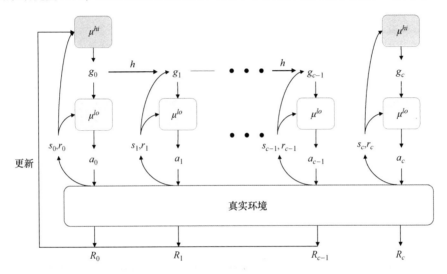

● 图 9.4　离策略修正的层次化学习示意图

每个时间步顶层策略 μ^{hi} 会根据当前状态 s 提出一个目标 g，可以理解为将原始目标分解成的子目标，底层策略接收到这个目标和当前的环境状态 s 来输出动作，底层策略交互后会获得一个奖励 r，这个奖励和与 g 的接近程度成正比，越接近目标奖励越大，同时环境返回一个外部奖励 R。下一个时间步，智能体利用目标转移函数得到下一个时间步的目标，c 个时间步之后顶层策略重新提出一个子目标，这个过程不断重复，直到智能体完成任务的目标。底层策略利用样本(s_t,g_t, $a_t,r_t,s_{t+1},h(s_t,g_t,s_{t+1})$)进行训练，其中 $r_t=r(s_t,g_t,a_t,s_{t+1})$ 为内在奖励，新的状态与目标 g_t 越接近，则奖励越大。顶层策略利用样本($s_t,g_t,\sum R_{t:t+c-1},s_{t+c}$)进行训练，其中 $\sum R_{t:t+c}$ 是外部环境奖励在 c 个时间步内的总和，这样顶层策略便可以学习出如何设置合适的子目标，而底层策略会学习如何完成顶层策略输出的子目标，这种分层策略的结构可以帮助智能体完成复杂的强化学习任务。

HIRO 方法的另外一个贡献称为离策略修正。为了实现更高的样本利用效率，HIRO 采用离策略的训练方式，将样本存储到经验池中然后利用经验回放的方法进行训练，但存在训练不稳定的问题。假设第 k 时间步顶层策略可能产生样本 $(s_t, g_t, \sum R_{t:t+c-1}, s_{t+c})$，如果顶层策略在 n 个时间步之后采样该样本训练，这个样本就将成为无效样本，原因在于样本中状态 $s_t \rightarrow s_{t+c}$ 是由底层策略控制的，而底层策略在时间步 $k \rightarrow k+n$ 期间会产生更新，因此顶层策略在状态 s_t 提出 g_t 这个目标，更新后的底层策略在 c 个时间步之后会转移到新的状态，原样本的状态转移便不会发生，我们称这个样本对于训练无效。为了解决这个问题，HIRO 提出离策略修正，将原样本中的目标替换，用一个新的目标重新标记使得 $\mu^{lo}(a_{t:t+c-1} \mid s_{t:t+c-1}, \tilde{g}_{t:t+c-1})$ 概率最大，换句话说，计算生成某个目标能让更新后的底层策略产生和旧的策略相同的动作，产生相同的状态转移。HIRO 采用极大似然估计的方法来实现，具体计算方式可以写作：

$$\log \mu^{lo}(a_{t:t+c-1} \mid s_{t:t+c-1}, \tilde{g}_{t:t+c-1}) \propto -\frac{1}{2} \sum_{i=t}^{t+c-1} \| a_i - \mu^{lo}(s_i, \tilde{g}_i) \|_2^2 + \text{const} \qquad (9.6)$$

其中 const 表示行为策略的随机性。实际计算时，HIRO 在以状态 $s_{t+c} - s_t$ 为中心的区域随机采样 8 个候选目标，再加上 g_t 和 $s_{t+c} - s_t$，一共 10 个候选目标，从这些目标中选择一个能使该似然函数最大的作为 $\tilde{g}_t$。

▶▶ 9.2.3　虚拟子目标的强化学习方法

之前介绍的基于子目标的方法主要都是利用顶层策略输出合适的子目标，然后底层策略学习完成该目标，通过顶层策略不断输出子目标，使智能体越来越接近最终目标，直至完成任务。本小节介绍的 RIS（Reinforcement learning with Imagined Subgoals）方法采用了一种比较新奇的做法，RIS 的思想如图 9.5 所示，图 9.5a 是 RIS 训练过程，智能体的目标是学习到某种基于目标的策略 $\pi(. \mid s, g)$，能够从状态 s 导航到目标 g。假设 RIS 的顶层策略能够输出智能体当前状态和最终目标难度中间的子目标，即 s_g，那么完成子目标的动作对于完成最终目标也是有效的动作，

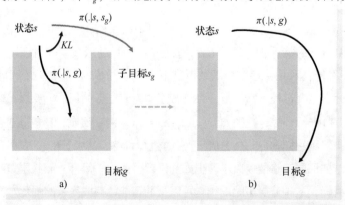

● 图 9.5　虚拟子目标的强化学习方法的训练和策略过程

a) 训练过程　b) 测试过程

并且学习到 $\pi(\,\cdot\,|\,s,s_g)$ 的难度要低一些，基于这种思想，RIS 最小化 $\pi(\,\cdot\,|\,s,s_g)$ 和 $\pi(.\,|\,s,g)$ 之间的 KL 距离，作为正则项，让完成最终目标的策略向完成子目标的策略靠拢，实现对于智能体的引导和训练的加速作用。图 9.5b 是测试过程，这时便无须顶层策略输出子目标，直接将目标输入策略中即可，相比于之前的算法，RIS 对层次化学习算法的结构进行了简化。

首先定义基于目标的状态动作值函数和基于目标的值函数：

$$\begin{cases} Q^{\pi}(s,a,g) = \mathbb{E}_{s_0=s,a_0=a}\Big[\sum_t \gamma^t r(s_t,a_t,g)\Big] \\ V^{\pi}(s,g) = \mathbb{E}_{a\sim\pi(.\,|\,s,g)} Q^{\pi}(s,a,g) \end{cases} \tag{9.7}$$

RIS 算法需要训练顶层策略能够输出位于当前状态和最终目标中间的子目标，如果将任务的奖励设置为 $r=-1$，每做一次行动会得到 -1 的奖励，到达目标奖励设置为 0，那么 $|V^{\pi}(s,g)|$ 估计了从状态 s 到达目标所用的步数，则 $|V^{\pi}(s^i,s^j)|$ 可以衡量状态 s^i 和 s^j 之间的步数，也就是距离。顶层策略需要输出相对于最终目标来说较为容易完成的子目标，定义成本函数：

$$C_{\pi}(s_g\,|\,s,g) = \max(\,|V^{\pi}(s,s_g)|\,,\,|V^{\pi}(s_g,s)|\,) \tag{9.8}$$

顶层策略的目标就是最小化上述成本函数，另外为了保证顶层策略输出的子目标是有效的、可达的，在最小化成本函数 C 以外还需要引入约束项，如下所示：

$$D_{KL}(\,\pi^H(.\,|\,s,g)\,||\,p_s(.)\,) \leqslant \epsilon \tag{9.9}$$

这可以保证顶层策略输出的子目标能够在有效状态分布 $p_s(.)$ 的附近，这里 $p_s(.)$ 使用从经验池中采样的状态进行估计。

RIS 方法的假设是完成"子目标"相对于完成"最终目标"要更加容易，且两者的策略应该是一致的，这样在得到可以输出合适的子目标后，引入对于最终策略的约束项，即为

$$D_{KL}(\,\pi(.\,|\,s,g)\,||\,\pi(.\,|\,s,s_g)\,) \leqslant \epsilon \tag{9.10}$$

这里定义非参数化先验策略 $\pi^{\mathrm{prior}}(.\,|\,s,g)$，和我们要优化的策略具有相同的参数，只不过其目标为顶层策略输出的难度适中的子目标，如式（9.11）所示：

$$\pi_k^{\mathrm{prior}}(a\,|\,s,g) = \mathbb{E}_{s_g\sim\pi^{\pi}(.\,|\,s,g)}\big[\,\pi_{\theta_k'}(a\,|\,s,s_g)\,\big] \tag{9.11}$$

由于子目标容易到达，因此该先验策略提供了一个很好的初始化估计，缩小了动作搜索范围。这样在更新策略时，除了原有的对值函数更新外，我们引入了该先验策略的约束，如式（9.12）所示：

$$\pi_{\theta_{k+1}} = \arg\max_{\theta}\mathbb{E}_{(s,g)\sim D}\mathbb{E}_{a\sim\pi_k(.\,|\,s,g)}\big[\,Q^{\pi}(s,a,g) - \alpha D_{KL}(\,\pi_{\theta}(.\,|\,s,g)\,||\,\pi_k^{\mathrm{prior}}(.\,|\,s,g)\,)\,\big] \tag{9.12}$$

这样便实现了顶层策略的学习以及子目标策略对于训练的约束和加速。

9.3 基于技能的层次化学习

基于技能的层次化方法是另外一类分解复杂任务的方法，和基于子目标的层次化方法类似，

通常由两层策略构成，其中底层策略学习一些任务无关的，通用的动作序列，称之为技能；顶层策略学习如何组合，调用这些技能来完成特定的任务。本节将对常见的技能学习的强化学习算法进行介绍。

▶▶ 9.3.1 使用随机网络的层次化学习

随机网络的层次化学习（Stochastic Neural Networks for Hierarchical Reinforcement Learning，SNN4HRL）的基本思想是，首先在一个预训练的环境中学习有用的技能，训练过程中保证这些技能是通用的，但是与特定任务无关。接下来学习一个高层的控制策略让智能体根据状态调用这些技能，帮助智能体解决了一系列复杂，奖励稀疏的任务。SNN4HRL 的第一部分是在一个预训练的环境中学习技能，这个环境和要解决的任务相关。如果是智能体导航任务，我们可以设计一个多样化的环境，智能体可以在其中自由移动；如果是机械臂抓取物体的任务，那么环境中可以放置很多不同的物体，让机械臂与其交互。为了引导智能体学习到有用的技能，SNN4HRL 设计内部奖励引导智能体，内部奖励的设置和要解决的任务有关，例如对于抓取任务，抓到物体等行为会得到奖励。SNN4HRL 的第二部分是技能的表示与学习，为了能让智能体学习到不同的、多样化的技能，SNN4HRL 利用随机神经网络来表示技能。随机神经网络具有强大的表达能力，可以近似十分复杂的概率分布，常见的随机神经网络包括限制玻尔兹曼机、深度信念网络等，这里我们采用形式比较简单的随机网络。

如图 9.6 所示，z 代表隐变量，每次从均匀分布中采样，网络根据不同的隐变量 z 输出不同的行为。K 代表定义的技能总数，每次按照分类分布对技能进行采样，表示成 one-hot 形式。然后与状态整合后输入到前向神经网络中。这里采用一种双线性融合的方式，这种复杂的特征交互方式相比于简单的合并更加具有表达能力，能够实现更好的效果。最终将融合后的特征输入到前向神经网络中得到关于动作的正态分布。为了能够获得和隐变量一致的技能，预训练时，在

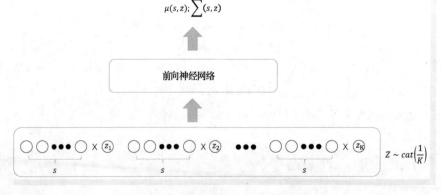

● 图 9.6　技能向量和状态融合方式

每个周期开始前网络采样隐变量 z，在接下来的整个周期内都保持不变。在训练结束后每个隐变量将会对应不同的技能，可以方便后续顶层策略的调用。

尽管随机网络具有足够的表达能力，但 SNN4HRL 实验过程中发现不同的隐变量对应的技能十分相似，而理想的情况是智能体能够学习到多样的技能。为了实现这个目标，SNN4HRL 引入基于互信息的正则化项。具体来说是最大化 C 和隐变量 Z 的互信息 $I(Z;C)$，其中 C 表示智能体当前的质心位置，通常表示为二维变量 $c=(x,y)$。互信息即为 $I(Z;C)=H(Z)-H(Z\mid C)$，其中 H 代表随机变量的熵。由于隐变量 Z 的分布固定，所以 $H(Z)$ 为常数。互信息最大化可转化成最小化 $H(Z\mid C)=-\mathbb{E}_{z,c}\log p(Z=z\mid C=c)$，直观理解为给出当前智能体质心位置，很容易推测出当前智能体执行的技能。将其引入到奖励函数之中，得到 $R_t^n \to R_t^n+\alpha_H\log\hat{p}(Z=z^n\mid c_t^n)$，其中 R_t^n 为前文提到的内部奖励，α_H 为平衡两种不同奖励的参数。估计 $\hat{p}(Z=z^n\mid c_t^n)$ 可以采用极大似然法，首先将状态空间进行离散化，便于统计出智能体在执行技能时访问不同状态的次数，表示为 $m_c(z)$。接着通过式（9.13）进行估计：

$$\hat{p}(Z=z\mid(x,y))\approx\hat{p}(Z=z\mid c)=\frac{m_c(z)}{\sum_{z'}m_c(z')} \tag{9.13}$$

利用上述奖励函数训练技能，便可以鼓励智能体学习到多样化的技能，不同的技能展示出完全不同的行为，访问不同的状态。

SNN4HRL 方法的最后一个部分是学习顶层策略，顶层策略的作用是利用预训练得到的 K 个技能完成特定任务。训练一个类似上一节提到的管理者模块，每次顶层策略输出某个技能隐变量 z，底层的技能网络根据该技能隐变量和环境观测信息输出具体动作。顶层策略随后根据环境的外部奖励来进行更新，底层的技能网络在这个过程中保持不变。

▶▶ 9.3.2 共享分层的元学习方法

共享分层的元学习方法（Meta Learning Shared Hierarchies，MLSH）利用技能学习的思想解决了强化学习泛化能力差的问题。众所周知，利用强化学习解决某个任务时，需要在当前任务上进行训练，然后在同样的任务上测试，无法将学习到的策略应用到相似但是不同的任务中去。MLSH 认为学习到任务无关的技能可以提升策略的泛化能力，比如在四足机器人导航任务中，向不同方向移动这个技能便是任务无关且通用的，成功学习到该技能后，将其应用到不同的任务中时只需要调整顶层的控制策略即可。

MLSH 方法的结构如图 9.7 所示，其中 (θ,ϕ) 是算法要学习的两组参数，ϕ 是技能策略，或者称为子策略的参数，是一个集合，由 $(\phi_1,\phi_2,\cdots,\phi_K)$ 构成，每个参数定义了一个子策略 $\pi_\phi(a\mid s)$，该参数在任务切换时不发生变化。θ 是主策略的参数，对于每个不同的新任务都需要更新 θ 参数。主策略每隔 N 个时间步选择一个子策略执行，输出索引 $k\in1,2,\cdots,K$。图 9.7 中表示当前时刻选择第三个子策略执行。算法 9-1 描述了 MLSH 训练的整个过程。

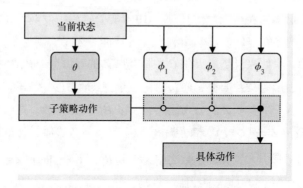

● 图 9.7　MLSH 方法示意图

为了让 MLSH 能够解决若干相似但是不同的任务，算法首先从任务集合中采样某个任务，如步骤 3 所示，接下来的更新可以分为两个部分：步骤 4~7 为准备阶段，更新主策略参数；步骤 8~11 是联合更新阶段，共同更新参数 θ 和 ϕ。在更新主策略参数时，MLSH 只利用当前观测，主策略输出的索引和得到的外部奖励作为样本来训练，将子策略的行为作为环境的一部分；在更新子策略时只更新当前被主策略激活的子策略参数，将主策略的输出作为环境的一部分。

算法 9-1　MLSH 算法

1：初始化子策略参数 ϕ，主策略参数 θ；
2：**for** 迭代次数 $i = 0$ to I **do**
3：　采样任务 $M \sim P_M$；
4：　**for** 时间步 $t = 0$ to T **do**
5：　　利用策略 $\pi_{\phi, \theta}$ 采样；
6：　　利用环境累积奖励更新主策略参数 θ；
7：　**end for**
8：　**for** 时间步 $u = 0$ to U **do**
9：　　利用策略 $\pi_{\phi, \theta}$ 采样；
10：　　利用环境累积奖励更新主策略参数 θ；
11：　　利用环境奖励每步都对子策略参数 ϕ 进行更新；
12：　**end for**
13：**end for**

MLSH 和上一小节提到的 SNN4HRL 结构类似，都是使用主策略来调用不同的子策略（技能），区别在于 MLSH 更加侧重于子策略的泛化和迁移，并且训练方式不同，MLSH 实现了两层策略的联合训练，实现方式更加简洁。

9.4 基于选项的层次化学习

选项（option）和上一节提到的技能有些类似，代表动作序列。特点是每个技能的执行都持续固定的时间步，而对于 option 来说，顶层策略和底层策略都转化成可以学习的函数，使得 option 的执行更加灵活，且具有更加完备的数学形式的定义。

▶▶ 9.4.1 option 与半马尔可夫决策过程

option 可以理解为能够被多个任务复用的、具有一定意义的动作序列，是一种对时间序列的抽象。传统的马尔可夫决策过程中，智能体每个时间步进行一步决策，转移到下个状态，而引入了 option 概念后，马尔可夫决策的时间间隔便不再是一个时间步，可能横跨多个时间步，每次执行的动作也不再是原子动作，而变成了有意义的 option，比如"移动到某个位置"。

option 由三个部分组成：内部策略 $\pi : S \times A \to [0,1]$；终止条件判断函数 $\beta : S^+ \to [0,1]$，代表在某一个状态下，该 option 终止的概率；起始状态集合 $I \in S$。当状态 $s_t \in I$ 时，option$<I, \pi, \beta>$ 在状态 s_t 可行。如果在状态 s_t 选择了执行某个 option，接下来根据策略 $\pi(s_t)$ 选择动作 a_t 与环境交互，转移到新的状态 s_{t+1}，然后 option 得到终止概率 $\beta(s_{t+1})$，根据终止概率可以选择终止当前 option，执行选择新的 option，或者继续执行当前 option。option 的起始状态集合和终止条件判断函数决定了 option 的适用范围，比如对于机械臂抓取任务来说，只有当视野里存在物品时，才会执行"靠近物品"的 option，当机械臂距离物品足够近，此时"靠近物品"的 option 便应该终止。

option 的执行存在这样一种情况，即无法达到终止状态，这时可以设置最大执行时间，如果 option 执行超过最大执行时间步，则强行退出。这违背了马尔可夫性质，因为无法根据当前状态判断是否终止，需要记录 option 执行产生的历史轨迹 $h_{tr} = (s_t, a_t, r_{t+1}, \cdots, r_\tau, s_\tau)$，这种依赖于历史轨迹的 option 称为半马尔可夫（Semi-Markov）option。在半马尔可夫 option 中，策略和终止函数是基于历史的函数，$\pi : \Omega \times A \to [0,1]$，$\beta : \Omega \to [0,1]$，其中 Ω 为所有历史的集合。原子动作可以看作只执行一个时间步的 option，我们称这样的 option 为单元 option，这样动作和 option 就统一起来了。

我们更感兴趣的是选择 option 的策略，类似上一节提到的顶层策略，即 $\mu : S \times O \to [0,1]$，其中 $O = \cup_{s \in S} O_s$ 代表所有 option 的集合。策略 μ 在某个状态 s_t 选择一个要执行的 option，直到终止状态 s_{t+k}，这时根据 $\mu(s_{t+k})$ 再次选择新的 option 执行。定义 $\pi = \text{flat}(\mu)$，π 称为 μ 的展开策略，可以用来选择 option，而且也可以用来选择具体的动作，如同传统强化学习中定义的策略一样。对于策略 π，我们定义值函数：

$$V^\pi(s) \overset{\text{def}}{=\!=} \mathbb{E}\left[r_{t+1} + \gamma r_{t+2} + \gamma^2 r_{t+2} + \cdots \mid \xi(\pi, s, t) \right] \tag{9.14}$$

其中 $\xi(\pi,s,t)$ 表示在时间步 t，状态 s 下智能体采用策略 π 这一事件。相应地可以针对 μ 定义 option值函数 $Q^\mu(s,o)$：

$$Q^\mu(s,o) \overset{\text{def}}{=\!=} \mathbb{E}\left[r_{t+1}+\gamma r_{t+2}+\gamma^2 r_{t+2}+\cdots \,|\, \xi(o\mu,s,t)\right] \tag{9.15}$$

其中 $\xi(o\mu,s,t)$ 表示首先按照 option o 执行直到终止。接下来根据策略 μ 选择下一个 option 执行。

有了 option 的定义后，便可以引入半马尔可夫决策过程（Semi-Markov Decision Process，SMDP）的概念。传统的马尔可夫过程的动作集合指的是原子动作，且具有马尔可夫性质，如果将动作集合替换成 option 的集合，每次策略选择一个 option 来执行，此时该过程不再具备马尔可夫性质（例如遇到上文介绍的 option 超时情况），此时称之为 SMDP。简而言之，MDP 与 option 结合便构成 SMDP，SMDP 中动作替换成了 option，这样奖励函数、状态转移函数等也随之发生了改变。我们定义 $\xi(o,s,t)$ 为在 t 时刻，状态 s 下执行 o 这一事件，此时所奖励函数为

$$r_s^o = \mathbb{E}\left[r_{t+1}+\gamma r_{t+2}+\cdots+\gamma^{k-1} r_{t+k} \,|\, \xi(o,s,t)\right] \tag{9.16}$$

其中 $t+k$ 是 o 终止的时刻。对于状态转移概率可以写作

$$p_{ss'}^o = \sum_{k=1}^\infty p(s',k)\gamma^k \tag{9.17}$$

其中 $p(s',k)$ 代表 option 在 k 时间步于状态 s' 终止的概率，$p_{ss'}^o$ 也通过引入衰减因子 γ 来衡量折扣奖励，这种模型也被称为多时间步模型。使用该模型，可以得到基于 option 的 Bellman 等式：

$$V^\mu(s) = \mathbb{E}\left[r_{t+1}+\cdots+\gamma^{k-1} r_{t+k}+\gamma^k V^\mu(s_{t+k}) \,|\, \xi(\mu,s,t)\right]$$
$$= \sum_{o\in O_s} \mu(s,o)\left[r_s^o + \sum_{s'} p_{ss'}^o V^\mu(s')\right] \tag{9.18}$$

以及 option 值函数：

$$Q^\mu(s,o) = \mathbb{E}\left[r_{t+1}+\cdots+\gamma^{k-1} r_{t+k}+\gamma^k V^\mu(s_{t+k}) \,|\, \xi(o,s,t)\right]$$
$$= \mathbb{E}\left[r_{t+1}+\cdots+\gamma^{k-1} r_{t+k}+\gamma^k \sum_{o'\in O_s} \mu(s_{t+k},o')Q^\mu(s_{t+k},o') \,|\, \xi(o,s,t)\right] \tag{9.19}$$
$$= r_s^o + \sum_{s'} p_{ss'}^o \sum_{o'\in O_s} \mu(s',o')Q^\mu(s',o')$$

最优值函数定义为

$$V_O^*(s) = \max_{o\in O_s} \mathbb{E}\left[r_{t+1}+\cdots+\gamma^{k-1} r_{t+k}+\gamma^k V_O^*(s_{t+k}) \,|\, \xi(o,s,t)\right]$$
$$= \max_{o\in O_s}\left[r_s^o + \sum_{s'} p_{ss'}^o V_O^*(s')\right] \tag{9.20}$$
$$= \max_{o\in O_s} \mathbb{E}\left[r + \gamma^k V_O^*(s') \,|\, \xi(o,s)\right]$$

其中 $\xi(o,s)$ 代表在状态 s 选择执行 option o。对于最优 option 值函数定义为

$$Q_O^*(s,o) = \mathbb{E}\left[r_{t+1} + \cdots + \gamma^{k-1} r_{t+k} + \gamma^k \max_{o' \in O_{\cdot}} O_O^*(s_{t+k}, o') \mid \xi(o, s, t) \right]$$

$$= r_s^o + \sum_{s'} p_{ss'}^o \max_{o' \in O_{\cdot}} Q_O^*(s', o') \tag{9.21}$$

$$= \mathbb{E}\left[r + \gamma^k \max_{o' \in O_{\cdot}} Q_O^*(s', o') \mid \xi(o, s) \right]$$

以上所有定义中的 k 代表执行 option o 持续的时间步，s' 代表执行 option o 到达的状态。

▶▶ 9.4.2　option-critic 结构

option-critic 结构是一种可以高效地学习 option 的内部策略、终止策略和 option 外部的顶层策略的方法，而且无须像之前提到的层次化方法设置内部奖励。这里首先介绍相关的符号表示，option 用 $\omega \in \Omega$ 表示，由三元组 $<I_\omega, \pi_\omega, \beta_\omega>$ 构成。option 策略使用 π_Ω 表示，每次 π_Ω 选择 ω 执行，接下来 ω 按照 π_ω 执行具体动作，直到终止（由 β_ω 控制），然后 π_Ω 再次选择 option，重复上述过程。其中要学习的三个函数分别是 π_ω、β_ω 和 π_Ω，我们将其表示为参数化形式 $\pi_{\omega,\theta}$，$\beta_{\omega,v}$，option 策略的参数仍然用 Ω 表示，下面进入优化函数的推导。

假设在状态 s_0 执行 option ω_0，目标是优化累积奖励回报，该回报可以写作：

$$\rho(\Omega, \theta, v, s_0, \omega_0) = \mathbb{E}_{\Omega, \theta, \omega}\left[\sum_{t=0}^{\infty} \gamma^t r_{t+1} \mid s_0, \omega_0 \right] \tag{9.22}$$

定义 option 值函数为

$$Q_\Omega(s, \omega) = \sum_a \pi_{\omega,\theta}(a \mid s) Q_U(s, \omega, a) \tag{9.23}$$

option 值函数代表在状态 s 执行 ω 可以获得的累积期望回报。其中 $Q_U: S \times \Omega \times A \to \mathbb{R}$，表示智能体处于某个状态-option 对 (s, ω) 执行动作 a 带来的期望回报，状态-option 对可以理解成对状态空间的扩展，这样该值函数写作：

$$Q_U(s, \omega, a) = r(s, a) + \gamma \sum_{s'} P(s' \mid s, a) U(\omega, s') \tag{9.24}$$

其中 $U: \Omega \times S \to R$ 表示智能体进入某个状态执行 option 的值函数，定义如下：

$$U(\omega, s') = (1 - \beta_{\omega,v}(s')) Q_\Omega(s', \omega) + \beta_{\omega,v}(s') V_\Omega(s') \tag{9.25}$$

其含义为当进入状态 s' 执行 option ω 的值函数，该值函数由两部分组成，第一部分 $(1 - \beta_{\omega,v}(s'))$ 为 option ω 在状态 s' 没有终止的概率，如果 option 不终止执行，此时值函数取决于仍然执行该 option 的值函数；第二部分为 option 终止的概率，此时值函数取决于下一个状态的值函数。为了方便后续的推导，定义状态转移公式：

$$P(s_{t+1}, \omega_{t+1} \mid s_t, \omega_t) = \sum_a \pi_{\omega_t,\theta}(a \mid s_t) P(s_{t+1} \mid s_t, a) (1 - \beta_{\omega_t,v}(s_{t+1})) \mathbb{I}_{\omega_t = \omega_{t+1}} + \beta_{\omega_t,v}(s_{t+1}) \pi_\Omega(\omega_{t+1} \mid s_{t+1})$$

$$\tag{9.26}$$

至此我们完成了基本定义和相关概念介绍，下面进入求解梯度的过程。想要得到目标函数对于 option 的内部策略、终止策略参数的导数，这样就可以利用策略梯度的方法更新其参数，式（9.27）描述了内部策略 $\pi_{\omega,\theta}$ 的更新方式：

$$\frac{\partial Q_{\Omega}(s_{0,\omega_0})}{\partial \theta} = \sum_{s,\omega} \mu_{\Omega}(s,\omega \mid s_0,\omega_0) \sum_a \frac{\partial \pi_{\omega,\theta}(a \mid s)}{\partial \theta} Q_U(s,\omega,a) \tag{9.27}$$

其中 $\mu_{\Omega}(s,\omega \mid s_0,\omega_0) = \sum_{t=0}^{\infty} \gamma^t P(s_t = s, \omega_t = \omega \mid s_0,\omega_0)$。接下来推导目标函数对于终止策略参数的梯度，我们从式（9.28）开始：

$$U(\omega_0,s_1) = \mathbb{E}\left[\sum_{t=1}^{\infty} \gamma^{t-1} r_t \mid s_1,\omega_0\right] \tag{9.28}$$

其对于终止策略参数 υ 的梯度如下：

$$\frac{\partial U(\omega_0,s_1)}{\partial \upsilon} = -\sum_{\omega,s'} \mu_{\mu}(s',\omega \mid s_1,\omega_0) \frac{\partial \beta_{\omega,\upsilon}(s')}{\partial \upsilon} A_{\Omega}(s',\omega) \tag{9.29}$$

其中 $\mu_{\Omega}(s',\omega \mid s_1,\omega_0)$ 为从（s_1,ω_0）开始的状态-option 对的折扣权重：$\mu_{\Omega}(s,\omega \mid s_1,\omega_0) = \sum_{t=0}^{\infty} \gamma^t \cdot P(s_{t+1} = s, \omega_t = \omega \mid s_1,\omega_0)$。$A_{\Omega}(s',\omega) = Q_{\Omega}(s',\omega) - V_{\Omega}(s')$ 为优势函数，该优势函数的出现和策略梯度中的优势函数作用类似，如果优势函数为负，说明该 option 表现比其他 option 的平均表现差，根据上式便会增大终止策略的概率。至此我们完成了对于 option 内部策略、终止策略的学习，另外我们还需要对 Q 和 A 进行估计，这两者的估计和其他 actor-critic 方法类似，使用时间差分算法即可，这样我们就可以更新相应的参数，实现对于 option 的学习。上层策略 $\pi_{\Omega}(\omega \mid s)$ 的学习要简单一些，对于离散数目的 option，我们可以使用类似 ϵ-贪心法，根据不同的 option 值函数选择要执行的 option。

option-critic 方法将最终的优化目标与 option 的内部策略、终止策略的参数联系起来，实现了 option 的端到端学习，和其他层次化方法相比，算法更加简化，执行起来也更灵活。该方法最大的缺点是忽略了 option 中另外一个重要元素，即初始化状态，该方法假设所有 option 在任何状态都是可行的，这有些不切实际，是日后可以改进的一个方向。

9.5　实例：层次化学习蚂蚁走迷宫任务

本节介绍使用 HIRO 解决蚂蚁迷宫问题，蚂蚁迷宫问题如图 9.8 所示，蚂蚁智能体的任务是从起始位置左上角运动到目标位置。HIRO 的主要组成部分是顶层和底层两种策略，顶层策略提出子目标，底层策略负责完成，HIRO 通过这种方式来将整个任务分解，降低难度，帮助智能体完成最终任务。蚂蚁迷宫环境基于 Mujoco 的蚂蚁环境扩展而来，与蚂蚁环境稍有不同，其观测状态结构为 {' observation ':array（[0.0097627,0.04303787,…]）,' achieved_goal ':array（[0.0097627,0.04303787]）, ' desired_goal ':array（[18.03684853,12.82024939]）}。

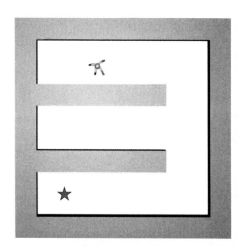

● 图 9.8　蚂蚁迷宫环境

相比于传统 Mujoco 的蚂蚁环境，多了"已经实现的目标"和"期望目标"，状态的前两个维度为当前智能体所处位置，即已经实现的目标，期望目标是每个周期开始之前随机产生，表示智能体要完成的目标，在整个周期保持不变，当两个目标距离很近时可以视作任务完成。

```
1    HIRO 顶层策略可以视作管理者模块,具体定义如下:
2    class Manager(object):
3        def init_(self,state_dim,goal_dim,action_dim,actor_lr,critic_lr,candidate_goals,
4                    correction=True,absolute_goal=False):
5
6            self.actor=ManagerActor(
7                state_dim,goal_dim,action_dim,scale=scale,
8                    absolute_goal=absolute_goal)
9            self.actor_target=ManagerActor(
9                state_dim,goal_dim,action_dim,scale=scale)
10           self.actor_target.load_state_dict(self.actor.state_dict())
11           self.actor_optimizer=torch.optim.Adam(self.actor.
                 parameters(),lr=actor_lr)
12           self.critic=ManagerCritic(state_dim,goal_dim,action_dim)
13
14           self.critic_target=ManagerCritic(state_dim,goal_dim,action_dim)
15
16           self.critic_target.load_state_dict(self.critic.state_dict())
17
18           self.critic_optimizer=torch.optim.Adam(self.critic.parameters(),lr=critic_lr)
19
```

```
20        self.criterion=nn.SmoothL1Loss()
21        self.state_dim=state_dim
22        self.action_dim=action_dim
23        # 候选目标数目，用于后续离策略修正
24        self.candidate_goals=candidate_goals
25        # 是否进行离策略修正
26        self.correction=correction
27        # 顶层策略输出的是目标的绝对位置或者是方向
28        self.absolute_goal=absolute_goal
```

其中 ManageActor 和 ManageCritic 代表管理员的策略和值函数估计模块，ManageActor 定义如下：

```
1    # Actor 为基本策略模块
2    class Actor(nn.Module):
3        def _init_(self,state_dim,goal_dim,action_dim,max_action):

4            super()._init_()
5            self.l1=nn.Linear(state_dim+goal_dim,300)
6            self.l2=nn.Linear(300,300)
7            self.l3=nn.Linear(300,action_dim)
8            self.max_action=max_action
9
10       def forward(self,x,g=None,nonlinearity=' tanh'):
11           if g is not None:
12               x=F.relu(self.l1(torch.cat([x,g],1)))
13           else:
14               x=F.relu(self.l1(x))
15           x=F.relu(self.l2(x))
16           # 根据输出目标的不同使用不同激活函数
17           if nonlinearity==' tanh':
18               x=self.max_action* torch.tanh(self.l3(x))
19           elif nonlinearity==' sigmoid':
20               x=self.max_action* torch.sigmoid(self.l3(x))
21           return x
22   class ManagerActor(nn.Module):
23       def _init_(self,state_dim,goal_dim,action_dim,scale=None,absolute_goal=False):

24           super()._init_()
25           if scale is None:
26               scale=torch.ones(action_dim)
27           # scale 为调整输出目标的尺度
28           self.scale=nn.Parameter(torch.tensor(scale[:action_dim])
                 .float(),requires_grad=False)
29           self.actor=Actor(state_dim,goal_dim,action_dim,1)
```

```
30         self.absolute_goal=absolute_goal
31
32     def forward(self,x,g):
33         if self.absolute_goal:
34             return self.scale* self.actor(
35                 x,g,nonlinearity=' sigmoid')
36         else:
37             return self.scale* self.actor(x,g)
```

策略函数的输入是状态和期望的目标，输出是子目标，和普通的策略函数相比，输入多了期望目标。这里需要注意的是顶层策略输出的子目标可以有两种方式，一种是绝对目标，即 absolute_goal 为 True，表示顶层输出的子目标为想让底层策略到达的位置；另一种是目标的方向，absolute_goal 为 False（HIRO 输出为此类目标），和绝对目标维度相同，只不过代表的是想让智能体运动的方向。如果是第二种情况，则策略网络采用默认的激活函数（如上述代码第 15 行所示）。对于值函数估计模块：

```
1  class Critic(nn.Module):
2      def_init_(self,state_dim,goal_dim,action_dim):
3          super()._init_()
4          self.l1 = nn.Linear(state_dim+goal_dim+action_dim,300)
5          self.l2 = nn.Linear(300,300)
6          self.l3 = nn.Linear(300,1)
7          self.l4 = nn.Linear(state_dim+goal_dim+action_dim,300)
8          self.l5 = nn.Linear(300,300)
9          self.l6 = nn.Linear(300,1)
10     def forward(self,x,g=None,u=None):
11         if g is not None:
12             xu=torch.cat([x,g,u],1)
13         else:
14             xu=torch.cat([x,u],1)
15         x1=F.relu(self.l1(xu))
16         x1=F.relu(self.l2(x1))
17         x1=self.l3(x1)
18         x2=F.relu(self.l4(xu))
19         x2=F.relu(self.l5(x2))
20         x2=self.l6(x2)
21         return x1,x2
22     def Q1(self,x,g=None,u=None):
23         if g is not None:
24             xu=torch.cat([x,g,u],1)
25         else:
```

```
26          xu=torch.cat([x,u],1)
27       x1=F.relu(self.l1(xu))
28       x1=F.relu(self.l2(x1))
29       x1=self.l3(x1)
30       return x1
31
32  class ManagerCritic(nn.Module):
33     def _init_(self,state_dim,goal_dim,action_dim):
34        super()._init_()
35        self.critic=Critic(state_dim,goal_dim,action_dim)
36
37     def forward(self,x,g,u):
38        return self.critic(x,g,u)
39
40     def Q1(self,x,g,u):
41        return self.critic.Q1(x,g,u)
```

对于值函数估计模块，输入是状态、期望目标、子目标，输出是子目标值函数。和普通的值函数网络相比同样多了一项期望目标作为输入，其中值函数估计模块的定义采用了 TD3 算法中训练孪生值函数网络的方式，用来减少值函数的过估计。接下来定义底层控制模块，称为 Controller：

```
1  class Controller(object):
2     def init_(self,state_dim,goal_dim,action_dim,max_action,…):

3        self.state_dim=state_dim
4        self.goal_dim=goal_dim
5        self.action_dim=action_dim
6        self.actor=ControllerActor(state_dim,goal_dim,
             action_dim,scale=max_action)
7        self.actor_target=ControllerActor(state_dim,goal_dim,
             action_dim,scale=max_action)
8        self.critic=ControllerCritic(state_dim,goal_dim,action_dim)

9        self.critic_target=ControllerCritic(state_dim,goal_dim,action_dim)

10       ...
```

这里只保留了策略网络和值函数估计网络，这是底层控制模块的核心，定义如下：

```
1  class ControllerActor(nn.Module):
2     def init_(self,state_dim,goal_dim,action_dim,scale=1):super()._init_()
3
```

```
4          if scale is None:
5              scale=torch.ones(state_dim)
6          self.scale=nn.Parameter(torch.tensor(scale).float(),requires_grad=False)
7
8          self.actor=Actor(state_dim,goal_dim,action_dim,1)
9
10     def forward(self,x,g):
11         return self.scale* self.actor(x,g)
12
13 class ControllerCritic(nn.Module):
14     def _init_(self,state_dim,goal_dim,action_dim):super()._init_()
15
16         self.critic=Critic(state_dim,goal_dim,action_dim)
17
18     def forward(self,x,sg,u):
19         return self.critic(x,sg,u)
20     def Q1(self,x,sg,u):
21         return self.critic.Q1(x,sg,u)
```

底层控制模块的策略函数输入是状态和子目标，输出是具体的动作；值函数估计函数输入是状态、期望目标和具体动作，输出是对应的值函数。HIRO 的整体训练流程如下：

```
1  # 环境初始化
2  obs=env.reset()
3  goal=obs[" desired_goal "]
4  state=obs[" observation "]
5  done=False
6  # 根据当前状态和期望目标,顶层策略输出子目标
7  subgoal=manager_policy.sample_goal(state,goal)
8  # 定义顶层策略训练样本
9  manager_transition=[state,None,goal,subgoal,0,False,[state],[]]

10
11 # 底层策略根据子目标选择具体动作
12 action=controller_policy.select_action(state,subgoal)
13 next_tup,manager_reward,done,_=env.step(action)
14 # 顶层策略保存环境奖励
15 manager_transition[4]+=manager_reward* args.man_rew_scale
16 # 顶层策略记录底层策略具体动作序列
17 manager_transition[-1].append(action)
18 # 顶层策略记录底层策略具体状态转移序列
19 manager_transition[-2].append(next_state)
20
21 # 计算底层策略获得的奖励,即当前状态与子目标的接近程度
22 controller_reward=calculate_controller_reward(state,subgoal,
```

```
             next_state,args.ctrl_rew_scale)
23   #底层策略训练样本
24   controller_buffer.add(
25       (state,next_state,sub_goal,action,controller_reward,float(done),[],[]))

26   #若干时间步顶层策略采样得到新的子目标
27   if timesteps_since_subgoal % args.manager_propose_freq==0:
28       manager_transition[1]=state
29       manager_transition[5]=float(done)
30       manager_buffer.add(manager_transition)
31       subgoal=manager_policy.sample_goal(state,goal)
```

17 和 19 行顶层策略样本保留了底层策略的动作序列和状态序列，目的是为了后续的离策略修正。采集样本之后开始训练顶层策略和底层策略，对于底层策略可以直接按照 DDPG 方法进行训练，只是网络的输入输出略有不同，其余全部一样。顶层策略的训练如下：

```
1    x,y,g,sgorig,r,d,xobs_seq,a_seq=replay_buffer.sample(batch_size)

2    batch_size=min(batch_size,x.shape[0])
3    if self.correction and not self.absolute_goal:
4        sg=self.off_policy_corrections(
5            controller_policy,batch_size,sgorig,xobs_seq,a_seq)
6    else:
7        sg=sgorig
8    state=get_tensor(x)
9    next_state=get_tensor(y)
10   …
```

相比于底层策略的训练，顶层策略多了一步离策略修正过程，即将原有的子目标替换成修正后的子目标。离策略修正的主要过程如下：

```
1    def off_policy_corrections(self,controller_policy,batch_size,
         subgoals,x_seq,a_seq):
2        first_x=[x[0]forxinx_seq]
3        last_x=[x[-1]forxinx_seq]
4        #计算 s_{t+c}-s_t 作为候选子目标
5        diff_goal=(np.array(last_x)-np.array(first_x))[:,np.
             newaxis,:self.action_dim]
6        original_goal=np.array(subgoals)[:,np.newaxis,:]
7        # diff_goal 周围随机采样若干候选子目标
8        random_goals=np.random.normal(loc=diff_goal,…)
9        random_goals=random_goals.clip(-self.scale[:self.action_dim
             ],self.scale[:self.action_dim])
10       #将以上得到的候选目标合并
```

```
11    candidates=np.concatenate([original_goal,diff_goal,
          random_goals],axis=1)
12    # 得到序列长度
13    seq_len=len(x_seq[0])
14
15    ncands=candidates.shape[1]
16    # 调整状态序列和动作序列的维度
17    true_actions=a_seq.reshape((new_batch_sz,)+action_dim)
18    observations=x_seq.reshape((new_batch_sz,)+obs_dim)
19    policy_actions=np.zeros((ncands,new_batch_sz)+action_dim)
20    # 遍历候选子目标集合
21    forCin range(ncands):
22        # 得到在当前子目标下底层策略采取的动作
23        policy_actions[c]=controller_policy.select_action(
              observations,candidates[c])
24    # 计算更改子目标后得到动作和原始动作的差值
25    difference=(policy_actions-true_actions)
26    # 利用差值来近似然函数
27    logprob=-0.5* np.sum(np.linalg.norm(difference,axis=-1)* * 2,
          axis=-1)
28    # 选择动作之间差异最小的那组数据对应的子目标返回
29    max_indices=np.argmax(logprob,axis=-1)
30    return candidates[np.arange(batch_size),max_indices]
```

这就是 HIRO 训练蚂蚁迷宫的全部过程。

第10章

基于技能的强化学习算法

技能学习是强化学习中的关键问题。强化学习一般需要针对特定的任务和奖励进行优化，得到的策略只能用于完成该任务。而技能学习不针对特定的任务进行，是一种无监督的强化学习方法旨在通过自驱动的方式学习许多有用的技能，随后技能可以用于完成不同的下游任务。例如，无人车的技能包括向不同的方向运动、转向、避障、爬坡、刹车等。当这些技能学习完成后，无人车可以用于多个下游任务，如物流运输、地形勘探等。技能学习的核心是设置合理的驱动方式，使智能体在探索环境的同时学到有用的技能。与层次化方法不同，层次化学习一般针对特定的任务来学习不同的子策略，而技能学习则不针对特定的任务。

10.1 技能学习的定义

智能体通过执行动作来与环境进行交互，动作往往是非常具体、底层的行为。例如，对于仿真机器人来说，具体的动作通常为施加在不同关节上的力、角度等；对于人类来说，具体的动作可能是调用某块肌肉、激活某个神经元等。直接学习底层动作策略可以完成一些任务，但底层动作往往过于具体，使得学习到的策略缺乏可解释性，同时降低了通用性，难以完成一些复杂的任务。对于人类来说，虽然执行的动作十分底层，但是在日常生活中的训练已经对具体动作做出了集成和整合，如图 10.1 所示，比如任务是掌握一门知识，那么应该首先学习基础知识，然后阅读前沿论文，最后动手做实验，加深理解等。进而，需要解释一下如何学习基础知识，比如买书，阅读后思考等。这其中已经包含了对于具体动作的集成和整合，图 10.1 中所示的调用肌肉 X、肌肉 Y 等底层动作，用具体动作来回答如何掌握一门知识，但是十分烦琐，大大增加了回答这个问题的难度。在上层逐渐地将这些底层动作进行抽象和集成，最终变成了大家可以接受且简洁的操作。

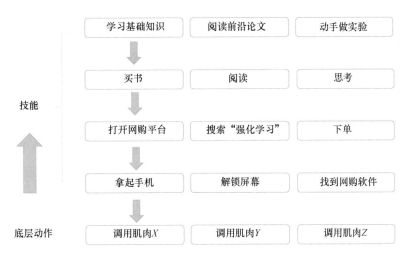

● 图 10.1　动作集成示例

图 10.1 展示的例子包含了技能的概念。由一系列具体动作组成的序列可以定义为技能，比如图 10.1 中的学习基础知识可以称为技能，拿起手机也可以称为技能，只是前者的集成程度更高，包含的底层动作序列更长，学习起来难度更大。这种通过集成底层动作然后完成任务的思想可以应用到强化学习中。如果智能体能够学习到类似人类的技能，那么完成具体任务时就无须特别长的决策序列，只需要学习如何调用技能即可。调用技能之后，再由智能体执行技能中所包含的具体动作。具体实现时，策略的定义中增加了代表技能的隐变量 z，基于技能的策略记作 $\pi(a \mid s, z)$。不同的技能隐变量代表不同的技能，每隔若干时间步智能体将选择新的技能隐变量，直到完成任务。

利用技能解决问题的关键在于如何学习对完成任务有帮助的技能，目前主流的技能学习算法集中在利用信息论知识来构造内在奖励函数，鼓励智能体去学习有用的技能集合。注意这里的内在奖励函数旨在学习技能，而非单纯的探索环境。下面将对这类方法进行介绍。

10.2　互信息最大化的技能学习算法

互信息最大化的技能学习算法的主要思想是利用互信息来构造内在激励函数，然后利用该内在激励函数鼓励智能体学习到多样化的技能集合，最后利用该技能集合去完成特定的下游任务。

▶▶ 10.2.1　多样性最大化技能学习算法

本小节介绍一种无监督的技能学习算法，称为多样性最大化技能学习（Diversity Is All You

Need，DIAYN）。DIAYN 利用信息熵构造内在奖励，可以在没有环境奖励的情况下学习与任务无关且彼此差异较大的技能。这种无监督的技能学习方式可以减少训练过程中对先验知识的要求，也无须人类专家去构造奖励函数。实验证明，学习到的技能可以更有效地解决复杂强化学习任务。

DIAYN 的思路是，在没有环境奖励的情况下，需要让学习到的一系列技能最大化覆盖所有可能的行为，这样在解决特定任务时就能够从中挑选出有帮助的技能。例如，对于人形机器人环境来说，如果智能体能够学习到所有可能的技能，比如保持平衡、行走、跳跃、奔跑等，那么接下来面临任何任务时智能体都能很快找到最优策略。为了实现对所有可能行为的覆盖，DIAYN 的核心思想是让学习到的技能之间彼此尽可能有较大差异，且不同的技能之间可以很容易区分开。让学到的技能在行为空间中彼此"远离"，最大化技能间的多样性，保证不同的技能专注于不同的行为。

为了实现无监督的技能学习，DIAYN 使用三个方面的学习目标：

1）技能控制着智能体访问的状态，不同的技能应该访问不同的状态。

2）利用访问的状态来区分技能而不是动作，因为动作有时可能没有办法改变环境。

3）鼓励探索保证技能之间具有足够的多样性，使不同技能之间具有区分性。

基于以上三个目标，DIAYN 利用信息论的知识来构建内在激励函数。符号表示上，用 S 和 A 代表状态和动作的随机变量，$Z \sim p(z)$ 为代表技能的隐变量，以该隐变量为条件的策略 $\pi(a \mid s,z)$ 即为技能。$I(.;.)$ 和 $H[.]$ 代表互信息和香农熵。第一个内在激励函数是最大化状态和技能的互信息 $I(S;Z)$，这对应了技能控制状态的观点，该互信息也指出我们可以通过访问的状态来推测出当前执行的技能。第二个内在激励函数为最小化 $I(A;Z \mid S)$，当给定状态时，最小化动作和技能的信息熵，这样就可以削弱动作和技能的联系，对应了应该使用智能体访问的状态（而非动作）来区分技能。最后一个内在激励函数为最大化 $H[A \mid S]$，从而鼓励智能体更多地探索环境，该约束与 SAC 相同。将上述内在激励函数整合起来，可以得到 DIAYN 的技能学习目标定义为

$$
\begin{aligned}
F(\theta) &\triangleq I(S;Z) + H[A \mid S] - I(A;Z \mid S) \\
&= (H[Z] - H[Z \mid S]) + H[A \mid S] - (H[A \mid S] - H[A \mid S,Z]) \\
&= H[Z] - H[Z \mid S] + H[A \mid S,Z]
\end{aligned} \tag{10.1}
$$

式中，第二行利用了互信息与香农熵之间的转换公式，目标函数全部由香农熵来表示。在最终得到的表达式（第三行）中：第一项是技能变量 Z 的先验分布，一般指定为一个固定的分布。例如，均匀分布具有较大的熵，此时第一项被最大化。第二项表明可以很容易地根据状态推测出执行的技能，通过预测目标来实现。第三项是约束策略的熵。对 $F(\theta)$ 中香农熵根据定义进行展开得：

$$F(\theta) = H[Z] - H[Z \mid S] + H[A \mid S, Z]$$

$$= H[A \mid S, Z] + \mathbb{E}_{z \sim p(z), s \sim \pi(z)} \left[\log p_\phi(z \mid s) \right] - \mathbb{E}_{z \sim p(z)} \left[\log p(z) \right]$$

$$= H[A \mid S, Z] + \mathbb{E}_{z \sim p(z), s \sim \pi(z)} \left[\log \frac{p(z \mid s)}{q_\phi(z \mid s)} + \log q_\phi(z \mid s) \right] - \mathbb{E}_{z \sim p(z)} \left[\log p(z) \right]$$

$$= H[A \mid S, Z] + D_{KL} \left[p(z \mid s) \mid q_\phi(z \mid s) \right] + \mathbb{E}_{z \sim p(z), s \sim \pi(z)} \left[\log q_\phi(z \mid s) \right] - \mathbb{E}_{z \sim p(z)} \left[\log p(z) \right]$$

$$\geq H[A \mid S, Z] + \mathbb{E}_{z \sim p(z), s \sim \pi(z)} \left[\log q_\phi(z \mid s) - \log p(z) \right] \triangleq G(\theta, \phi) \tag{10.2}$$

其中，在第三行中，由于无法直接对所有的状态和技能进行积分来求解 $p(z \mid s)$，因此这里用一个判别器 $q_\phi(z \mid s)$ 来对其进行近似，同时利用 KL 散度的非负性可以得到目标函数 $F(\theta)$ 的一个变分下界 $G(\theta, \phi)$。

在具体实现上，DIAYN 使用基于 SAC 框架，式（10.2）中的第一项 $H(A \mid S, Z)$ 可以作为 SAC 的一部分进行优化。式（10.2）的后两项作为内在激励，在训练中作为奖励的一部分来最大化。构造的内在激励为

$$r_z(s, a) \triangleq \log q_\phi(z \mid s) - \log p(z) \tag{10.3}$$

其中 $p(z)$ 为 0 到 1 之间的均匀分布，因此 $\log p(z)$ 为常数。$\log q_\phi(z \mid s)$ 可以通过训练判别器来计算得到，该判别器输入访问的状态，输出该状态对应的技能。由于技能数目是有限的，判别器被设计成技能的分类器，分类结果将作为内在激励来鼓励智能体针对不同的技能访问不同的状态，从而提升不同技能之间的区分性。图 10.2 描述了 DIAYN 的整体框架，其整体流程如算法 10-1 所示。

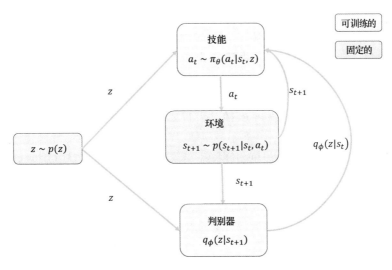

● 图 10.2　DIAYN 框架图

算法 10-1 DIAYN 算法

1：初始化技能策略参数 θ，判别器参数 ϕ；

2：**for** 迭代次数 $i = 0$ to I **do**

3：　　采样技能隐变量 $z \sim p(z)$，得到初始化状态 s_0；

4：　　**for** 时间步 $t = 0$ to 周期总时间 **do**

5：　　　利用技能策略采样动作 $a_t \sim \pi_\theta(a_t \mid s_t, z)$；

6：　　　执行动作得到新的状态：$s_{t+1} \sim p(s_{t+1} \mid s_t, a_t)$；

7：　　　利用判别器计算 $q_\phi(z \mid s_{t+1})$；

8：　　　设置内在奖励 $r_t = \log q_\phi(z \mid s_{t+1}) - \log p(z)$；

9：　　　利用 SAC 算法来更新策略参数 θ 使其最大化 r_t；

10：　　　利用监督学习方法更新判别器参数 ϕ；

11：　　**end for**

12：**end for**

▶▶ 10.2.2　其他基于互信息的技能学习方法

DIAYN 通过最大化变分下界来发现多样化的技能，具体的目标函数是最大化技能隐变量和轨迹中状态的互信息 $I(S; Z)$。除此之外，其他类似形式的互信息目标函数也可以用来学习技能。

变分内在控制方法（Variational Intrinsic Control，VIC）通过最大化技能达到的最终状态数目来学习技能，与 DIAYN 考虑技能访问过的每个状态不同，VIC 方法更加关注技能最终完成的目标，也就是智能体执行技能到达的终止状态。技能的不同体现在终止状态的不同上，如果两个技能最终到达相同的终止状态，那么认为这两个技能是相同的。VIC 的思想通过最大化 $I(\Omega, s_f \mid s_0)$ 体现，其中 Ω 为技能隐变量空间，s_f 为技能的终止状态，s_0 为技能起始状态。通过最大化 $I(\Omega, s_f \mid s_0)$ 可以增强执行技能和最终状态的关联，利用互信息展开公式可得

$$I(\Omega, s_f \mid s_0) = -\sum_\Omega p(\Omega \mid s_0) \log p(\Omega \mid s_0) + \sum_{\Omega, s_f} p(s_f \mid s_0, \Omega) p(\Omega \mid s_0) \log p(\Omega \mid s_0, s_f)$$

$$\geqslant -\sum_\Omega p(\Omega \mid s_0) \log p(\Omega \mid s_0) + \sum_{\Omega, s_f} p(s_f \mid s_0, \Omega) p(\Omega \mid s_0) \log q(\Omega \mid s_0, s_f)$$

$$(10.4)$$

上式中最大化 $p(\Omega \mid s_0, s_f)$ 的含义是，可以通过起始状态和终止状态比较容易地推测出执行的技能。同时通过最大化 $p(\Omega \mid s_0)$ 的熵来最大化技能的多样性。为了实现上述目标的优化，VIC 采用了优化变分下界的方式，通过训练判别器 $q(\Omega \mid s_0, s_f)$ 来近似该互信息。VIC 整体流程如算法 10-2 所示。

算法 10-2　VIC 算法

1：**for** 迭代次数 $i = 0$ to I **do**

2：　　采样技能 $\Omega \sim p\ (\Omega \mid s_0)$；

3：　　执行技能策略 $\pi(a \mid \Omega, s)$ 直到遇到终止状态 s_f；

4：　　训练判别器 $q(\Omega \mid s_0, s_f)$；

5：　　计算内在奖励 $r_I = \log q(\Omega \mid s_0, s_f) - \log p(\Omega \mid s_0)$；

6：　　利用强化学习方法更新 $\pi(a \mid \Omega, s)$ 使其最大化 r_I；

7：　　基于 r_I 更新技能选择分布 $p(\Omega \mid s_0)$；

8：**end for**

变分技能发现算法（Variation Option Discovery Algorithm，VALOR）是另一种利用互信息最大化方式来学习技能的算法。与 VIC、DIAYN 不同，VALOR 最大化技能隐变量和执行技能得到的整条轨迹之间的互信息，并且建立了技能发现算法和变分自编码器之间的关系。首先介绍变分自编码器（Variational Autoencoders，VAEs），VAEs 通过学习概率编码器 $q_\phi(z \mid x)$ 和解码器 $p_\theta(x \mid z)$ 来实现样本 x 和隐变量 z 之间的映射，β-VAE 是 VAE 的简单推广，通过增加正则项使原始 VAEs 更加有效，优化函数为

$$\max_{\phi, \theta} \mathbb{E}_{x \sim D} \big[\mathbb{E}_{z \sim q_\phi(\cdot \mid x)} \big[\log p_\theta(x \mid z) \big] - \beta D_{KL}(q_\phi(z \mid x) \| p(z)) \big] \tag{10.5}$$

其中第一项通过隐变量 z 来重建输入信息 x，第二项计算隐变量后验分布 $q_\phi(z \mid x)$ 和先验分布 $p(z)$ 的 KL 距离。当 $\beta = 1$ 时，该学习目标就是原始的 VAE 目标。

VALOR 算法考虑如下过程：首先采样技能隐变量 c，然后利用技能策略 $\pi(a \mid s_t, c)$ 与环境进行交互得到轨迹 $\tau = (s_0, a_0, \cdots, s_T)$，接下来利用解码器将该轨迹还原成执行的技能 c。如果能够根据轨迹正确推测出执行的技能，则说明技能和轨迹之间的关系被加强，这也是 VALOR 算法的目的。最后，为了增强探索，VALOR 引入了最大化策略熵，整体优化函数如下：

$$\max_{\pi, D} \mathbb{E}_{c \sim G} \big[\mathbb{E}_{\tau \sim \pi, c} \big[\log P_D(c \mid \tau) \big] + \beta H(\pi \mid c) \big] \tag{10.6}$$

该过程和 β-VAE 的训练存在对应关系，技能隐变量 c 可以看作数据 x，轨迹 τ 对应于隐变量 z，技能策略和环境共同对应编码器 q_ϕ，$P_D(c \mid \tau)$ 对应于解码器 $p_\theta(x \mid z)$。这样便建立了技能发现算法和 VAE 之间的关系，VALOR 的整体流程如算法 10-3 所示。

算法 10-3　VALOR 算法

1：**for** 迭代次数 $i = 0$ to I **do**

2：　　采样技能隐变量 $c \sim G$，G 是均匀分布；

3：　　与环境交互得到技能-轨迹对 $D = (c^i,\ \tau^i)_{i=1, \cdots, N}$；

4：　　利用式（10.6）和 D 更新新技能策略；

5：　　利用监督学习方法和 D 训练，最大化 $\mathbb{E}[\log P_D(c \mid \tau)]$；

6：**end for**

由上可知，VIC、VALOR 和 DIAYN 三种方法在思路上比较接近，区别在于 VIC 利用终止状态来区分技能，DIAYN 利用轨迹中的每个状态来区分技能，VALOR 则是利用技能交互得到的整条轨迹来区分技能。VALOR 在实现上需要对轨迹进行编码操作。三种方法都可以实现无监督的技能学习，而且学习到的技能均呈现出多样化的性质。

10.3 融合环境模型的技能学习算法

本节介绍融合环境模型的技能学习算法（Dynamics-Aware Discovery of Skills，DADS），该方法将环境模型的学习和技能发现融合在一起，解决了基于模型的强化学习算法中拟合全局环境模型的困难，以及无法泛化到未知状态分布上的问题。上一节介绍的 DIAYN 算法的核心是利用互信息学习到多样性的技能，DADS 的思路则是在学习技能的同时训练环境模型，让学习到的技能是模型可预测的。可预测指的是智能体执行技能之后，环境转移到的状态能够尽可能被拟合的环境模型正确预测。这样可以保证学习到的技能尽可能在环境模型的知识覆盖的范围之内，便于后续的基于模型的规划。

DADS 方法基于一个重要假设，即学习容易预测的技能对于完成任务更为有利。为了解释其合理性，首先回顾上一节介绍的 DIAYN 方法，该方法的核心思想是学习到多样性大的技能集合。然而，很多技能（比如随机游走、空翻等）虽然彼此差异性较大，但是其行为充满不确定性和不可预测性，导致这些技能在完成任务时的用处并不大。因此，如果执行技能时得到的下一个状态比较容易预测，那么这个技能具有一定规律，能够系统地去探索环境。同时智能体执行技能时也更加可控，不确定性较低，更有利于完成后续任务。DADS 方法学习到的技能除了彼此之间具有较大差异外，还可以保证具有规律性和可预测性，如图 10.3 所示，该图可视化了 DADS 方法在蚂蚁机器人环境中学习到的技能，可以发现，这些技能可以理解为蚂蚁机器人朝不同方向运动，技能之间存在差异。更重要的是，每个技能都朝一个方向前进，很少存在随机游走和其他不可控、不可预测的动作。这种技能集合无论在后续的蚂蚁迷宫或者是蚂蚁搜集任务中都能起到加速训练的作用。

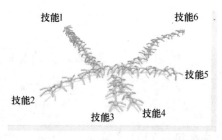

● 图 10.3 DADS 技能可视化

智能体状态和技能之间的相关可以使用互信息来衡量，目标写作 $I(I(s';z\,|\,s))$。在当前状态 s 的条件下，最大化下一个状态 s' 和技能 z 的互信息。DADS 的目标是最大化该互信息，这样可以在给定当前状态的条件下，增强下一个状态和执行技能之间的关联。根据互信息公式，该值可以有两种表达方式：

$$I(s';z\mid s) = H(z\mid s) - H(z\mid s',s) \tag{10.7}$$
$$= H(s'\mid s) - H(s'\mid s,z)$$

若采用式（10.7）的第一行等式进行优化，最大化 $I(s';z\mid s)$ 可以转换为在最大化 $H(z\mid s)$ 同时最小化 $H(z\mid s',s)$。其中，最大化 $H(z\mid s)$ 的含义是在同一个状态下可以有很多技能执行，最小化 $H(z\mid s',s)$ 的含义是在给定一个状态转移 $s\to s'$ 的条件下，可以比较容易预测出执行的技能 z。该目标可以鼓励不同的技能覆盖不同的状态空间，彼此之间的交集尽可能小。因此，第一行等式的思想为学习多样彼此区分度高的技能，类似于 DIAYN 方法。

DADS 采用了式（10.7）中第二行的分解形式进行优化，最大化第一项 $H(s'\mid s)$ 可以鼓励学习到的技能产生不同的状态转移；最小化第二项 $H(s'\mid s,z)$ 的含义是在给定当前状态和执行技能的条件下，可以很容易地预测出转移到的新状态。这种分解方法可以使学习到的技能可预测且多样化。利用互信息的定义可以重写式（10.7）为

$$I(s';z\mid s) = \int p(z,s,s')\log\frac{p(s'\mid s,z)}{p(s'\mid s)}\mathrm{d}s'\mathrm{d}s\mathrm{d}z \tag{10.8}$$

其中 $p(s'\mid s,z) = \int p(s'\mid s,a)\pi(a\mid s,z)\mathrm{d}a$ 是不可计算的。因为环境模型未知，这里使用变分下界来近似该目标函数：

$$\begin{aligned}
I(s';z\mid s) &= \mathbb{E}_{z,s,s'\sim p}\left[\log\frac{p(s'\mid s,z)}{p(s'\mid s)}\right] \\
&= \mathbb{E}_{z,s,s'\sim p}\left[\log\frac{q_\phi(s'\mid s,z)}{p(s'\mid s)}\right] + \mathbb{E}_{s,z\sim p}\left[D_{\mathrm{KL}}(p(s'\mid s,z)\mid\mid q_\phi(s'\mid s,z))\right] \\
&\geq \mathbb{E}_{z,s,s'\sim p}\left[\log\frac{q_\phi(s'\mid s,z)}{p(s'\mid s)}\right]
\end{aligned} \tag{10.9}$$

式（10.9）的推导利用了 KL 散度的非负性质，同时引入了转移函数 $p(s'\mid s,z)$ 的变分近似 q_ϕ 来对原目标函数进行求解。为了让下界足够近似优化函数，我们需要最小化 KL 散度，根据 KL 散度公式可知：

$$\begin{aligned}
\nabla_\phi\mathbb{E}_{s,z}\left[D_{\mathrm{KL}}(p(s'\mid s,z)\cdot\mid\mid q_\phi(s'\mid s,z))\right] &= \nabla_\phi\mathbb{E}_{z,s,s'}\left[\log\frac{p(s'\mid s,z)}{q_\phi(s'\mid s,z)}\right] \\
&= -\mathbb{E}_{z,s,s'}\left[\nabla_\phi\log q_\phi(s'\mid s,z)\right]
\end{aligned} \tag{10.10}$$

从式（10.10）可知，最小化 KL 散度等同于最大化 $q_\phi(s'\mid s,z)$ 的似然函数。

为了最大化式（10.9）定义的下界，采用构造内在奖励的方式，定义 $r = \log q_\phi(s'\mid s,z) - \log p(s'\mid s)$。$\log p(s'\mid s)$ 使用近似函数 q_ϕ 定义的环境模型进行近似，通过采样多个技能的方法可得 $p(s'\mid s) \approx \int q_\phi(s'\mid s,z)p(z)\mathrm{d}z \approx \frac{1}{L}\sum_{i=1}^{L} q_\phi(s'\mid s,z_i)$，其中 $z_i\sim p(z)$，L 为采样数目。这样近

似后的内在奖励函数为

$$r(s,a,s') = \log \frac{q_\phi(s'\mid s,z)}{\sum\limits_{i=1}^{L} q_\phi(s'\mid s,z_i)} + \log L \tag{10.11}$$

DADS 的整体流程如算法 10-4 所示：

算法 10-4 DADS 算法

1：初始化技能 π，环境模型 q_ϕ；
2：**for** 迭代次数 $i = 0$ to I **do**
3：　　采样技能隐变量 $z \sim p(z)$，得到初始化状态 s_0；
4：　　利用技能策略与环境交互采样 M 个样本；
5：　　利用得到的 M 个样本对环境模型 q_ϕ 进行更新；
6：　　利用 q_ϕ 和 M 个样本计算内在奖励 $r_z(s,a,s')$；
7：　　利用强化学习算法更新 π 使其最大化 $r_z(s,a,s')$；
8：**end for**

通过上述推导，优化的目标函数转换成了两部分，对于 KL 散度的最小化和内在激励 $r_z(s,a,s')$ 的最大化，KL 散度的最小化等同于优化环境模型 $q_\phi(s'\mid s,z)$，即给出当前状态和执行的技能预测多步以后的状态；内在激励的最大化使用强化学习算法进行优化。

学习到技能之后，DADS 利用模型预测控制（MPC）来选择不同的技能去执行，具体介绍详见第 6 章。在使用中，MPC 使用技能替换原始的动作，在技能层面进行规划。具体的，使用参数化正态分布作为技能选择分布，每次根据该分布采样多个技能序列，利用环境模型拟合出轨迹，选择累积奖励最大的技能序列中的第一个技能执行，然后利用外部奖励更新正态分布的参数，该过程不断重复直到完成最终的目标，MPC 规划过程流程图如图 10.4 所示。此外，DADS 也可以采用之前提到的层次化强化学习方法通过训练顶层策略来学习如何调用技能。

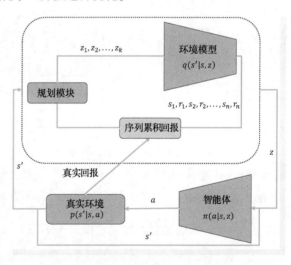

● 图 10.4　MPC 规划流程图

10.4　最大化状态覆盖的技能学习算法

本章介绍的技能发现方法大多基于最大化互信息的思想，假设技能隐变量 $z \sim p(z)$，状态 $s \sim$

$p(s)$，则状态和技能之间的互信息可以表示为 $I(S;Z)$，根据互信息的对称性质，可以写成如下两种形式：

$$I(S;Z) = H(Z) - H(Z \mid S) \qquad (10.12)$$
$$= H(S) - H(S \mid Z)$$

式（10.12）的第一行展开方式称为互信息的逆向展开形式，根据之前的介绍该互信息可以使用变分下界来近似：

$$I(S;Z) = \mathbb{E}_{s,z \sim p(s,z)}\left[\log p(z \mid s)\right] - \mathbb{E}_{z \sim p(z)}\left[\log p(z)\right] \qquad (10.13)$$
$$\geqslant \mathbb{E}_{s,z \sim p(s,z)}\left[\log q_{\phi}(z \mid s)\right] - \mathbb{E}_{z \sim p(z)}\left[\log p(z)\right]$$

其中 $q_{\phi}(z \mid s)$ 称为判别器，利用交互采集的 (s,z) 训练。之前介绍的 DIAYN、VIC、VALOR 和上一章介绍的 SNN4HRL 都是基于式（10.13）的技能发现方法。式（10.12）的第二行可以称为正向展开形式，同样可以得到类似的变分下界：

$$I(S;Z) = \mathbb{E}_{s,z \sim p(s,z)}\left[\log p(s \mid z)\right] - \mathbb{E}_{s \sim p(s)}\left[\log p(s)\right] \qquad (10.14)$$
$$\geqslant \mathbb{E}_{s,z \sim p(s,z)}\left[\log q_{\phi}(s \mid z)\right] - \mathbb{E}_{s \sim p(s)}\left[\log p(s)\right]$$

式（10.14）是 DADS 的主要思想，DADS 通过训练环境模型来构造内在激励，学习出可以预测的技能。基于式（10.13）或式（10.14）进行展开的这些方法都展示出了较好的效果，有效地解决了复杂的强化学习任务。然而，这两类方法都存在一个问题，就是无法保证学习到的技能对状态空间实现覆盖，导致轨迹对于状态空间的覆盖较小。图 10.5 所示是不同方法在 2D 导航

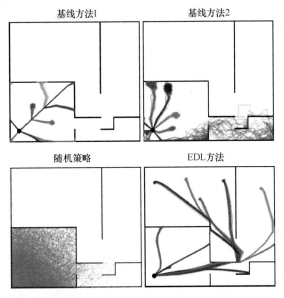

● 图 10.5　在 2D 导航任务中技能可视化对比（见彩插）

任务中的实验结果，从中可以发现两类算法和随机策略相比，能够覆盖的状态空间相似。唯一的区别就是技能学习的方法通过最大化互信息，让不同的技能控制探索不同的状态空间。然而，在一些导航任务中，让技能覆盖足够大的状态空间也很重要。

下面举例分析现有方法中对状态空间覆盖不足的问题。对于基于式（10.13）互信息逆向展开，内在激励函数的形式为

$$r(s, z') = \log \rho_\pi(z' \mid s) - \log p(z') \tag{10.15}$$
$$= \log \rho_\pi(z' \mid s) + \log N$$

其中 $p(z')$ 为均匀分布，N 为技能的数目。$\rho_\pi(z \mid s)$ 为执行技能策略产生的后验分布，通常做法是利用判别器来近似这个后验分布。这里假设该分布已知，$\sum_{i=1}^{N} \rho_\pi(z_i \mid s) = 1$。对于已知状态，上述内在激励函数会鼓励智能体访问那些能够区分不同技能的状态，即 $\rho_\pi(z' \mid s) \to 1$，这时智能体会得到最大的奖励：

$$r_{\max} = \log 1 + \log N = \log N \tag{10.16}$$

对于未知状态，$\rho_\pi(z \mid s)$ 是未定义的，因此假设 $\rho_\pi(z \mid s) = 1/N$，此时：

$$r_{\text{new}} = \log \frac{1}{N} + \log N = 0 \tag{10.17}$$

由此可见，智能体访问已知状态会获得更大的奖励，从而不会去探索环境。

本节介绍的 EDL（Explore Discover Learn）方法能够实现更大的状态空间覆盖。EDL 提出改进状态的分布。在之前的方法中，状态分布依赖于学习到的技能，智能体通过执行学习到的技能来产生状态的分布，一旦学习到的技能限于某区域中，那么状态分布也便局限在相同区域内。EDL 提出将状态分布 $p(s)$ 设置为整个状态空间中的均匀分布，并将其固定，不随学习到的技能而改变。具体做法是利用最大熵的探索策略来产生 $p(s)$，这是 EDL 中的探索阶段（Explore）。EDL 的第二阶段是技能发现（Discovery），在探索阶段过后，从 $p(s)$ 中采样训练 VAE 模型，利用编码器和解码器来分别拟合 $p(z \mid s)$ 和 $p(s \mid z)$，除了状态分布不同之外，此阶段的训练和其他方法并无差别。

EDL 的最终阶段是技能学习（Learning），延续了最大化互信息的思想。这里使用互信息的正向展开，构造内在激励函数 $r = \log q_\phi(s \mid z') - \log p(s)$，其中 $p(s)$ 已知，$q_\phi(s \mid z')$ 可以通过 VAE 的解码器得到，并且该内在激励函数固定，这也是和其他方法的不同之处。

10.5 实例：人形机器人的技能学习

本节我们将介绍利用 DIAYN 算法来解决人形机器人的技能学习问题，DIAYN 主要由两部分构成，分别是顶层控制策略和底层技能策略。第一阶段是技能发现阶段，DIAYN 通过定义内在

激励鼓励智能体学习到差异性较大、彼此可区分的技能。首先定义技能策略：

```
1   policy=SkillTanhGaussianPolicy(
2       # 观测维度为状态维度与技能维度之和
3       obs_dim=obs_dim+skill_dim,
4       action_dim=action_dim,
5       # M代表隐藏神经元数目
6       hidden_size=[M,M],
7       skill_dim=skill_dim)
8
9   class SkillTanhGaussianPolicy():
10      def forward(self,obs,skill_vec,reparameterize,deterministic):
11
            # 技能策略将状态和技能向量合并作为输入，skill_vec 为 one_hot 向量，长度为技能的数目。
12          h=torch.cat((obs,skill_vec),dim=1)
13          for i,fc in enumerate(self.fcs):
14              h=self.hidden_activation(fc(h))
15          # 策略网络输出为正态分布的均值和方差并从中采样得到动作
16          mean=self.last_fc(h)
17          if self.std is None:
18              log_std=self.last_fc_log_std(h)
19              log_std=torch.clamp(log_std,LOG_SIG_MIN,LOG_SIG_MAX)
20              std=torch.exp(log_std)
21          else:
22              std=self.std
23              log_std=self.log_std
24          if deterministic:
25              action=torch.tanh(mean)
26          else:
27              tanh_normal=TanhNormal(mean,std)
28              if reparameterize is True:
29                  # 重参数化的采样函数
30                  action=tanh_normal.rsample()
31          return(action,mean,log_std,std)
32
33      def get_action(self,obs_np,deterministic=False):
34          # 将技能转换成 one-hot 向量
35          skill_vec=np.zcros(self.skill_dim)
36          skill_vec[self.skill]+=1
37          obs_np=np.concatenate((obs_np,skill_vec),axis=0)
38          # 调用 forward 函数并返回第一个 action
39          actions=self.get_actions(obs_np[None],deterministic=deterministic)
```

```
40        return actions[0,:],{" skill ":skill_vec}
41
42    # 随机选择新的技能
43    def skill_reset(self):
44        self.skill=random.randint(0,self.skill_dim-1)
```

其中重参数化的采样函数定义如下：

```
1  def rsample(self,return_pretanh_value=False):
2    z=(self.normal_mean+self.normal_std*
3        Normal(torch.zeros(self.normal_mean.size()),
4            torch.ones(self.normal_std.size())
5        ).sample())
6    z.requires_grad_()
```

重参数化的采样函数将原本不可导的动作采样过程变得可导。除了技能策略之外，还需要训练技能值函数网络：

```
1  # 值函数网络输入维度定义为观测,技能和动作维度之和,输出值函数。
2  qf1=FlattenMlp(input_size=obs_dim+action_dim+skill_dim,
        output_size=1,hidden_sizes=[M,M])
3  # 定义判别器,输入状态输出技能的分类
4  df=FlattenMlp(input_size=obs_dim,
5      output_size=skill_dim,hidden_sizes=[M,M])
```

DIAYN 算法流程同样遵循着采集样本、训练的模式。训练过程如下：

```
1  # 采样得到训练样本
2  terminals=batch[' terminals ']
3  obs=batch[' observations ']
4  actions=batch[' aCtions ']
5  next_obs=batch[' next_observations ']
6  skills=batch[' skills ']
7  # z_hat 为实际执行的技能,作为判别器的标签
8  z_hat=torch.argmax(skills,dim=1)
9  # 计算判别器此时的预测值
10 d_pred=self.df(next_obs)
11 d_pred_log_softmax=F.log_softmax(d_pred,1)
12 _,pred_z=torch.max(d_pred_log_softmax,dim=1,keepdim=True)
13 # 内部激励为 log q_φ ( z | s )-log p ( z )
14 rewards=d_pred_log_softmax[torch.arange(d_pred.shape[0]),z_hat]
        -math.log(1/self.policy.skill_dim)
15 rewards=rewards.reshape(-1,1)
16 # 利用预测值和标签计算分类损失
17 df_loss=self.df_criterion(d_pred,z_hat)
```

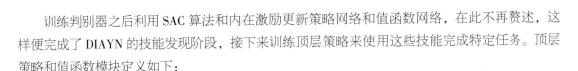
训练判别器之后利用 SAC 算法和内在激励更新策略网络和值函数网络，在此不再赘述，这样便完成了 DIAYN 的技能发现阶段，接下来训练顶层策略来使用这些技能完成特定任务。顶层策略和值函数模块定义如下：

```python
# worker 为之前训练好的技能网络
worker=torch.load(str(args.worker))['trainer/poliCy']
skill_dim=worker.skill_dim
M=variant['layer_size']
# 顶层策略的值函数网络
vf=FlattenMlp(
    input_size=obs_dim,
    output_size=1,
    hidden_sizes=[M,M])
# 策略网络,输入状态输出要执行的技能
policy=DiscretePolicy(
    obs_dim=obs_dim,
    action_dim=skill_dim,
    hidden_sizes=[M,M])
# 策略网络具体定义
class DiscretePolicy():
    def forward(self,obs,reparameterize=False,
            deterministic=False,return_log_prob=False):
        # 策略的最后一层激活函数为 softmax,和分类问题类似,输出概
            率最大的技能索引
        self.output_activation=F.softmax
        h=obs
        for i,fc in enumerate(self.fcs):
            h=self.hidden_activation(fc(h))
        softmax_probs=self.output_activation(self.last_fc(h))
        log_prob=None
        # 确定型输出,用于测试阶段
        if deterministic:
            action=torch.zeros(obs.shape[0],self.output_size)
            action[:,torch.argmax(softmax_probs)]=1
        # 按照概率采样,用于探索阶段
        else:
            action=torch.zeros(obs.shape[0],self.output_size)
            # 按照输出的概率定义类别分布并从中采样
            categorical-Categorical(softmax_probs)
            index=categorical.sample()
            if return_log_prob:
                log_prob=torch.zeros(obs.shape[0],1)
                log_prob[:,:]=categorical.log_prob(index)
            action[:,index]=1
        return(action,log_prob,softmax_probs)
```

接下来与环境交互采集样本，定义如下：

```
1   def collect_new_paths(self,max_path_length,
2           num_steps,discard_incomplete_paths):
3       paths=[]
4       num_steps_collected=0
5       while num_steps_collected<num_steps:
6           max_path_length_this_loop=min(num_steps-num_steps_collected)
7
8           path=rollout(self._env,self._policy,self._worker,
9               max_path_length=max_path_length_this_loop)
10          path_len=len(path['aCtions'])
11          # 返回交互序列的累计折扣回报,优势函数
12          path=self.add_advantages(path,path_len,self.
13              calculate_advantages)
14  # rollout 定义了交互过程
15  def rollout(env,agent,worker,max_path_length=np.inf,
16          k_steps=10,render=False,render_kwargs=None):
17      observations,actions,rewards,terminals,agent_infos,
18          env_infos=[],[],[],[],[],[]
19      o=env.reset()
20      agent.reset()
21      next_o=None
22      path_length=0
23      while path_length<max_path_length:
24          # 每隔 k 步顶层策略采样一个新的技能
25          if path_length % k_steps==0:
26              z,agent_info=agent.get_action(o)
27              worker.skill=np.argmax(z)
28          # 底层技能策略执行动作与环境交互
29          a,worker_info=worker.get_action(o)
30          next_o,r,d,env_info=env.step(a)
31          observations.append(o)
            rewards.append(r)
            terminals.append(d)
            actions.append(z)
```

采集样本之后利用传统强化学习方法（本例中采用 TRPO）进行训练，至此完成了顶层策略的训练。

第11章

离线强化学习算法

11.1　离线强化学习中面临的困难

　　强化学习的核心是智能体需要与环境进行不断的交互。智能体从交互样本中学习策略，随后使用新的策略交互来生成新的样本。由于智能体与环境的交互代价较高的，所以强化学习方法不易进行大规模应用。同时，有一些任务中很难进行在线的样本收集，如在机械臂、诊疗机器人、教育机器人等应用中，智能体与真实环境交互的代价是昂贵的；在自动驾驶中，收集样本需要智能体以当前不稳定的策略来与环境交互，该过程是危险的。

　　解决该问题的一个思路是利用已有的数据集进行学习，而不与环境进行交互，称为"离线"强化学习。数据集可以来自于其他智能体采集的数据或由人类采集的数据，这些数据可以在互联网上共享。智能体通过从固定数据集中学习来得到策略，不需要与环境进行交互。然而，由于数据集所含的数据量和覆盖范围是有限的，无法覆盖真实世界中的状态空间和动作空间，从数据集中学习一般无法达到与真实环境交互学习的策略水平。离线强化学习致力于解决使用固定数据集来进行策略学习出现的问题。

　　离线强化学习的学习形式类似于监督学习，二者都使用给定的数据集进行训练。监督学习近年来的发展受益于大规模的数据集和高效的神经网络结构，从而超越了传统的机器学习方法，在图形分类、目标识别、机器翻译等任务中取得很好的效果。监督学习的特点是输入 X 和标签 Y 之间有明确的对应关系（如 X 代表图像，Y 代表类别），此时深度神经网络需要建模 X 与 Y 之间的确定性映射。由于神经网络理论上可以拟合任意的确定性映射关系，更大的数据量和更高效的神经网络和训练方法都能提升监督学习的性能。然而，离线强化学习面临的不是一个确定的映射关系，在学习中会遇到额外的困难。以基于值函数的学习方法为例，离线强化学习需要拟合

$Q(s,a)$ 和 $TQ(s,a)=r(s,a)+\gamma\max_{a'}Q(s',a')$ 之间的关系。由于在开始训练时，Q 函数在执行策略评价时是不准确的，故而 $TQ(s,a)$ 也无法得到准确的估计。同时，随着训练的进行，$Q(s,a)$ 和 $TQ(s,a)$ 都是不断变化的。综上，离线强化学习的值函数和学习目标之间的关系既不是确定的，也不是稳定的映射，无法通过直接拟合等方法来学到策略。

由于值函数的估计存在困难，另一种直接的估计方法是拟合经验池中的策略映射关系 $s\to a$。这种方法在数据集是专家数据时能够取得一定的效果，原因是映射 $s\to a$ 反映了专家的动作选择，直接模仿这种行为能够获得类似于专家的决策能力。然而，直接模仿的方法并不适用于一般化的决策场景。例如，当数据集混合了多种策略产生的样本时，在策略模仿中会存在歧义（有些样本会在 s 处选择动作 a，而有些样本会选择其他动作）。此外，当数据集中存储的是非最优样本时，模仿映射关系 $s\to a$ 得到的策略的水平将不会超过产生数据集的策略的水平。

综上，直接从给定数据集中学习策略存在诸多困难。离线强化学习是近年来新兴的研究方向，现有成果中已经存在一些方法能够部分解决上述问题，本章以下内容将进行具体介绍。

11.2 策略约束的离线学习

本节介绍基于策略约束的离线强化学习，主要包括批约束的 BCQ 学习（Batch-Constrained Q-learning）算法，行为约束的 BRAC 算法（Behavior Regularized Actor Critic），以及行为模仿 TD3-BC 算法。强化学习中的 off-policy 学习算法理论上可以直接从以往的经验中进行学习，如经验池。离线强化学习中可以将经验池替换为给定的数据集。然而，off-policy 算法在给定的数据集中学习时，在策略估计会产生较大的推断误差（extrapolation error），误差来源主要包括两个方面。

1. 模型偏差

这里以 Q 学习作为基础算法进行分析，DDPG 等 off-policy 算法与 Q 学习类似，都依赖于对值函数 $Q(s,a)$ 的准确估计。在 Q 学习中，由于环境的不确定性，从 (s,a) 出发可能会转移到不同的 s'。在对策略 π 的值函数估计中，

$$T^{\pi}Q(s,a)=\mathbb{E}_{s'\sim P(\cdot\,|s,a)}\left[r+\gamma Q(s',\pi(s'))\right] \tag{11.1}$$

这里为了简化形式假设 $\pi(\cdot)$ 是一个确定性策略，期望中的不确定性来源于环境的状态转移。在离线强化学习中，由于 s' 只能采样至给定的数据集，因此求期望的操作变成了对数据集中存储的不同状态转移的结果求平均，即

$$T^{\pi}Q(s,a)=\mathbb{E}_{s'\sim D}\left[r+\gamma Q(s',\pi(s'))\right] \tag{11.2}$$

其中 D 代表给定的数据集，期望可以通过从数据集中采样来估计，是一种蒙特卡罗估计法。

当经验池中存储的状态转移不能反映真实的 MDP 时，式（11.1）和式（11.2）产生的估计

结果不同，代表了模型偏差。例如，在迷宫中，从当前位置出发，执行向右的动作，会以 90% 的概率转移到右边位置，以 10% 的概率保持在原地不动。然而，如果由于经验池容量有限，只采样到了转移到右边位置的样本，没有采样到原地不动的样本，则会导致经验池中存储的状态转移不能反映真实 MDP 中的环境模型。或者，如果转移到右边位置意味着获得奖励，在模仿学习中专家示范的样本都是转移到右边位置的，则经验池中没有原地不动的样本，此时会产生对值函数的过高估计。

2. 数据缺乏

数据缺乏会导致下一个状态 s' 处值函数估计的误差增大。如式（11.2）所示，当 (s,a) 转移到 s' 后，需要用当前策略网络 π 估计能最大化 $Q(s',a')$ 的动作 a'。一般的，$a' = \mathrm{argmax}_{a'} Q(s',a')$。在利用 π 输出动作 a' 后，Q 函数在之前训练中可能没有见过 (s',a') 这样的组合，从而导致对 $Q(s',a')$ 的估计产生偏差。例如，在模仿学习中，样本集中存储的都是专家样本，DDPG 的 Q 网络会根据专家样本学习 Q 函数。例如，专家在 s' 处一般执行 $a'=0$ 这个动作，则 Q 网络会对 $Q(s',a'=0)$ 的估计比较准确。然而，策略 π 是从头开始学习的，在策略水平较弱的时候，策略在 s' 可能会倾向于选择 $a'=1$ 这个动作，而 Q 函数没有对 $Q(s',a'=1)$ 进行过学习，因此会产生比较大的误差。

考虑为什么 on-policy 强化学习算法（如 PPO 等）不会产生这个问题。原因是 on-policy 算法直接使用当前策略增加一些探索机制来与环境交互采集样本，故而采集的样本与当前策略很接近，在估计当前策略的值函数时不会产生数据缺乏的问题。同时，由于智能体可以直接与环境进行交互，所以不会产生模型偏差的问题。

下面从实际训练的角度，比较不同类型的离线数据集 D 在用于 DDPG 算法进行离线强化学习训练中的性能表现。在离线强化学习中，将产生数据集 D 的策略称为"表现策略"（behavior policy）。一般的，表现策略可以是 on-policy 强化学习算法在与环境实际交互中训练的单一策略，或是由多个单一策略混合而来。下面以三种不同类型的数据集 D 和训练方式为例来分析 off-policy 算法的训练效果。

1）Final Buffer，该数据集混合了多种策略。收集数据的过程为，使用 DDPG 算法与环境交互采集样本，并进行完整的策略训练。训练结束后，将训练中产生的全部样本保存下来作为 D_{final}。此时 D_{final} 中存储的样本来源于多个不同的策略，包括训练开始时的随机策略，训练中期的中等水平策略，以及训练结束后的专家策略等。在随后的离线训练中，使用 off-policy DDPG 算法从 D_{final} 中直接采样进行训练，不与环境产生交互。

2）Concurrent，使用变化的数据集用于离线训练。该设定中，使用 DDPG 算法与环境交互进行训练，将在训练过程中不断变化的策略记为 π_b。同时，π_b 交互产生的样本将同步给一个离线的 off-policy DDPG 算法进行训练。因此，π_b 产生的样本不仅供自身训练，还供离线的 DDPG 训练。与 D_{final} 的区别是，在该设定中数据集不是固定的，而是跟随 π_b 在不断变化。而 D_{final} 使用的是训练结束后收集的样本，数据是固定的。

3）Imitation，使用单一策略产生的专家样本。在该设定中，首先使用与 DDPG 算法与环境交互训练一个专家策略 π_e，随后固定 π_e，使用 π_e 与环境交互产生样本。此时 $D_{\text{imitation}}$ 是单一策略 π_e 产生的，随后将其用于离线的 DDPG 算法进行训练。

如图 11.1 所示，在三种不同类型的离线强化学习训练中，离线强化学习算法的性能都远低于数据集本身的 behavior 策略的性能，表示三种设定下离线强化学习的训练都产生了不同程度的推断误差。

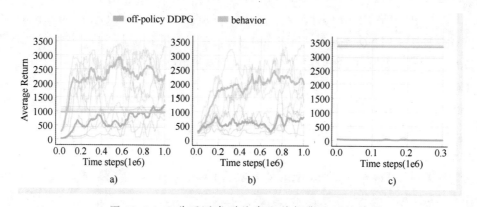

● 图 11.1　三种不同类型的离线数据集的训练结果

a）Final Buffer　b）Concurrent　c）Imitation

off-policy DDPG 为离线强化学习的训练曲线，behavior 为 D 中策略水平的变化

1）在 Final Buffer 的设定中，整个训练过程中策略由弱到强，产生的样本都被记录了下来。在离线策略训练中，D_{final} 具有最大的多样性和对状态——动作空间的覆盖率，故而在三种设定中能够取得最好的效果。然而，可以发现训练的结果仍低于 behavior 策略的效果。

2）Concurrent 居于二者之间。一方面数据集具有一定的多样性，另一方面由于也无法保证能够提供 π_{offline} 训练中需要的样本。

3）在 Imitation 设定中，仅有最终的专家策略产生的样本。可以发现，$D_{\text{imitation}}$ 中 behavior 策略的水平是不变的，表明其中仅包含了单一的策略样本。然而，在离线强化学习训练中，开始时策略水平 π_{offline} 会较弱，而 $D_{\text{imitation}}$ 仅能提供专家策略 π_e 产生的样本，此时 π_{offline} 和 π_e 之间的差距很大，导致 π_{offline} 经常访问的状态和动作与 $D_{\text{imitation}}$ 中样本的分布差距很大，Q 网络难以对当前策略经历的状态提供准确的价值估计，训练几乎无法进行。

实际上，即使是在样本多样性较高的 Final Buffer 设定中，直接使用 off-policy RL 算法也无法很好地进行学习。特别的，Imitation 的单一专家策略设定的表现最差。在模仿学习研究中提出的

Dagger 方法也是为了解决当前策略与专家样本不匹配的问题。

图 11.2 显示了真实值函数和估计值函数的不同。由于推断误差的存在,三种数据集设定下训练的策略都产生了不同程度的过估计问题,模仿学习最为严重,在短时间的训练步内值函数就会发散。

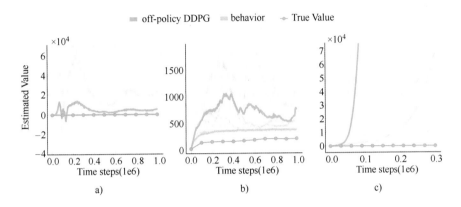

● 图 11.2　三种不同类型的离线数据集在离线训练中值函数的估计结果
a）Final Buffer　b）Concurrent　c）Imitation

▶▶ 11.2.1　BCQ 算法

下面介绍 BCQ 算法如何解决这个问题。首先考虑在 tabular-MDP 的有限状态空间下的解决方法,随后将该方法扩展到大规模强化学习任务中。具体的,在 tabular-MDP 中,BCQ 算法使用的 Bellman 更新公式为

$$T_{\mathrm{bcq}}^{\pi} Q(s,a) = \mathbb{E}_{s' \sim P(\cdot \mid s,a)} \left[r + \gamma \max_{a', \mathrm{s.t.}(s',a') \in D} Q(s',a') \right] \tag{11.3}$$

BCQ 算法与一般 Q 学习方法的区别在于,在选择动作 a' 时使用了限制条件,a' 不能在整个动作空间内选择 $\arg \max Q(s',a')$ 的值,而需要在数据集 D 所包含的状态动作中进行选择。BCQ 算法能够解决推断误差的问题,原因是 (s',a') 来源于给定的数据集,因此在训练中可以对 (s',a') 的值函数进行有效的估计,不会产生数据缺乏的问题。同时,由于数据集中包含了 (s,a,s') 这样的状态转移序列,所以在一定程度上缓解了模型的估计偏差。当然,这也取决于经验池中存储了多少有关 (s,a) 到下一个状态的转移元组。由于在获取 argmax 时需要考虑数据集 D 的限制,因此被称为 Batch-Constrained 策略。

下面将 BCQ 方法扩展到大规模状态空间中。在这种情况下,很难找到两个完全相同的状态。BCQ 中的 $(s',a') \in D$ 的这个限制需要通过模型化的方式来近似表达。BCQ 的思路是根据 D 中的数据训练一个变分自编码器(VAE),训练结束后输入任意的 s',VAE 能够输出在 D 出现概率较

大的动作的集合。随后，在动作集合中根据 Q 值取 argmax 的动作，得到 a'。由于 a' 是 VAE 输出的，能够保证 (s',a') 在 D 所代表的状态动作的密度分布中有较大的概率，从而近似实现 BCQ 中的约束。

VAE 的模型结构包括一个编码器（encoder）和一个解码器（decoder）。一般的，用于建模动作 a 的自编码器为

$$a \rightarrow (\text{encoder}) \rightarrow \mu, \sigma \rightarrow z \sim N(\mu, \sigma) \rightarrow (\text{decoder}) \rightarrow \tilde{a} \qquad (11.4)$$

由于策略动作是基于当前状态的，因此应在 encoder 和 decoder 中加入状态作为条件，

$$(s,a) \rightarrow (\text{encoder}) \rightarrow \mu, \sigma \rightarrow z \sim N(\mu, \sigma) \rightarrow (s,z) \rightarrow (\text{decoder}) \rightarrow \tilde{a} \qquad (11.5)$$

其中，自编码器用来拟合数据集中的动作 a，同时以 s' 作为 VAE 的条件。在训练好 VAE 之后，给定状态 s'，通过采样 $z \sim N(0,1)$，可以得到不同的采样动作 a'。

本文同时还提出了一个扰动模型 $\xi(s,a,\phi)$，用于增加从 VAE 中采样的动作的多样性。具体的，对于从 VAE 中采样的 n 个动作，先进行扰动，策略为取其中 Q 值最大的动作，

$$\pi(s) = \arg\max_{a_i + \xi_s(s,a_i,\Phi)} Q_\theta(s, a_i + \xi_\phi(s, a_i, \Phi)), \{a_i \sim G_w(s)\}_{i=1}^n \qquad (11.6)$$

其中 $G_w(s)$ 表示从 VAE 中采样出的动作，这些动作构成的 (s,a) 组合在 D 中有较高的概率密度。不同的 n 值会产生不同的效果。n 值越大，Q 值的搜索空间越大，不能保证采样到的 (s,a) 与经验池的样本很相似，但提升了多样性。当 n 值较小时，则 (s,a) 有较大的概率会来源于经验池，类似于模仿学习。

BCQ 的总体流程如算法 11-1 所示。BCQ 在循环中每次从 D 中采样一个批量样本进行训练。在采样后，首先使用 (s,a) 根据 VAE 的结构，使用重建误差 $(a-\tilde{a})$ 和 KL 损失来训练 VAE。根据 VAE，在下一个状态 s' 处采样 n 个动作。随后使用 ξ 模型扰动，代入 $\{Q(s',a_i), i \in (1,n)\}$ 中求最大的 Q 值。根据目标值函数的设置训练 Q 网络，训练扰动模型 ξ，并更新目标网络。BCQ 基于 TD3 算法，使用两个 Q 网络。在 Q 网络更新时 target-Q 值的设置为

$$y = r + \gamma \max_{a_i} [\lambda \min_{j=1,2} Q_{\theta'_j}(s', a_i) + (1-\lambda) \max_{j=1,2} Q_{\theta'_j}(s', a_i)] \qquad (11.7)$$

其中 λ 是更新中的权重。可以看到，BCQ 的整体流程较为复杂，下面介绍的算法遵循 BCQ 的原理，但在算法设计层面进行了简化。

算法 11-1 BCQ

1：给定数据集 D，目标网络更新频率 τ，数据批量大小 N，最大扰动值 Φ，采样动作数目 n，权重 λ

2：初始化 Q 网络参数 Q_{θ_1}，Q_{θ_2}，扰动网络 ξ_ϕ，VAE 模型 $G_w = \{E_{w_1}, D_{w_2}\}$。给定目标网络 $Q_{\theta'_1}$，$Q_{\theta'_2}$，$\xi_{\phi'}$，其中 $\theta'_1 \leftarrow \theta_1$，$\theta'_2 \leftarrow \theta_2$，$\phi' \leftarrow \phi$。

3：**for** $t=1$ **to** T **do**

4： 从 D 中采样 N 个状态转移元组 (s,a,r,s')

（续）

算法 11-1 BCQ

5：　计算 VAE 的前向传播 μ，$\sigma = E_{w_1}(s,a)$，$\widetilde{a} = D_{w_2}(s,z)$，$z \sim N(\mu,\sigma)$

6：　计算 VAE 的损失函数 $w \leftarrow \arg\min_w \sum (a - \widetilde{a})^2 + D_{\text{KL}}(N(\mu,\sigma) \parallel N(0,1))$

7：　从 VAE 中采样 n 个动作，$|a_i \sim G_w(s')|_{i=1}^n$

8：　使用扰动模型扰动每个动作，得 $|a_i = a_i + \xi_\phi(s',a_i,\Phi)|_{i=1}^n$

9：　使用式（11.7）设置目标值函数 y

10：　更新 Q 网络参数 $\theta \leftarrow \arg\min_\theta \sum (y - Q_\theta(s,a))^2$

11：　更新扰动模型参数 $\phi \leftarrow \arg\max_\phi \sum Q_{\theta_1}(s, a + \xi_\phi(s,a,\Phi)), a \sim G_w(s)$

12：　更新目标网络 $\theta_i' \leftarrow \tau\theta + (1-\tau)\theta_i'$

13：　$\phi' \leftarrow \tau\phi + (1-\tau)\phi'$

14：**end for**

▶▶ 11.2.2　BRAC 算法

　　BRAC 算法直接度量 behavior 策略和当前策略的距离，在训练中使用该距离作为约束。BRAC 中将策略约束作为惩罚，定义值函数为

$$V_D^\pi(s) = \sum_{t=0}^\infty \gamma^t \mathbb{E}_{s \sim P_t^\pi(s)} \left[R^\pi(s_t) - \alpha D(\pi(\cdot \mid s_t), \pi_b(\cdot \mid s_t)) \right] \tag{11.8}$$

其中 D 代表策略分布之间距离的度量。值函数在估计中根据策略约束进行了惩罚，如果当前策略与 behavior 策略的距离较大，则会降低值函数的估计，从而使策略以更小的概率来选择相应的动作。为了实现上述的值函数估计方法，设定 Q 学习目标为

$$\min_{Q_\psi} \mathbb{E}_{\substack{(s,a,r,s') \sim D \\ a' \sim \pi_\theta(\cdot \mid s')}} \left(r + \gamma (Q_{\psi^-}(s',a') - a\hat{D}(\pi_\theta(\cdot \mid s'), \pi_b(\cdot \mid s'))) - Q_\psi(s,a) \right)^2 \tag{11.9}$$

其中 Q_{ψ^-} 表示 target-Q 网络，$\hat{D}$ 表示两个分布的距离。此外，actor 学习目标在现在的最大化 Q 值的基础上，添加了两个策略之间的距离作为约束，即

$$\max_{\pi_\theta} \mathbb{E}_{(s,a,r,s') \sim D} \left[\mathbb{E}_{a'' \sim \pi_\theta(\cdot \mid s)} Q_\psi(s,a'') - \alpha \hat{D}(\pi_\theta(\cdot \mid s), \pi_b(\cdot \mid s)) \right] \tag{11.10}$$

　　在训练中，BRAC 将会分别轮流根据式（11.9）和式（11.10）来迭代值函数和策略。BRAC 提供了几种距离度量 D 的选择方法。

　　核最大均值距离（Kernel MMD）两个策略 π 和 π_b 之间的 kernel MMD 距离定义为

$$D_{\text{MMD}}^2(\pi, \pi_b) = \mathbb{E}_{x,x' \sim \pi(\cdot \mid s)} \left[K(x,x') \right] - 2 \mathbb{E}_{\substack{x \sim \pi(\cdot \mid s) \\ y \sim \pi_b(\cdot \mid s)}} K(x,y) + \mathbb{E}_{y,y' \sim \pi_b(\cdot \mid s)} \left[K(y,y') \right] \tag{11.11}$$

其中 K 是核函数，例如可以使用高斯核函数。MMD 损失可以通过分别从 π_θ 和 π_b 中采样得到，不需要提前估计 behavior 策略。MMD 距离的实现方法已经集成到现有的机器学习和深度学习库中，可以进行方便的调用。

KL 距离　在 KL 距离中，BRAC 中使用的约束项定义为

$$D_{\text{KL}}(\pi,\pi_b)=\mathbb{E}_{a\sim\pi(\cdot|s)}[\log\pi(a|s)-\log\pi_b(a|s)] \qquad (11.12)$$

上述表达式需要通过建模 behavior 策略来实现。例如，通过从给定数据集中采用估计一个高斯策略，可以用来近似表示数据集中 behavior 策略的分布。如果不希望估计 behavior 策略，可以通过利用 KL 距离的对偶形式来求解。具体的，任意的 f 距离都有对偶的求解形式。对于两个任意分布 p 和 q，二者的 f 距离定义为

$$D_f(p,q)=\int_x q(x)f\left(\frac{p(x)}{q(x)}\right)\mathrm{d}x \qquad (11.13)$$

可知，当 $p(x)=q(x)$ 时，$D_f(P\|Q)=f(1)$，所以 f 函数需满足 $f(1)=0$。同时，一般要求 f 是凸函数。根据 Jensen 不等式可得

$$D_f(p,q)=\int_x q(x)f\left(\frac{p(x)}{q(x)}\right)\mathrm{d}x>f\left(\int_x q(x)\frac{p(x)}{q(x)}\mathrm{d}x\right)=f\left(\int_x p(x)\mathrm{d}x\right)=f(1)=0 \qquad (11.14)$$

f 距离可以保证大于 0。将 f 距离表示为其对偶函数的形式，为

$$D_f(p,q)=\mathbb{E}_{x\sim p}f(q(x)/p(x))=\max_{g:X\to\text{dom}(f^*)}\mathbb{E}_{x\sim q}[g(x)]-\mathbb{E}_{x\sim p}[f^*(g(x))] \qquad (11.15)$$

其中 f^* 是 f 函数的对偶函数。在上式中，增加了一个额外的函数 g，因此需要增加一个内部的优化过程来取得使上式最大的 g，随后再计算 f 距离。KL 距离是 f 距离的一种特例，在 KL 距离中，f 函数 f^* 函数的定义分别为 $f(x)=-\log x$ 和 $f^*(t)=-\log(-t)-1$。关于 f 距离及其对偶形式可以参考对抗生成网络（GAN）的变种 f-GAN。

Wasserstein 距离　该距离也被称为"推土"距离（Earth Mover's distance），由于它的推导过程可以用挖土填土来解释，由一个分布转变为另一个分布所需要的代价和挖土填土的过程十分相似。Wasserstein 距离可以表示为

$$W(p,q)=\sup_{g:\|g\|_L\leq 1}\mathbb{E}_{x\sim p}[g(x)]-\mathbb{E}_{x\sim q}[g(x)] \qquad (11.16)$$

其中也需要引入了一个判别器函数 g。

在以上三种类型的距离度量中，MMD 距离和 KL 距离略优于 Wasserstein 距离。三种距离度量都可以通过现有的机器学习库来进行实现。

▶▶ 11.2.3　TD3-BC 算法

TD3-BC 算法依据 BCQ 中策略约束的原则进行设计。在 TD3-BC 中，保持了 TD3 中原本使用的 critic 训练方法保持不变，仅修改了 actor 的训练损失。原先 TD3 中的 actor 学习目标为

$$\pi=\arg\max_\pi Q(s,\pi(s)) \qquad (11.17)$$

其中 π 是一个确定性策略，actor 的训练损失为 $-Q(s,\pi(s))$，目标是最大化 Q 值。策略 π 在 TD3 计算 target-Q 中也被用于选择 a'。

TD3-BC 的基本思路是，由于在状态 $s \sim D$ 处根据 behavior 策略 π_b 选择动作 a_{π_b} 构成的元组 (s, a_{π_b}) 一定在 $s \sim D$ 中，因此只要限制策略 π 使其保证与 behavior 策略 π_b 之间的距离在一定的范围内，则可以保证在状态 $s \sim D$ 处根据策略 π 选择的动作 a_π 构成的 (s, a_π) 元组能够在数据集 D 中有较大的概率密度。具体的，TD3-BC 中的 actor 学习目标表示为

$$\pi = \arg\max_\pi \left[\underbrace{\lambda}_{\text{weight}} Q(s, \pi(s)) - \underbrace{(\pi(s) - a)^2}_{\text{behavior cloninxg}} \right] \tag{11.18}$$

可以发现，TD3-BC 的 actor 学习目标与 TD3 的学习目标仅有两点不同：

1）增加了 behavior cloning（BC）损失，对 $\pi(s)$ 选择的动作 a_π，使用 L_2 损失来减小其与数据集中存储的动作 a 的距离。注意数据集中存储的动作 $a = \pi_b(s)$，反映了 behavior 策略，故而该损失约束了 $\pi(s)$ 与 $\pi_b(s)$ 之间的距离。

2）增加了权重 λ 项，用来权衡最大化 Q 值和 BC 损失。

其中，λ 的设置需要一定的设计。由于动作空间是固定的，则 BC 损失项的尺度也较为固定，而 Q 值在训练过程中会不断变化，所以 λ 在设置中需要考虑到当前 Q 值的尺度。具体的，λ 的设置如下：

$$\lambda = \frac{\alpha}{\frac{1}{N}\sum_{s_i, a_i} |Q(s_i, a_i)|} \tag{11.19}$$

其中 α 是一个常数。

TD3-BC 算法具备以下的优势。

1）实现简单。可以发现，TD3-BC 可以在 TD3 算法的基础上通过简单修改得到。通过增加 BC 相关的损失能够将 TD3 算法应用于离线强化学习中，在实现上具有优势。

2）效果稳定。由于仅增加了 BC 计算模块，在实际的任务测试中可以发现，TD3-BC在不同任务、不同随机种子下的表现是现有离线强化学习中较为稳定的，在大多数任务中都有不错的表现。而 BCQ 等方法由于引入了额外的模型，往往需要根据任务的不同来重新设计模型的训练结构和训练方法。

3）计算代价低。相对于 TD3 没有引入额外的模块，故而计算代价和 TD3 相当。

11.3 使用保守估计的离线学习

保守估计的 Q 学习（Conservative Q-learning，CQL）是一种基于值函数悲观保守估计的学习方法，其本质是限制离线强化学习得到的策略 π，使其和 π_b 的距离不要太远。然而，CQL 使用了不同的实现方法，并不直接限制学习到的策略，而是通过在值函数学习中施加约束来获得保守的值函数估计。具体的，CQL 中的值函数估计方法表示为

$$\hat{Q}^{k+1} \leftarrow \arg\min_Q \left\{ \alpha \, \mathbb{E}_{s\sim D, a\sim\mu(a|s)} \left[Q(s,a) \right] + \frac{1}{2} \mathbb{E}_{s,a\sim D} \left[Q(s,a) - \hat{T}^{\pi} \hat{Q}^k(s,a)^2 \right] \right\} \qquad (11.20)$$

其中 k 表示迭代轮数。CQL 的学习目标中，第二项是常规的 TD-error 项，用来计算 Bellman 目标 $\hat{T}\hat{Q}$ 和 $\hat{Q}$ 之间的距离。这里 $\hat{Q}$ 是为了区别于真实的 Q 值，表明这里的 Q 值是通过从 D 中采样来估计的，这一点可以从第二项的期望中看到。CQL 的学习目标中第一项是其核心，μ 代表当前离线强化学习的策略，通过从离线数据集中采集状态，而从 μ 中采集动作，来最小化其对应的 $Q(s,a)$ 值，可以获得一个保守的策略。

下面对 CQL 的目标函数进行分析。CQL 在最小化式（11.20）右侧的学习目标，下面考虑该学习目标达到极小值时的情况。令该表达式对 Q 值的梯度为 0，则有

$$\nabla_Q \left\{ \alpha \int \left[\mu(a\,|\,s) Q(s,a) + \frac{1}{2} \hat{\pi}_b(a\,|\,s) (Q(s,a) - \hat{T}^{\pi} \hat{Q}^k(s,a))^2 \right] da \right\} = 0 \qquad (11.21)$$

其中 π_b 的出现是因为 $(s,a)\sim D$，动作 a 遵循 behavior 策略的分布 π_b。对上式进行化简，得到

$$\alpha\mu(a\,|\,s) + \hat{\pi}_b(a\,|\,s)(Q(s,a) - \hat{T}^{\pi}\hat{Q}^k(s,a) = 0 \qquad (11.22)$$

随后进行整理，将 $Q(s,a)$ 移到等式左侧，其余项移到等式右侧。等式左侧的 $Q(s,a)$ 是在下一个迭代步的值函数。有以下关系成立

$$\forall s, a \in D, k, \hat{Q}^{k+1}(s,a) = \hat{T}^{\pi}\hat{Q}^k(s,a) - \alpha\frac{\mu(a\,|\,s)}{\hat{\pi}_b(a\,|\,s)} \qquad (11.23)$$

因此，从极值的角度来看，式（11.20）所示的学习目标实际上是在原始 Q 学习的基础上，给目标 Q 函数增加了一个约束项，该约束项正比于 $\mu(a\,|\,s)/\hat{\pi}_b(a\,|\,s)$。其中，$\mu(a\,|\,s)$ 是当前算法策略，而 $\hat{\pi}_b(a\,|\,s)$ 是数据集对应的 behavior 策略。如果有一些样本在数据集上没有出现（$\hat{\pi}_b(a\,|\,s)$ 的概率值较小），而在当前策略中具有较高的概率（$\mu(a\,|\,s)$ 的概率值较大），则 $\mu(a\,|\,s)/\hat{\pi}_b(a\,|\,s)$ 项就会较大，从而减少相应的 Q 值估计，获得一个"保守"的策略。CQL 的该性质可以用于解决离线强化学习中的数据缺乏问题，当 $\mu(a\,|\,s)$ 选择的动作在数据集对应策略 $\hat{\pi}_b(a\,|\,s)$ 选择概率较小时，CQL 会给予对应的状态动作对较大的惩罚，从而减少相应的值函数估计。

CQL 提出了另外一个改进的更新方法，相比于式（11.20）可以减轻值函数的保守程度。具体的，如式（11.24）所示，相比于式（11.20）增加了一项。更新公式为

$$\hat{Q}^{k+1} \leftarrow \arg\min_Q \alpha(\mathbb{E}_{s\sim Q, a\sim\mu(a|s)}[Q(s,a)] - \mathbb{E}_{s\sim Q, a\sim\hat{\pi}_b(a|s)}[Q(s,a)])$$

$$+ \frac{1}{2}\mathbb{E}_{s,a\sim D}[(Q(s,a) - \hat{T}^{\pi}\hat{Q}^k(s,a))^2] \qquad (11.24)$$

其中，增加的一项为最大化从 $\hat{\pi}_b(a\,|\,s)$ 中采样的动作的 Q 值。由于 $s\sim D$，$a\sim\hat{\pi}_b(a\,|\,s)$ 的状态动作 (s,a) 是来自于给定数据集的，认为这些样本能够在训练中得到较为准确的状态转移函数的估计，进而得到较为准确的值函数。因此增大这些 (s,a) 的值函数用于抵消第一项中对这些元

组的值函数的惩罚。根据同样的方法，对式（11.24）取对 Q 值的导数，得到以下关系：

$$\forall s, a \in D, k, \hat{Q}^{k+1}(s,a) = \hat{T}^\pi \hat{Q}^k(s,a) - \alpha \left[\frac{\mu(a \mid s)}{\hat{\pi}_b(a \mid s)} - 1 \right] \tag{11.25}$$

其中惩罚项正比于 $\mu(a \mid s)/\hat{\pi}_b(a \mid s) - 1$，该项小于式（11.20）所带来的惩罚项 $\mu(a \mid s)/\hat{\pi}_b(a \mid s)$，故而减轻了惩罚项。当现有策略和 behavior 策略相等时，有 $\mu(a \mid s)/\hat{\pi}_b(a \mid s) - 1 = 0$，此时不对值函数施加惩罚。

由于使用了惩罚项，当 $\alpha > 0$ 时，可以得到 $\hat{Q}^{k+1}(s,a) \leqslant \hat{T}^\pi \hat{Q}^k(s,a)$。根据现有的强化学习理论（如 simulation lemma），$\hat{T}^\pi Q$ 和真实的状态转移概率构成的 Bellman 操作 $T^\pi Q$ 之间以 $1-\delta$ 的概率满足 $\| \hat{T}^\pi Q - T^\pi Q \|_\infty \leqslant C_{r,T,\delta}$。这里的 $1-\delta$ 是由统计学中集中不等式包含的高概率近似正确（PAC）理论得到的，而 $C_{r,T,\delta}$ 是依赖于多个参数的量。进而，当值函数迭代收敛时，$\hat{Q}$ 和 Q 之间的差会小于一个固定的值。当式（11.24）中的 α 足够大时，CQL 导出的值函数是真实值函数 Q 的一个下界。

从 CQL 最终导出的形式看，CQL 利用的也是当前策略 $\mu(a \mid s)$ 和 behavior 策略 $\hat{\pi}_b(a \mid s)$ 之间的差异性来对策略进行约束。相比于 BCQ 和 BRAC 等方法，CQL 的优势在于不需要直接建模 $\hat{\pi}_b$，也不需要直接来计算 $\mu(a \mid s)$ 和 $\hat{\pi}_b(a \mid s)$ 之间的差，而是通过采样的方式来近似获得策略约束的效果。在现有的离线强化学习任务测试中，CQL 的效果要优于 BCQ 和 BRAC，与 TD3-BC 效果相当。

分布式 CQL 使用前面章节中介绍的基于值分布的强化学习算法与 CQL 结合，可以在一定程度上提升性能。基于值分布的强化学习算法在用于离线强化学习中时，需要使用给定数据集 D 来进行 Bellman 运算 $\hat{T}^\pi$，用于近似在真实状态转移概率下定义的运算 T^π。随后，对于策略 π 定义的值分布 Z^π 可以使用分位数 $F_{Z(s,a)}^{-1}$ 来表示。使用分位数回归的策略评价中，值函数的迭代方式为

$$\hat{Z}^{k+1} = \arg \min_Z L_p(Z, \hat{T}^\pi \hat{Z}^k) \tag{11.26}$$

其中

$$L_p(Z, Z') = \mathbb{E}_{D(s,a)} \left[(W_p(Z(s,a), Z'(s,a)))^p \right] \tag{11.27}$$

其中 $Z(s,a)$ 使用分位数函数来表示。具体的，$F_{Z(s,a)}^{-1}(\tau) : [0,1] \to \mathbb{R}$，其中 τ 代表 $[0,1]$ 之间的分位点。

基于分位数回归的算法在用于离线强化学习时也会出现由于模型偏差和分布偏差而导致的分布偏移问题，即数据集存储的样本分布和智能体策略导出的样本分布不一致。分布式的 CQL 将 CQL 算法扩展到了分布式强化学习中，即在式（11.26）的更新公式中增加了类似 CQL 的惩

罚项：

$$\widetilde{Z}^{k+1} = \arg \min_{Z} \left[\alpha \cdot \mathbb{E}_{U(\tau),D(s,a)} \left[c_0(s,a) \cdot F_{Z(s,a)}^{-1}(\tau) \right] + L_p(Z, \hat{T}^{\pi} \widetilde{Z}^k) \right] \tag{11.28}$$

其中 $\tau \sim U(\tau)$ 代表分位点用均匀分布采样，α 和 c_0 代表权重。第一项为 CQL 的惩罚项，通过对采样的分位点 τ 求取分位数，并最小化该分位数来获得保守的值函数估计。第二项为原始的分位数回归损失。分布式 CQL 由于使用分位数回归来建模值函数的分布，能够提升值函数的表达能力，从而有一定的性能提升。由于使用分位数建模值分布，通过改变 τ 所采用的分布，能够进行代价敏感学习。

11.4 基于不确定性的离线学习

与基于策略约束和保守估计的离线强化学习方法不同，基于不确定性估计的方法使用通过对状态转移函数或值函数的估计来获得状态-动作 (s,a) 的认知不确定性估计，并对不确定性较高的元组在学习中进行惩罚。对比而言，基于策略约束和保守值函数的方法限制了当前策略与 behavior 策略之间的距离，从而减少了推断误差。然而，由于策略约束限制了智能体的策略与 behavior 策略的距离，当 behavior 策略水平较差时，此类方法学习到的策略也会受到影响。基于不确定性估计的方法提供了一种新的思路，通过认知不确定性来度量每个状态动作对在给定数据分布中的不确定性。下面介绍三种离线强化学习中的不确定性度量方法。

▶▶ 11.4.1 UWAC 算法

基于不确定性的 actor-critic（Uncertainty Weighted Actor-Critic，UWAC）是一种同时使用 Dropout 不确定性估计和 BRAC 策略约束的方法。Dropout 在深度学习中可以作为贝叶斯估计方法的一种，用于建模参数的后验分布。一个直观的原因是，Dropout 在神经网络的前向传播中以一定的概率使用每个网络连接，因此每次前向传播相当于只利用了整个网络的一个子网络，而多次前向传播的过程则相当于得到了多个不同的子网络。多个子网络的预测结果构成一个集成模型，可以用来近似代表贝叶斯后验概率的分布。在前文介绍的强化学习探索方法中，基于 Bootstrapped DQN 的方法通过多个神经网络也构建了集成式的模型，这里和 Dropout 的技术较为类似。不同的是，Dropout 的计算代价更小，不需要增加额外的计算模块。

具体的，使用 X 来代表离线数据集中所有的状态动作集合：$X = (s,a)$，使用 Y 代表状态集合的 Q 值。使用一个具有 Dropout 层的神经网络来建模值函数，则模型不确定性能够通过多次使用 Dropout 前向传播得到的不同预测结果之间的方差来计算。不确定性定义为多次预测得到的 Q 值的方差 $\mathrm{var}[Q(s,a)]$。对于输入 (s,a)，方差较大表明每个 Dropout 子网络之间在预测中有很大的歧义。在 Tabular-MDP 中，这表示 (s,a) 没有出现在 D 中；而在大规模任务中，表明 (s,a) 在数据集 D 中的似然概率很小，具有较大的不确定性。

随后，在训练值函数时，使用不确定性的估计来进行加权，对于不确定性较高的状态动作给予惩罚。具体的，值函数学习的目标函数为

$$L(Q_\theta) = \mathbb{E}_{(s,a,s') \sim D} \mathbb{E}_{a' \sim \pi(\cdot|s')} \left[\frac{\beta}{\text{var}[Q_{\theta'}(s',a')]} L(s,a,s',a')^2 \right] \qquad (11.29)$$

$$L(s,a,s',a') = Q_\theta(s,a) - R(s,a) + \gamma Q_{\theta'}(s',a')$$

其中 $L(s,a,s')$ 代表从经验池中采集的样本，a 是根据当前策略选择的动作。注意不确定性是施加在 (s',a') 上的，原因是 (s,a) 可以确保包含在经验池中，而 (s',a') 中包含了当前策略选择的动作，可能有较大的不确定性。β 用来调节不确定性的权重。

在 actor 学习中，同样在最大化 Q 值的同时用不确定性来加权，学习目标为

$$L(\pi) = -\mathbb{E}_{a \sim \pi(\cdot|s)} \left[\frac{\beta}{\text{var}[Q_\theta(s,a)]} Q_\theta(s,a) \right] \qquad (11.30)$$

对于不确定性较大的 (s,a)，策略会采取保守的更新方式。

UWAC 的一个较大的局限性是，UWAC 以 BRAC 算法为基础，策略在学习中不仅依据不确定性来更新，同时施加了策略约束。这表明完全基于 Dropout 的不确定性估计还不足以解决离线强化学习的分布偏移问题。

▶▶ 11.4.2 MOPO 算法

MOPO（Model-Based Off Line Policy Optimization）算法是一种基于模型的学习算法，从经验池中采集样本来构建环境模型 $\hat{T}(s'|s,a)$，在训练中智能体将同时使用 $\hat{T}$ 产生的样本和原有给定数据集中的样本来训练，从而可以扩大用于学习的数据量。同时 MOPO 算法提出，对于一个状态转移序列而言，估计的 $\hat{T}(s'|s,a)$ 和真实的状态转移 $T(s'|s,a)$ 的差可以用来作为不确定性的度量，随后对不确定性较大的训练样本在学习时进行惩罚。下面对 MOPO 算法的理论推导进行简述。

在 MOPO 中，将使用估计的环境模型 $\hat{T}(s'|s,a)$ 定义的 MDP 标记为 $\hat{M}$，而将使用真实的环境模型 $T(s'|s,a)$ 定义的 MDP 标记为 M。考虑一般的任务中奖励函数都是明确定义的，所以 $\hat{M}$ 和 M 的区别是环境状态转移的不同。首先，MOPO 给出了在 M 下的同一个值函数 $V_M^\pi(\cdot)$ 由于环境的状态转移不同而导致的误差，

$$G_{\hat{M}}^\pi(s,a) := \mathbb{E}_{s' \sim \hat{T}(s,a)} [V_M^\pi(s')] - \mathbb{E}_{s' \sim T(s,a)} [V_M^\pi(s')] \qquad (11.31)$$

上式的差值来源于不同的状态转移函数导致的 s' 的转移概率的不同。当 $\hat{T}(\cdot|s,a) = T(\cdot|s,a)$

时，有 $G_M^\pi(s,a)=0$。

下面定义在两个不同的 MDP（M 和 $\hat{M}$）的目标函数。对于固定的策略 π，目标函数分别为

$$
\begin{cases}
\eta_M(\pi) = \mathbb{E}_{a_t \sim \pi(s_t), s_{t+1} \sim T(s_t, a_t)} \left[\sum_{t=0}^{\infty} \gamma^t r(s_t, a_t) \right] \\
\eta_{\hat{M}}(\pi) = \mathbb{E}_{a_t \sim \pi(s_t), s_{t+1} \sim \hat{T}(s_t, a_t)} \left[\sum_{t=0}^{\infty} \gamma^t r(s_t, a_t) \right]
\end{cases}
\tag{11.32}
$$

则使用不同 MDP 产生的 η 值与之前定义的 $G_M^\pi(s,a)$ 的关系为

$$
\eta_{\hat{M}}(\pi) - \eta_M(\pi) = \gamma \, \mathbb{E}_{(s,a) \sim \hat{\rho}_T^\pi} \left[G_M^\pi(s,a) \right]
\tag{11.33}
$$

其中 ρ_T^π 定义了每一个状态动作 (s,a) 在给定策略 π 和状态转移概率 $\hat{T}$ 下的分布。下面给出式（11.33）的证明过程。考虑 $\eta_{\hat{M}}(\pi) - \eta_M(\pi)$ 为所有时间步内由于状态转移函数的不同而导致的累计奖励的差，在计算中将其分割为单个时间步中状态转移函数的不同而导致的奖励的差。具体的，定义单个变量 W_j 为在前 j 个时间步内使用 $\hat{T}$ 交互、从第 $j+1$ 时间步开始使用 T 进行交互而产生的累计奖励的和，即

$$
W_j = \mathbb{E}_{\substack{a_t \sim \pi(s_t) \\ t < j : s_{t+1} \sim \hat{T}(s_t, a_t) \\ t \geq j : s_{t+1} \sim T(s_t, a_t)}} \left[\sum_{t=0}^{\infty} \gamma^t r(s_t, a_t) \right]
\tag{11.34}
$$

特别的，当 $j=0$ 时，W_0 代表完全遵循 $T(\cdot \mid s,a)$ 交互得到的回报，即 $W_0 = \eta_M(\pi)$；当 $j=\infty$ 时，W_∞ 代表完全遵循 $\hat{T}(\cdot \mid s,a)$ 交互得到的回报，即 $W_\infty = \eta_{\hat{M}}(\pi)$。因此有

$$
\eta_{\hat{M}}(\pi) - \eta_M(\pi) = \sum_{j=0}^{\infty} (W_{j+1} - W_j)
\tag{11.35}
$$

成立，原因是上式右侧展开相邻的项消去之后会仅剩 $\eta_{\hat{M}}(\pi)$ 和 $\eta_M(\pi)$ 两项。下面计算式（11.35）右侧单步的 $W_{j+1} - W_j$ 的值。具体的，有

$$
\begin{aligned}
W_j &= R_j + \mathbb{E}_{s_j, a_j \sim \pi, \hat{T}} \left[\mathbb{E}_{s_{j+1} \sim T(s_j, a_j)} \left[\gamma^{j+1} V_M^\pi(s_{j+1}) \right] \right] \\
W_{j+1} &= R_j + \mathbb{E}_{s_j, a_j \sim \pi, \hat{T}} \left[\mathbb{E}_{s_{j+1} \sim \hat{T}(s_j, a_j)} \left[\gamma^{j+1} V_M^\pi(s_{j+1}) \right] \right]
\end{aligned}
\tag{11.36}
$$

二者的区别在于 s_{j+1} 的选择不同。随后，计算

$$
\begin{aligned}
W_{j+1} - W_j &= \gamma^{j+1} \mathbb{E}_{s_j, a_j \sim \pi, \hat{T}} \left[\mathbb{E}_{s' \sim \hat{T}(s_j, a_j)} \left[V_M^\pi(s') \right] - \mathbb{E}_{s' \sim T(s_j, a_j)} \left[V_M^\pi(s') \right] \right] \\
&= \gamma^{j+1} \mathbb{E}_{s_j, a_j \sim \pi, \hat{T}} \left[G_M^\pi(s_j, a_j) \right]
\end{aligned}
\tag{11.37}
$$

其中，

$$
\begin{aligned}
\eta_{\hat{M}}(\pi) - \eta_M(\pi) &= \sum_{j=0}^{\infty} (W_{j+1} - W_j) \\
&= \sum_{j=0}^{\infty} \gamma^{j+1} \mathbb{E}_{s_j, a_j \sim \pi, \hat{T}} \left[G_M^\pi(s_j, a_j) \right] = \gamma \, \mathbb{E}_{(s,a) \hat{\rho}_T^\pi} \left[G_M^\pi(s,a) \right]
\end{aligned}
\tag{11.38}
$$

因此证明了式（11.33）。进而，根据 $G_M^\pi(s,a)$ 的定义展开为内积的形式，得

$$G_M^\pi(s,a) = <\hat{T}(s,a), V_M^\pi> - <T(s,a), V_M^\pi> = <\hat{T}(s,a) - T(s,a), V_M^\pi> \tag{11.39}$$

$$\leqslant ||\hat{T}(s,a) - T(s,a)||_1 ||V_M^\pi||_\infty \leqslant \frac{r_{max}}{1-\gamma} D_{TV}(\hat{T}(s,a), T(s,a))$$

其中，第二行根据 Holder 不等式得到。MOPO 理论中除了将 $G_M^\pi(s,a)$ 展开为 TV-距离的形式，同时证明了当函数空间满足 Lipschitz 约束时，可以将其展开为与 W 距离有关的项。这些距离都衡量了真实的状态转移函数 T 和估计的状态转移函数之间的距离，$G_M^\pi(s,a)$ 可以被状态转移函数之间的距离来度量。现假设存在一个合适的不确定性度量 $u(s,a)$ 使得 $|G_M^\pi(s,a)| \leqslant c \cdot u(s,a)$，则根据式（11.38）有

$$\eta_M(\pi) = \eta_{\hat{M}}(\pi) - \gamma G_M^\pi(s,a) = \mathbb{E}_{(s,a)\sim\rho_{\hat{M}}^\pi}[r(s,a) - \gamma G_M^\pi(s,a)] \tag{11.40}$$

$$\geqslant \mathbb{E}_{(s,a)\sim\rho_{\hat{M}}^\pi}[r(s,a) - \gamma|G_M^\pi(s,a)|] \geqslant \mathbb{E}_{(s,a)\sim\rho_{\hat{T}}^\pi}[r(s,a) - \lambda u(s,a)]$$

其中 $\lambda = \gamma c$ 可以认为是一个超参数。根据式（11.40），MOPO 算法的奖励函数设置为使用不确定性惩罚后的奖励：$r(s,a) - \lambda u(s,a)$。式（11.40）表明使用该奖励训练得到的目标函数是原始目标函数 $\eta_M(\pi)$ 的一个下界。故而，MOPO 需要通过对环境模型的训练得到不确定性的估计 $u(s,a)$，并在训练中将该估计作为奖励的惩罚。

MOPO 也可以实现隐式的策略约束。当 (s,a,s') 存在于给定数据集中，或者在数据集中存在相似样本时，通过对数据集的采样训练能够对 $\hat{T}(s'|s,a)$ 的概率进行估计，使得 $u(s,a)$ 的值较小。然而，如果 (s,a,s') 与数据集中的样本都不相似，则 $u(s,a)$ 的值较大，惩罚较大。通过对值函数的惩罚，MOPO 会鼓励智能体产生的策略与数据集的 behavior 策略相似。

然而，$u(s,a)$ 的计算需要使用真实的环境状态转移 $T(s'|s,a)$，而该值是未知的。在实际应用中，MOPO 提出了一种 $u(s,a)$ 的估计方法，能够在大多数任务中产生不错的效果。具体的，使用 N 个环境模型，通过从数据集中采样来进行训练，每个模型的输出是一个正态分布，总体的模型表示为 $\{\hat{T}_{\theta,\phi}^i = N(\mu_\theta^i, \sum_\phi^i)\}|_{i=1}^N$。随后，不确定性估计为所有 N 个模型中的最大方差。最终 MOPO 使用的奖励函数表示为

$$\tilde{r}(s,a) = \hat{r}(s,a) - \lambda \max_{i=1,\cdots,N} ||\sum_\phi^i(s,a)||_F \tag{11.41}$$

其中 F 范数将协方差矩阵转化为标量。正态分布的方差可以用来表示环境建模的任意不确定性（aleatoric uncertainty），而使用的多个正态分布类似于集成模型，可以用于表示环境建模的认知不确定性（epistemic uncertainty）。虽然用这一不确定性的计算方法得到的结果并不能在理论上证明是状态转移概率之间的距离上界，但是该方法在实际应用中表现出很好的效果。

▶▶ 11.4.3　PBRL 算法

PBRL（Pessimistic Bootstrapping for Uncertainty-Driven Offline RL）算法是一种基于不确定性度

量的悲观重采样方法。与 MOPO 算法不同，PBRL 算法不需要构建环境模型，避免了环境模型的训练困难。与 UWAC 不同，PBRL 算法是一种完全基于不确定性度量的方法，不依赖于策略约束，可以使用对值函数的不确定性度量来进行离线策略学习。

PBRL 算法使用集成模型来获得对不确定性的估计。具体的，使用 K 个重采样的 Q 函数作为 actor-critic 结构中的 critic，其中第 k 个元素记为 Q^k，更新方法为

$$\hat{T}Q_\theta^k(s,a) := r(s,a) + \gamma \,\hat{\mathbb{E}}_{s' \sim P(\cdot \mid s,a), a' \sim \pi(\cdot \mid s)} \left[Q_{\theta-}^k(s',a') \right] \tag{11.42}$$

通过从给定数据集中采样来进行更新。根据训练的 K 个值函数，可以构造不确定性的估计。K 个值函数会在数据量较大的地方给出相似的估计，而在缺乏数据的地方给出不同的估计。在缺乏数据的位置，每个值函数会根据不同的泛化性质给出不同的估计，从而体现出较大的不确定性。该性质类似于在第 7 章中介绍的重采样 DQN 方法，相关性质请读者进行回顾。形式化的，(s,a) 的不确定性度量表示为 K 个值函数预测标准差，即

$$U(s,a) := \mathrm{Std}(Q^k(s,a)) = \sqrt{\frac{1}{K} \sum_{k=1}^{K} \left[Q^k(s,a) - \overline{Q}(s,a) \right]^2} \tag{11.43}$$

其中，$\overline{Q}$ 代表集成值函数的均值。从贝叶斯回归的角度，不确定性估计等于值函数后验分布的标准差。为了更好地理解不确定性度量的有效性，下面使用 10 个有相同结构的神经网络来回归一些二维的数据点。在回归中，X 是二维的数据点，Y 是随机生成的标签。图 11.3 显示了不确定性估计的示意图，图中包含了 60 个数据点和不确定性的估计。可以发现，在数据量较大的位置，$U(s,a)$ 能够给出较小的不确定性；而在数据量较少的位置，$U(s,a)$ 能够给出较大的不确定性。同时，可以发现不确定性的变化是平滑的，不会发生突变，从而在学习中保证了训练的稳定性。在离线强化学习中，执行的任务是在给定数据集上回归 $(s,a) \to \hat{T}Q^k(s,a)$，这类似于上述在二维固定数据点下的回归任务。

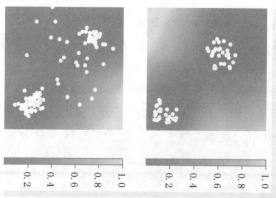

● 图 11.3 不确定性估计的示意图。白色的点代表数据点，背景颜色的深浅代表了不确定性的大小

在不确定性估计的基础上，提出使用以下目标来对数据集中包含的状态转移元组进行惩罚。具体的，(s', a') 的不确定性估计在训练中作为惩罚，即

$$\hat{T}^{\text{in}} Q_\theta^k(s, a) := r(s, a) + \gamma \, \hat{\mathbb{E}}_{s' \sim P(\cdot \mid s, a), a' \sim \pi(\cdot \mid s)} \left[Q_{\theta^-}^k(s', a') - \beta_{\text{in}} U_\theta(s', a') \right] \quad (11.44)$$

其中 $U_\theta(s', a')$ 使用目标网络 Q_{θ^-} 来估计的 (s', a') 处的不确定性，β_{in} 是权重。这里的期望 $\hat{\mathbb{E}}_{s' \sim P(\cdot \mid s), a' \sim \pi(\cdot \mid s)}$ 并非真正意义上的期望，而是通过从数据集中采样 (s, a, s') 得到的估计的均值。$a' \sim \pi(\cdot \mid s')$ 表示从当前策略 π 中采样。

然而发现仅根据式（11.44）中的学习算法无法对在给定数据集分布之外的（Out-Of-Distribution，OOD）样本的值函数进行有效的约束。原因是 $\hat{T}^{\text{in}} Q_\theta^k$ 中使用的训练样本都来自于给定的数据集，而还有大量的 OOD 样本是没有包含在数据集中的。PBRL 提出了一种 OOD 采样方法，通过采样 OOD 样本对相应的值函数进行约束，可以使算法在 OOD 样本中也有合理的表现。具体的，将采样的 OOD 样本记为 $(s^{\text{ood}}, a^{\text{ood}}) \in D_{\text{ood}}$，则对于这些 OOD 样本定义一个学习目标为原始的值函数估计减去相应的不确定性，即

$$\hat{T}^{\text{ood}} Q_\theta^k(s^{\text{ood}}, a^{\text{ood}}) := Q_\theta^k(s^{\text{ood}}, a^{\text{ood}}) - \beta_{\text{ood}} U_\theta(s^{\text{ood}}, a^{\text{ood}}) \quad (11.45)$$

这里无法使用一般的 Bellman 公式，原因是 OOD 样本不包含在数据集中，其奖励和下一个状态都是未知的。PBRL 将 $Q_\theta^k(s^{\text{ood}}, a^{\text{ood}})$ 的估计值近似作为目标值函数的真值，随后使用不确定性 $U_\theta(s^{\text{ood}}, a^{\text{ood}})$ 进行惩罚，从而得到悲观的值函数。在实现中，OOD 样本的状态 s^{ood} 仍然来自给定数据集，而 a^{ood} 从当前策略 π 采样。由于当前策略 π 一般与 behavior 策略 π_b 是不相同的，所以从 π 采样的动作可以认为是一种 OOD 的动作。权重 β_{ood} 在实现中应该是逐步递减的，原因是开始训练时 U_θ 无法提供准确的不确定性估计，此时对 OOD 样本给予较大的惩罚。在训练过程中 β_{ood} 可以逐步缩小为一个固定的值，此时主要依靠不确定性本身对值函数进行惩罚。

PBRL 和 CQL 都采用了采样 OOD 动作的方法，不同之处在于 CQL 直接最小化 OOD 动作的值函数，而 PBRL 对每个动作对应的不确定性进行建模，从而对不同的动作可以区别对待。总体上 PBRL 使用不确定性提供了更为准确的 OOD 惩罚方法。在训练中，OOD 样本和数据集中采集的样本分别用于不同的目标训练，critic 的损失为

$$L_{\text{critic}} = \hat{\mathbb{E}}_{(s, a, r, s') \sim D} \left[(\hat{T}^{\text{in}} Q^k - Q^k)^2 \right] + \hat{\mathbb{E}}_{s^{\text{ood}} \sim D, a^{\text{ood}} \sim \pi} \left[(\hat{T}^{\text{ood}} Q^k - Q^k)^2 \right] \quad (11.46)$$

两项分别采样不同的状态动作对进行训练。actor 也采取保守的策略，选择 K 个值函数中估计值最小的作为更新的目标，即

$$\pi_\varphi := \max_\varphi \hat{\mathbb{E}}_{s \sim Q, a \sim \pi(\cdot \mid s)} \left[\min_{k = 1, \cdots, K} Q^k(s, a) \right] \quad (11.47)$$

其中 φ 代表策略参数。图 11.4 显示了 PBRL 算法的整体结构示意图，其中包含了 K 个 Q 网络和 K 个目标 Q 网络用来产生不确定性的估计，不确定性的估计随后作为目标 Q 函数用于训练。

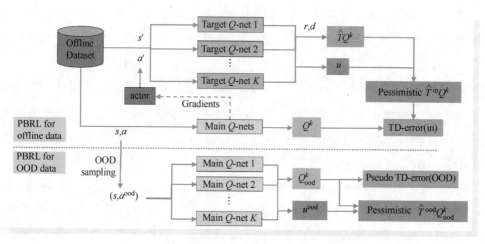

● 图 11.4　PBRL 算法整体结构示意图（见彩插）

　　本节介绍两种完全使用监督学习来实现离线策略学习的方法，分别是 Decision Transformer（DT）模型和更一般化的 RL Via Supervised Learning（RVS）算法。其中，DT 算法使用了较为复杂的 Transformer 决策模型，具有长时间序列建模能力，而 RVS 算法提出简单的全连接网络也能达到不错的效果。

▶▶ 11.5.1　DT 算法

　　Transformer 是一种适用于长序列建模的模型结构。如果将离线强化学习的轨迹信息考虑成序列建模问题，则比较适用于使用此类模型进行解决。同时，现有的强化学习算法在离线学习中会遇到分布偏移的问题，而监督学习由于不存在值函数推断的步骤，不会存在推断误差的问题。然而，如果直接构建 $s \rightarrow a$ 的映射关系，则一方面无法根据更长时间的序列来进行决策，另一方面会受限于给定数据集中的策略水平，使得学到的策略与模仿学习类似。为了解决上述问题，DT 模型提出了将周期回报（return）$\hat{R}_t$ 作为建模的一部分，从而学习 $\hat{R}_t$，s_t，a_t 三者之间的关系。在测试中通过改变输入的 $\hat{R}_t$，能够获得不同水平的策略。具体的，对于一条轨迹中的第 t 个时间步，$\hat{R}_t$ 定义为

$$\hat{R}_t = \sum_{t'=t}^{T} r_{t'} \tag{11.48}$$

表示从当前时间步开始到周期末尾的回报。$\hat{R}_t$ 代表了轨迹策略的水平，在 Transformer 建模中将作为策略学习的条件（condition）。随后，将给定数据集中存储的轨迹构造成如下式所示的形式

$$\tau = (\hat{R}_1, s_1, a_1, \hat{R}_2, s_2, a_2, \cdots, \hat{R}_T, s_T, a_T) \tag{11.49}$$

根据轨迹的信息，使用图 11.5 的 DT 模型来建模，每个元素分别填充到模型中作为输入或输出。对于输入的元素，使用 MLP 进行编码，并按照时间步添加位置编码。DT 模型的输出是当前时间步 t 的动作 a_t，而输入包括了 $t-1$ 时刻之前的所有动作 $\{a_0, \cdots, a_{t-1}\}$，以及 t 时刻之前的所有状态 $\{s_0, \cdots, s_t\}$ 和回报 $\{\hat{R}_0, \cdots, \hat{R}_t\}$。注意 a_t 不能作为输入，因为这样输出就可以直接复制输入的内容，而无法学习如何从历史轨迹和回报中推断策略。

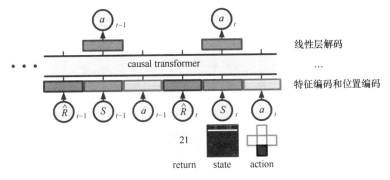

● 图 11.5　DT 模型结构示意图

DT 的损失来源于输出层预测动作的损失。不同于一般的模仿学习，DT 考虑了整条轨迹的信息，同时使用了历史回报作为了预测的条件信息。DT 能够学习到在特定的状态 s_t 下，在未来达到回报 $\hat{R}_t$ 时应该采取的动作 a_t。当学习到这种关系后，通过改变 $\hat{R}_t$ 的值，能够输出与这种期望回报所匹配的动作。

DT 算法在训练结束后，可以在与环境的交互过程中进行测试。在交互中，将初始的 $\hat{R}_0$ 设置为预设的期望奖励，随后输出第一步的动作 a_0。在执行该动作后，得到第一步的奖励 r_0。随后，将 $\hat{R}_0 - r_0$ 继续作为新的条件，选择第二步的动作。以此类推，在后续的交互中会不断更新预设目标，并根据目标来选择动作。

▶▶ 11.5.2　RVS 算法

RVS 算法给出了监督式离线学习的通用范式。具体的，考虑一条轨迹

$$\tau = (s_1, a_1, r_1, s_2, a_2, r_2, \cdots)$$

在每个时间步，智能体学习最大化基于条件 w 的动作选择的似然概率 $\log \pi_\theta(a_t \mid s_t, w)$。设策略的

参数为 θ，则总体的优化目标为

$$\max_\theta \sum_{\tau \in D} \sum_{1 \leqslant t \leqslant |\tau|} \mathbb{E}_{w \sim f(w|\tau_{t:H})} \big[\log \pi_\theta(a_t \mid s_t, w) \big] \tag{11.50}$$

其中，第一个求和表明从经验池中采样轨迹，而第二个求和为分别计算每个时间步的动作选择似然。可以认为，DT 算法在形式上是 RVS 算法的一个特例。DT 算法将 w 设置为 $\hat{R}_t$，用来表示期望回报。

RVS 提出了两种选择 w 的方法。第一种方法类似于 hindsight 目标回放，(s_t, a_t) 处选择的 $w = \mathrm{U}(s_{t+1}, s_{t+2}, \cdots, s_H)$，通过从 t 时刻之后的轨迹中采样进行选择，称为 RVS-G。该方法遵循 hindsight 的思路，w 表示智能体在未来能够到达的状态。第二种方法类似于 DT 使用的期望回报，定义未来的期望回报的平均值 $w = \dfrac{1}{H - t + 1} \sum_{t'=t}^{H} r(s_{t'}, a_{t'})$，该方法称为 RVS-R。相比于 DT 的优势在于，RVS-R 不需要 Transformer 的复杂结构，只需要基本的深度神经网络就可以获得不错的效果。

RVS-G 和 RVS-R 分别适用于不同类型的任务。比如在一些迷宫任务中，最终的目标状态是确定性的，可以使用 RVS-G 算法进行训练。RVS-G 在测试中将任务的最终目标状态设置为 w，智能体将产生能够到达 w 的策略。此外，在一些 Mujoco 任务中没有固定的目标状态，但智能体在周期内能获得的最大奖励是固定的。此时应使用 RVS-R 算法并将目标奖励的期望设置为 w，使智能体能够产生达到该奖励的动作。

区别于其他离线强化学习算法中使用的策略约束和保守估计的方法，DT 和 RVS 使用监督学习的方法直接来学习策略，从而避免了强化学习中存在的分布偏移问题，在结构和训练方法上更为直接，在实际任务中可以达到和强化学习算法类似的效果。

11.6 实例: 使用离线学习的 D4RL 任务集

本节先介绍离线强化学习数据集的类型和属性，随后介绍两种离线强化学习算法 CQL 和 TD3-BC 的实现方法。

现有的主流离线强化学习数据集是 D4RL，其中包含了许多相关的任务，每个任务中包含多种不同类型的数据集。下面对任务和数据集类型进行简述。

Maze2D 迷宫。图 11.6 显示了二维迷宫导航任务，地图的大小代表了任务的难度。数据集由一个标准的规划算法产生，每条估计都有不同的初始点和目标点产生，随后产生一条从初始点到目标点的轨迹。

AntMaze 迷宫。图 11.7 显示了 AntMaze 迷宫的示意图，该迷宫中有一个有 8 个自由度的 Ant 机器人在迷宫中行走。相比于 Maze2D 任务，Ant 机器人的控制更为复杂，算法不仅要学习如何进行规划，还要学习如何控制机器人运动。

● 图 11.6　Maze2D 示意图

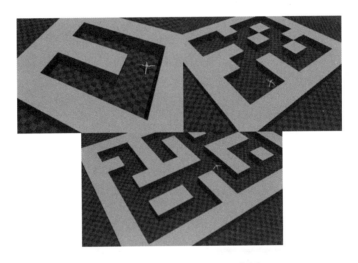

● 图 11.7　AntMaze 示意图

Gym 任务。图 11.8 显示了 Gym 任务的示意图，包括了 3 个任务 Hopper、Halfcheetah、Walker，每个任务分别控制一个不同类型的机器人与环境交互。每个任务又包含 5 种数据集，如下：

● 图 11.8　Gym 任务示意图

从左向右分别为 Hopper、Halfcheetah、Walker 任务。

1）expert，由一个在线 SAC 算法训练的专家策略产生的轨迹。

2）medium，由一个 SAC 算法在训练到中等水平时产生的估计。

3）medium-expert，混合了各 50% 的上述两种数据集。

4）medium-replay，由一个 SAC 算法训练到中等水平时以往所有的交互经验组成的数据集，该数据集混合了以往所有的历史，包括从随机策略开始产生的经验，是混合数据集。

5）replay，由 SAC 算法完全训练中产生的所有历史经验，包括从随机策略开始到专家策略的所有数据，是混合数据集。

Adroit 任务。图 11.9 显示了 Adroit 任务的示意图，包括一个自由度为 24 的机械臂来执行各种不同的任务，如敲钉子、开门、旋转钢笔或移动小球。包括三种数据集，分别为：human，由人类专家在这些任务上产生的示例轨迹；expert，由 RL 智能体完全训练之后产生的轨迹；cloned，用 50% 和 50% 比例混合的 human 数据集和 expert 数据集。一般认为含有 human 的数据更难学习，因为人类在决策中不仅考虑当前状态，还考虑自身的先验知识等。而 RL 智能体无法获取人类的先验知识，往往无法在策略学习中建模这部分内容。

Kitchen 任务。图 11.10 显示了 Kitchen 任务的示意图，控制具有 9 个自由度的 Franka 机器人在一个厨房环境中完成复杂任务，厨房环境包括了微波炉、水壶、顶灯、橱柜和烤箱等。任务的目标是与物品互动，以达到所需的目标配置。例如，其中一个任务是将微波炉和滑动柜门打开，水壶位于顶部燃烧器上，并顶灯亮着。该任务测试了与多个物体交互后的总体效果，具有挑战性。

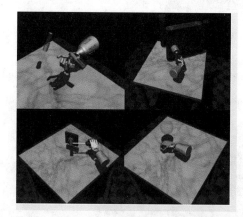

● 图 11.9　Adroit 任务示意图

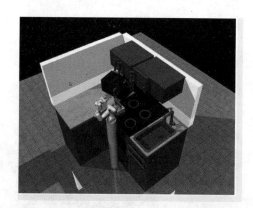

● 图 11.10　Kitchen 任务示意图

除此之外，还有 Flow 任务用于学习自动驾驶的调度算法，CARLA 任务用于学习第一视角图像观测的高保真自动驾驶算法。

▶▶ 11.6.1 D4RL 数据集的使用

D4RL 提供了简单的 API（应用编程接口），方便直接去获取数据集完成智能体的训练。一种常见的使用方法是，首先构建类似于 DQN 中的经验池结构，随后初始化 D4RL 环境和数据集，将数据集导入经验池中。

```
1   # 初始化存储 D4RL 数据集的经验池
2   class ReplayBuffer():
3       def_init_(self,state_dim,action_dim,max_size=int(1e6)):
4           self.max_size=max_size
5           self.ptr=0
6           self.size=0
7
8           self.state=np.zeros((max_size,state_dim))
9           self.action=np.zeros((max_size,action_dim))
10          self.next_state=np.zeros((max_size,state_dim))
11          self.reward=np.zeros((max_size,1))
12          self.not_done=np.zeros((max_size,1))
13
14      def convert_D4RL(self,dataset):
15          # 该函数将 D4RL 数据集导入经验池中
16          self.state=dataset['observations']
17          self.action=dataset['actions']
18          self.next_state=dataset['next_observations']
19          self.reward=dataset['rewards'].reshape(-1,1)
20          self.not_done=1.-dataset['terminals'].reshape(-1,1)
21          self.size=self.state.shape[0]
22
23  # 初始化环境,导入数据
24  env=gym.make("hopper-medium-v2")
25  replay_buffer=Replay Buffer(state_dim,action_dim)
26  replay_buffer.convert_D4RL(d4rl.qlearning_dataset(env))
```

▶▶ 11.6.2 CQL 算法实现

CQL 基于 SAC 算法，需要初始化一个 actor 和两个 critic，网络结构在此略去。输入从数据集中采样的状态和动作，得到值函数的输出，随后计算值网络的损失。

```
1   q1_pred=self.qf1(obs,actions)
2   q2_pred=self.qf2(obs,actions)
3   new_next_actions,_,_,new_log_pi,*_=self.policy(next_obs,
        reparameterize=True,return_log_prob=True)
4
```

```
5   # 两个目标网络预测的最小值
6   target_q_values=torch.min(self.target_qf1(next_obs,
        new_next_actions),self.target_qf2(next_obs,new_next_actions))
7   # Bellman 公式。q-target 在计算 TD-error 的时候是不参与反向传播的
8   q_target=reward+discount* target_q_values
9   q_target=q_target.detach()
10  # 计算 TD-error 损失
11  self.qf_criterion=nn.MSELoss()
12  qf1_loss=self.qf_criterion(q1_pred,q_target)
13  qf2_loss=self.qf_criterion(q2_pred,q_target)
```

下面是 CQL 的核心实现，通过采样当前策略 π 上的动作，并计算这些动作对应的值函数。在实现中，CQL 同时采样了一些随机动作，认为这些动作也属于 OOD 动作，其对应的值函数应该被最小化。具体的，采样动作的代码如下。

```
1   # 随机采样一些动作,元素是 [-1,1] 之间的均匀分布
2   random_actions_tensor=torch.FloatTensor(q2_pred.shape[0]* self.
        num_random,action.shape[-1]).uniform_(-1,1)
3
4   # 对 obs 中的每个状态,采样 num_actions 个动作.
5   curr_actions_tensor,curr_log_pis=self._get_policy_actions(obs,
        num_actions=self.num_random,network=self.policy)
6
7   # 对 next-obs 中的每个状态,采样 num_actions 个动作.
8   new_curr_actions_tensor,new_log_pis=self._get_policy_actions(
        next_obs,num_actions=self.num_random,network=self.policy)
```

随后，计算状态和上述采样的动作的值函数，并最小化这些值函数。

```
1   # 计算 obs 和 random_action 对应的 value_function
2   q1_rand=self._get_tensor_values(obs,random_actions_tensor,network=self.qf1)

3   q2_rand=self._get_tensor_values(obs,random_actions_tensor,network=self.qf2)


4
5   # 计算 obs 和 current aCtion 对应的 value funCtion
6   q1_curr_actions=self._get_tensor_values(obs,curr_actions_tensor,network=self.qf1)

7   q2_curr_actions=self._get_tensor_values(obs,curr_actions_tensor,network=self.qf2)


8
9   # 计算 obs 和 next_action 对应的 value_function
10  q1_next_actions=self._get_tensor_values(obs,new_curr_actions_tensor,network=self.qf1)

11  q2_next_actions=self._get_tensor_values(obs,new_curr_actions_tensor,network=self.qf2)
```

这里最后一步对 obs 和 next_actions 计算 Q 值是在实验中增加的技巧，是否保留该项对结果影响不大。随后最小化这些值函数，这里 CQL 用 logsumexp 函数进行了处理。

```
1  cat_q1=torch.cat([q1_rand,q1_pred.unsqueeze(1),q1_curr_actions
       ,q1_next_actions],1)    # 256,31,1
2  cat_q2=torch.cat([q2_rand,q2_pred.unsqueeze(1),q2_next_actions
       ,q2_curr_actions],1)    # 256,31,1
3
4  min_qf1_loss=torch.logsumexp(cat_q1/self.temp,dim=1,).mean()
       * self.min_q_weight* self.temp
5  min_qf2_loss=torch.logsumexp(cat_q2/self.temp,dim=1,).mean()
       * self.min_q_weight* self.temp
```

引入 self.temp 和 self.min_q_weight 两个权重。同时，在 CQL 中要最大化从经验池中采样的样本对应的值函数。

```
1  min_qf1_loss=min_qf1_loss-q1_pred.mean()* self.min_q_weight
2  min_qf2_loss=min_qf2_loss-q2_pred.mean()* self.min_q_weight
```

最终的值函数损失包括了原始的 TD 学习的损失以及 CQL 引入的惩罚。

```
1  qf1_loss=qf1_loss+min_qf1_loss
2  qf2_loss=qf2_loss+min_qf2_loss
```

CQL 中 actor 的更新法则与原 SAC 算法一致，在这里略去。

▶▶ 11.6.3 TD3-BC 算法实现

TD3-BC 算法中，critic 基本步骤与 TD3 相同，具体的，从经验池中采样一个批量样本，计算 Q 函数的 target-Q 值。

```
1  # 从经验池中采样
2  state,action,next_state,reward,not_done=replay_buffer.sample(batch_size)
3
4  with torch.no_grad():
5      noise=(torch.randn_like(action)* self.policy_noise).clamp(-
           self.noise_clip,self.noise_clip)
6
7      next_action=(self.actor_target(next_state)+noise).clamp(-
           self.max_action,self.max_action)
8
9      # 计算 target-Q 值
10     target_Q1,target_Q2=self.critic_target(next_state,next_action)
```

```
11    target_Q=torch.min(target_Q1,target_Q2)
12    target_Q=reward+not_done* self.discount* target_Q
```

根据目标 Q 函数的值和当前 Q 函数的值计算 critic 的损失。

```
1    # 得到当前值函数的估计
2    current_Q1,current_Q2=self.critic(state,action)
3    #计算 critic 的损失
4    critic_loss=F.mse_loss(current_Q1,target_Q)+F.mse_loss(current_Q2,target_Q)

5    # 优化 critic
6    self.critic_optimizer.zero_grad()
7    critic_loss.backward()
8    self.critic_optimizer.step()
```

TD3-BC 的关键在于计算 actor 损失中，加入了 BC 的损失。

```
1    #计算 actor 损失
2    pi=self.actor(state)
3    Q=self.critic.Q1(state,pi)
4    # BC 损失的权重
5    lmbda=self.alpha/Q.abs().mean().detach()
6    # actor 损失
7    actor_loss=-lmbda* Q.mean()+F.mse_loss(pi,action)
8
9    # 优化 actor
10   self.actor_optimizer.zero_grad()
11   actor_loss.backward()
12   self.actor_optimizer.step()
```

其余训练步骤都与 TD3 算法相同。actor 在选择动作时使得选择的动作和 behavior 策略选择的动作之间有较小的距离，从而降低了 critic 在训练中产生的推断误差。

第12章

▶▶▶▶▶▶

元强化学习算法

　　尽管深度强化学习算法在许多领域都取得了令人瞩目的成就，但是目前的深度强化学习算法仍然和实现通用人工智能有很大的距离。其中一个重要的原因在于，深度强化学习算法训练的智能体缺乏泛化能力和迁移能力。目前我们介绍的所有深度强化学习算法几乎都只局限在单一任务上，智能体需要与环境进行大量的交互，然后在相同的环境下测试。然而，如果改变测试的环境，策略往往会表现得比较糟糕。此时，需要智能体再次进行大量交互，从零开始训练策略。从机器学习的角度看，相当于强化学习算法使用相同的训练集和测试集，不符合机器学习的基本设定。如何改进这个问题成了目前研究的热点。

　　元强化学习（Meta-Reinforcement Learning）是一种解决方案，元学习也可以称为 Learning to learn，即学习如何学习。通俗来讲就是模型不仅要学习完成某个任务，更要学习"学习"的能力，从而使模型具有快速适应新任务的能力。例如，对于人类来说，学习了骑自行车，再学骑摩托车时就更加容易；学会了蛙泳，再去学习自由泳也不需要太多的时间。其中的原因在于人类能够将之前任务的经验应用到新的任务上。在强化学习中人们也希望智能体拥有类似的能力，如果智能体已经学会完成了一些任务，在面临新的任务时，智能体能够使用少量的交互尝试便可以迅速学会完成新的任务。这里有一个前提是，新任务和旧任务是相似的、服从同一个分布的。

　　这里介绍两个元强化学习中的常见任务帮助读者更好地理解，如图 12.1 所示。图 12.1a 称为彩虹摇臂，每次智能体面对两个摇臂，同时随机生成两个不同的颜色，其中一个颜色称为"正确的颜色"（显示在顶端）。例如，左侧的任务正确颜色为浅灰色，那么摇动浅灰色下面的摇臂会得到+1 奖励，另一个摇臂奖励为 0。摇臂上方对应的两个颜色会随机变换顺序，使每个时

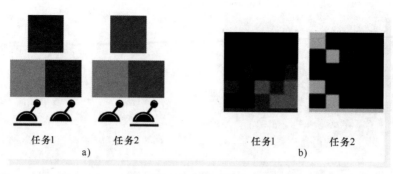

● 图 12.1 元强化学习常见任务

a）彩虹摇臂 b）彩虹格子

间步能够提供奖励的摇臂可能会变化。由于奖励机制的改变，改变颜色后的任务可以看作是一个新的任务。状态空间为 2-像素的图像，包含两个颜色，动作空间对应两个摇臂。这样彩虹摇臂便构成了一个任务集合，我们希望元强化学习算法能够在经过若干次不同的任务训练后学习到颜色和奖励的对应关系，从而在面对新的任务时，能够通过几次尝试发现正确颜色，从而得到最优策略。图 12.1b 称为彩虹格子，浅灰色的方块为智能体，其余方块由随机的两种颜色构成。每个任务指定一种颜色为"正确颜色"，当智能体运动到正确颜色的位置时会得到+1 的奖励。每个任务随机采样两种不同的颜色，正确颜色保持不变。由于智能体可以在区域内运动，所以彩虹格子是一个序列决策任务。元强化学习任务的一大特点是需要设置相似任务的集合，训练任务集合和测试任务集合不同。最重要的是训练任务集合包含解决相似任务的先验知识，元强化学习算法的目的是让智能体学习到这些先验知识并将其成功应用。

元强化学习的设定和普通强化学习的区别主要有两点。第一，训练数据来自于不同的任务，学习到的策略也不再应用到单一任务上，而是要适用于一个任务集合；第二，整体的过程分为两部分，第一个部分为利用训练任务集合来学习出一个策略（训练阶段，meta-training），然后采样新的任务，让策略经过少量交互即可完成没有见过的新任务（适应阶段，meta-adaption）。其中环境集合可以表示成 M，每次从中采样一个 MDP 任务 $M_i \in M$，每个 MDP 任务可以使用四元组表示：$M_i = <S, A, P_i, R_i>$。在同一个分布下的任务状态空间和动作空间是保持不变的，状态转移和奖励函数可能会发生变化。例如，图 12.1 中的例子中不同任务只有奖励函数发生了变化。可以发现，元强化学习算法的关键在于，让智能体记忆训练任务并从中提取出先验知识，为训练阶段和适应阶段设计合适的优化算法。下面将围绕关键问题对元强化学习算法进行介绍。

12.2 基于网络模型的元强化学习方法

元强化学习算法要求智能体从训练的任务集合中学习到有用的先验知识，然后利用这些知识快速解决新的任务。解决元强化学习任务的一种途径就是通过设计神经网络结构使其能够实现对已训练任务的记忆和先验知识的利用，本节将介绍此类方法。

▶▶ 12.2.1　使用循环神经网络的元强化学习方法

使用循环神经网络（Recurrent Neural Network，RNN）来解决元强化学习任务是比较直观的做法。在监督学习任务中，解决某个图像分类问题时，通常做法是先使用大数据集比如 ImageNet 来预训练神经网络，接下来再在特定任务上进行微调，这样做可以使网络更好地拟合这个任务。对于元强化学习任务，我们也希望实现类似的效果。由于元强化学习任务面对的是序列决策任务，所以适合使用 RNN 来建模策略。同时，RNN 的隐藏状态也可以用来记忆关于任务的先验知识。

基于 RNN 的元强化学习算法中，除了使用当前状态作为输入以外，还会考虑上一个时刻的奖励、执行的动作、终止标志等，策略可以写作 $\pi_\theta(a_{t-1}, r_{t-1}, d_{t-1}, s_t) \rightarrow a_t$。此时，过去的历史信息将整合到模型中，用于帮助模型学习到转移函数和奖励函数的知识。为了发挥 RNN 记忆的功能，算法设定如下：

- 定义尝试（Trial）的概念，每次尝试包含 n 个周期（Episode）。
- 每个周期开始时都采样一个新的起始状态。
- 在一次尝试中，RNN 的隐藏状态信息在不同的周期之间传递，不会重置。
- 每次尝试都重新采样一个新的任务，并重置 RNN 隐藏状态。
- 算法的学习目标是最大化每个尝试内获得的累积回报，而不是像常规的强化学习算法那样最大化周期内的累积回报。

其中的关键在于最大化每次尝试内获得的回报和 RNN 的隐藏状态在不同的周期之间传递。这两点就要求 RNN 能够快速学习到有关任务的先验知识，并将其存储到隐藏状态之中。在面对新任务时，RNN 可以根据历史交互信息来调整自己的隐藏状态，帮助最大化尝试内的累积回报。该算法的示意图如图 12.2 所示。

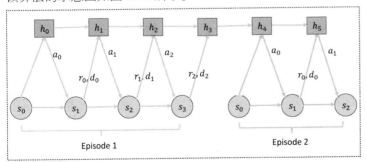
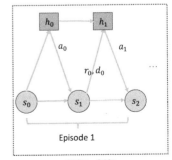

• 图 12.2　基于 RNN 的元强化学习算法示意图

这类方法比较通用，但往往需要复杂的网络结构设计，对于数据的需求量也较大。

▶▶ 12.2.2 基于时序卷积和软注意力机制的方法

上一节中介绍了利用 RNN 来实现对于训练任务集合的记忆与先验知识的提取，这种结构比较简单，容易设计，但往往不具备足够的表达能力，RNN 如 LSTM、GRU 等学习过程不够稳定。本小节介绍一种更加简洁、通用的网络结构来实现元强化学习算法，称为 SNAIL（Simple Neural Attent Ive Learner）。SNAIL 方法可以实现对过去经验的存储和查找，并用于解决新的任务。具体实现上，SNAIL 结合时序卷积（Temporal Convolutions，TC）和软注意力机制（Soft Attention），其中 TC 可以让智能体整合过去的经验和已经训练的任务，而软注意力机制可以让智能体精确找到特定的信息。这两者结合起来使得 SNAIL 方法具有通用性和多功能性，相比于使用 RNN 的智能体具有更强的表达能力，在监督学习和强化学习任务上表现出色。

2016 年 Wavenet 网络被提出，Wavenet 可以利用在时间维度上进行一维时序卷积来生成序列数据，例如音频数据。TC 可以让下一时间步生成的数据仅受过去时间步数据的影响，而不受未来时间步的影响。与传统的 RNN 相比，这种操作可以更加直接高效地访问过去信息。但是当序列长度增加时，扩张系数会以指数方式增加，所需要的网络层数按照比例缩放，这会导致对数据的访问不够精确。

相比之下，软注意力机制可以通过将上下文存储为无序的键—值存储，使模型从近似无穷大的上下文中准确找到特定的信息，但是这种机制缺乏对于位置的依赖性，会影响模型的性能，尤其在强化学习的场景中，观测动作奖励都是顺序的。

尽管这两种模型存在各自的缺点，但是两者可以实现互补：TC 可以提供对于数据的访问，软注意力机制则可以提供数据的精确查找。SNAIL 将这两种模型结合，把 TC 层和软注意力层交叠在一起，可以快速访问过去的经验，并通过使用注意力机制从过去的训练数据中提取有用的信息，实现对数据的特征表示。另外一个好处是，SNAIL 方法替代了 RNN，更易于实现和训练。图 12.3 展示了 SNAIL 方法的架构。

在监督学习任务中，SNAIL 以样本-标签序列 $(x_1, y_1), \cdots, (x_{t-1}, y_{t-1})$ 作为输入进行训练，然后对样本 x_t 输出其预测标签 $\hat{y}_t$。强化学习任务和监督学习任务所使用的网络结构相同，接收样本序列作为输入，利用 t 时刻观测 o_t 来输出动作 a_t。具体实现时，TC 层由若干的一维卷积层构成，最后将输入和结果合并。软注意力模块的实现参考了自注意力机制实现了单个键——值的查找。

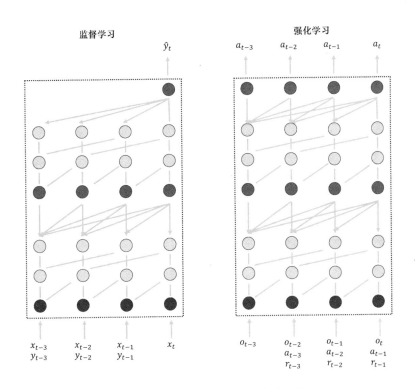

监督学习　　　　　　　　　　强化学习

● 图 12.3　SNAIL 方法架构图

12.3　元梯度学习

　　元梯度学习是一种找到合适的神经网络初始化参数的方法，目的是使得从该参数出发经过少量次数的迭代便可以在新的任务上实现较好的效果。元梯度学习的初始化参数代表了学习到的关于任务的信息。本节介绍模型无关的元学习方法（Model-Agnostic Meta-Learning，MAML），该方法是一种通用的元学习训练范式，可以应用到元监督学习、元强化学习等任务中，也可以应用到各种神经网络模型中。

　　这里首先介绍 MAML 在分类问题中的应用，帮助读者快速理解 MAML 的主要思想。在元梯度学习中，目的是通过在一个任务集合上训练找到网络最优初始化参数。接下来在微调阶段，面对来自同一任务分布下的未知任务时，网络通过少量训练就可以达到不错的效果。下面首先定义任务集合 $p(T)$，每个任务记作 T_i。对于分类问题，假设最终网络要对 N 类图片进行分类，在微调阶段有 K 个样本进行训练。假设训练样本共有 M 类图片，每类图片有 S 个训练样本（通常 $M>N$，$S>K$），每次我们从训练样本 M 类图片中随机采样 N 类，每类图片中从 S 个训练样本随机

采样 K 个作为训练样本，这样就构成了一个任务。对于某个任务来说，分类损失函数为

$$L_{T_i}(f_\phi) = \sum_{x^{(j)},y^{(j)} \sim T_i} (y^{(j)}\log f_\phi(x^{(j)}) + (1 - y^{(j)})\log(1 - f_\phi(x^{(j)}))) \qquad (12.1)$$

其中 ϕ 代表神经网络参数。算法 12-1 描述了 MAML 的总体流程：

算法 12-1 MAML 监督学习算法

1：初始化任务分布 $p(T)$，学习率 α，β，神经网络参数 θ；

2：**for** 迭代次数 $i=0$ to I **do**

3： 采样一个批次任务 $T_i \sim p(T)$；

4： **for all** T_i **do**

5：   从任务 T_i 采样 K 个训练样本 $D = \{x^{(j)}, y^{(j)}\}$；

6：   利用式（12.1）和数据集 D 计算梯度 $\nabla_\theta L_{T_i}(f_\theta)$；

7：   利用梯度下降法得到更新后的参数 $\theta'_i = \theta - \alpha \nabla_\theta L_{T_i}(f_\theta)$；

8：   再次从任务 T_i 采样元更新样本 $D'_i = \{x^{(j)}, y^{(j)}\}$；

9： **end for**

10： 利用式（12.1）和样本 D'_i 更新参数 $\theta \leftarrow \theta - \beta \nabla_\theta \sum_{T_i \sim p(T)} L_{T_i}(f_{\theta'_i})$；

11：**end for**

这里我们对算法步骤进行解读：第 3 行代表算法每次训练采样若干任务，假设批次大小为 B，每个任务为从总体 M 类训练样本中随机采样 N 类；第 4 行代表遍历所有采集到的任务；第 5 行表示从每个任务中每个类别的图片采样 K 个训练样本，即数据集 D 包含的样本总数为 $N \times K$；第 6 行代表利用当前神经网络和数据集 D 计算得到的梯度，和传统分类问题相同；第 7 行计算得到更新后的神经网络参数，注意此时并没有更新，仅仅是求出了更新之后的参数；第 8 行采样元更新样本，重新从 T_i 中采样若干样本；第 10 行是真正的对于神经网络参数的更新，在对所有任务遍历之后，我们得到了 B 个更新后的参数 θ'_i，这些参数在我们的每个对应任务的元更新样本 D'_i 上可以计算得到损失，所有任务的损失总和记为 $\sum_{T_i \sim p(T)} L_{T_i}(f_{\theta'_i})$，接下来利用该损失总和对神经网络参数 θ 求梯度，然后进行梯度下降。总体来看，第 5~8 行代表的步骤是利用当前神经网络在每个任务上都进行一次梯度下降，得到更新后的参数。第 5 行使用的数据（可以视为训练集），数量与最终任务可用的样本数量相同，均为 K。第 10 行利用每个任务上的元更新样本（可以视为测试集），对每个任务更新后的神经网络参数 θ'_i 进行测试，计算损失函数并通过更新神经网络参数来最小化损失。

MAML 包含双重梯度更新。在 5~8 行完成了第一次梯度更新，在第 10 行根据第一次梯度更新得到的参数来计算第二次梯度更新。第一次梯度更新得到的结果是 θ'_i，在此基础上计算得到的第二次更新梯度并不作用于 θ'_i，而是直接作用于原模型 θ，第二次梯度更新直接更新了原模型参数。

MAML 算法示意图如图 12.4 所示，θ 为神经网络的初始化参数，这里假设有三个任务，θ_i^* 为这三个任务对应的最优参数。在每个任务上训练样本，分别对神经网络进行更新可以得到 θ_i'，也就是灰色箭头所指的方向，MAML 算法就是对得到的梯度方向求平均，得到最终梯度方向，即黑色箭头所指的方向，然后利用这个梯度方向更新，可以让更新后的神经网络参数距离各个任务的最优参数都比较近，不会过拟合到某个任务上。这样做可能无法让该神经网络在某个任务上表现良好，但

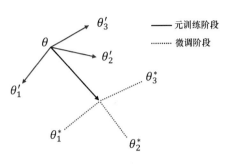

● 图 12.4　MAML 算法示意图

是在微调阶段面对这些任务时，可以保证经过少量训练即可达到最优点。

同理，MAML 也可以应用到强化学习任务中。假设强化学习任务表示为 T_i，每个任务具有初始化状态分布 $q_i(s_1)$ 和状态转移函数 $q_i(s_{t+1} \mid s_t, a_t)$，定义损失函数为累积奖励的相反数：

$$L_{T_i}(f_\phi) = -\,\mathbb{E}_{s_t, a_t \sim f_\phi, q_T}\Big[\sum_{t=1}^{H} R_i(s_t, a_t) \Big] \tag{12.2}$$

假设每个周期的长度为 H。在强化学习中，MAML 总体流程如算法 12-2 所示。可以发现，MAML 强化学习算法和 MAML 监督学习的过程区别在于，强化学习的训练样本是通过与任务交互得到的轨迹，而监督学习的样本是给定的，如第 5 行和第 8 行所示。

算法 12-2　MAML 强化学习算法

1：初始化任务分布 $p(T)$，学习率 α，β，神经网络参数 θ；
2：**for** 迭代次数 $i=0$ to I **do**
3：　　采样一个批次任务 $T_i \sim p(T)$；
4：　　**for all** T_i **do**
5：　　　　从任务 T_i 利用策略 f_θ 采样 K 个轨迹 $D = \{(s_1, a_1, \cdots, s_H)\}$；
6：　　　　利用式（12.2）和数据集 D 计算梯度 $\nabla_\theta L_{T_i}(f_\theta)$；
7：　　　　利用梯度下降法得到更新后的参数 $\theta_i' = \theta - \alpha\, \nabla_\theta L_{T_i}(f_\theta)$；
8：　　　　利用更新后的神经网络 $f_{\theta_i'}$ 在任务 T_i 上采样轨迹 $D_i' = \{(s_1, a_1, \cdots, s_H)\}$；
9：　　**end for**
10：　　利用式（12.2）和样本 D_i' 更新参数 $\theta \leftarrow \theta - \beta\, \nabla_\theta \sum_{T_i \sim p(T)} L_{T_i}(f_{\theta_i'})$；
11：**end for**

MAML 和预训练技巧十分接近，都是利用若干任务进行训练。最大的区别在于，MAML 参数更新规则为

$$\theta \rightarrow \theta - \beta\, \nabla_\theta \sum_{T_i \sim p(T)} L_{T_i}(f_{\theta - \alpha\, \nabla_\theta L_T(f_\theta)}) \tag{12.3}$$

而预训练的参数更新规则为

$$\theta \leftarrow \theta - \beta \ \nabla_\theta \sum_{T_i \sim p(T)} L_{T_i}(f_\theta) \tag{12.4}$$

可以发现，MAML 关注的是用参数 θ 经过训练后在所有任务上的表现，而预训练方法关注的是找到在所有任务上表现最好的 θ，这也体现出了元学习算法的设计思想，即更关注初始化参数的潜力，让其能够在经过少量训练后表现出色。但是 MAML 在计算时需要求解二阶导数，为了加快计算，降低计算资源，Reptile 算法（On First-Order Meta-Learning Algorithms）被提出，具体如算法 12-3 所示。

算法 12-3 Reptile 算法

1：初始化任务分布 $p(T)$，学习率 ϵ，神经网络参数 θ；
2：**for** 迭代次数 $i = 0$ to I **do**
3：　　采样一个任务 $\tau \sim p(T)$；
4：　　进行 $k>1$ 步的梯度下降更新，从初始化参数 θ 开始，最终得到 W；
5：　　更新神经网络参数 $\theta \leftarrow \theta + \epsilon(W - \theta)$；
6：**end for**

首先 Reptile 算法从任务分布中采样一个具体的任务 τ，接下来算法第 4 行对初始参数 θ 进行 k 步的更新，可以得到更新后的参数为 $W = \theta - g_1 - g_2 - \cdots - g_k$，这步与 MAML 算法中的第 5~8 步类似，是在每个任务上进行梯度下降，得到经过更新后的梯度，并保存下来，而初始化权重 θ 并没有更新，得到的权重 W 称为 fast weight；第 5 行将初始化参数朝着 $W - \theta$ 的方向进行更新，得到的权重称为 slow weight。相比于 MAML，Reptile 简化了训练流程。需要注意的是，当 $k = 1$ 时，Reptile 算法和预训练方法无异，寻找到的初始化权重只能在训练任务集合中取得较好的性能，不具备在面临未知任务时快速适应的能力。二者的梯度更新过程对比如图 12.5 所示。

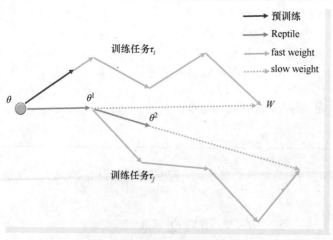

● 图 12.5　Reptile 算法与预训练方法的梯度更新过程对比（见彩插）

12.4 元强化学习中的探索方法

在元强化学习任务中，经过训练阶段之后，智能体需要经过少量尝试来微调策略使其适应新的任务，在这个阶段，探索策略起到很关键的作用。如果没有合适的探索策略，那么智能体在有限的交互次数中可能采样到重复的、与任务无关的样本，这样即使预训练阶段策略表现很好也无法利用这些样本来适应新任务。如何设计高效的探索策略是实现快速适应的关键，本节将针对这个问题展开介绍。

▶▶ 12.4.1 结构化噪声探索方法

在面对新的任务时，之前与其相似的训练任务是可以为新任务提供探索信息的，能够指导智能体去探索，这是一种很直观的解决元强化学习探索问题的思路，也是结构化噪声探索（Model Agnostic Exploration with Structured Noise，MAESN）方法的主要思想。MAESN 方法从训练任务集合中提取到先验知识，利用这些知识或者任务相关信息来初始化探索策略，帮助智能体高效探索新的环境。具体实现时，对训练任务相关的隐探索空间进行建模，每次从中采样隐变量作为策略的输入，相当于在隐空间上添加了结构化随机性，使得智能体能够实现结构化的探索，并且该探索行为与之前的先验知识相关。

一般的探索方法直接在动作空间添加噪声，噪声在每个时间步对动作进行扰动，每个时间步的行为互相独立，限制了探索策略的能力。MAESN 方法将策略建模为 $\pi_\theta(a \mid s, z)$，其中 $z \sim N(\mu, \sigma)$。z 可以视作关于任务的随机变量，来自于一个隐变量分布 $N(\mu, \sigma)$，这样建模可以让策略不仅依赖于当前状态，同时与之前的任务建立联系。在每个周期开始前，智能体从分布中随机采样一个隐变量作为策略的输入并保持不变，相当于在隐变量空间中注入了结构化的噪声，可以实现这个周期内的结构化的探索。

MAESN 方法的关键就是如何学习关于每个任务 T_i 的隐变量空间分布 $N(\mu_i, \sigma_i)$。策略参数 θ 是所有任务共享的，基于前文介绍的 MAML 方法进行更新。每次随机采样参数 θ、μ_i 和 σ_i，然后执行一次内部更新得到参数 θ'_i、μ'_i 和 σ'_i，在经过对所有任务的内部更新之后，将这些参数集合起来利用 MAML 方法累积出最终梯度，对 θ，μ 和 σ 进行更新。每个参数的具体更新公式为

$$
\begin{cases}
\mu'_i = \mu_i + \alpha_\mu \cdot \nabla_{\mu_i} \mathbb{E}_{\substack{a_i \sim \pi(a_i \mid s_i; \theta, z_i) \\ z_i \sim N(\mu_i, \sigma_i)}} \left[\sum_t R_i(s_t) \right] \\
\sigma'_i = \sigma_i + \sigma_\mu \cdot \nabla_{\sigma_i} \mathbb{E}_{\substack{a_i \sim \pi(a_i \mid s_i; \theta, z_i) \\ z_i \sim N(\mu_i, \sigma_i)}} \left[\sum_t R_i(s_t) \right] \\
\theta'_i = \theta_i + \alpha_\theta \cdot \nabla_\theta \mathbb{E}_{\substack{a_i \sim \pi(a_i \mid s_i; \theta, z_i) \\ z_i \sim N(\mu_i, \sigma_i)}} \left[\sum_t R_i(s_t) \right]
\end{cases}
\tag{12.5}
$$

得到内部更新参数之后，利用 MAML 的更新方法，目标函数如下：

$$\max_{\theta,\mu_i,\sigma_i} \sum_{i \in \text{tasks}} \mathbb{E}_{\substack{a_t \sim \pi(a_t|s_t;\theta',z_i') \\ z_i' \sim N(\mu_i',\sigma_i')}} \Big[\sum_t R_i(s_t) \Big] - \sum_{i \in \text{tasks}} D_{\text{KL}}(N(\mu_i,\sigma_i)N(0,I)) \qquad (12.6)$$

其中损失函数添加了额外的 KL 散度，这是变分推断的标准做法，可以限制学习到的隐变量空间分布的形态。算法 12-4 描述了方法整体训练流程。

算法 12-4　MAESN 方法

1：初始化每个任务 T_i 的隐变量分布参数 μ_i，σ_i；

2：**for** 迭代次数 $i=0$ to I **do**

3：　　从任务分布 $p(T)$ 中采样 N 个训练任务；

4：　　**for** 任务 $\tau_i \in \{1,\cdots,N\}$ **do**

5：　　　　利用基于参数 θ，μ_i，σ_i 的策略采集样本；

6：　　　　利用式（12.5）对每个参数进行内部更新，得到梯度；

7：　　**end for**

8：　　利用强化学习算法（比如 TRPO）优化式（12.6），更新隐变量参数和策略参数；

9：**end for**

在面对新的任务时，MAESN 方法将任务隐变量分布初始化为标准正态分布 $N(0,I)$，在每个周期开始前从该分布中采样隐变量，指导探索策略，然后利用得到的数据更新分布参数，该过程不断重复直到适应新任务。

▶▶ 12.4.2　利用后验采样进行探索

解决元强化学习中快速适应问题的关键就是让智能体在探索时利用训练阶段见过的历史数据或者先验知识。比如在智能体导航任务中，面对一个新的环境时，智能体如果能够从历史训练数据中推测出该任务的目的是导航到某个目标区域的话，这时智能体会专注于探索该区域来寻找目标位置。如图 12.6 所示，训练任务集合是让智能体导航到在半圆上不同的目标区域，目标区域用深灰色圆圈表示，训练数据集合包含很多导航到不同位置的经验。在面对新的任务时，如

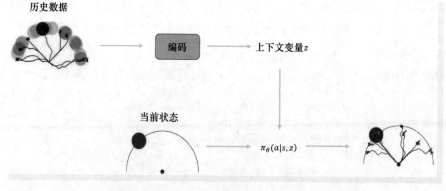

● 图 12.6　基于历史数据上下文探索示意图

果能够将该历史数据集合编码成上下文变量，使其包含该任务集合中的一些重要信息（目标区域范围或者奖励函数等），并和状态一同输入到当前智能体策略中，那么智能体就会直接去探索半圆上的不同位置。因为智能体已经从压缩后的上下文变量得知目标区域在半圆上，这样做可以大大提升探索效率，也能帮助智能体在少量探索后找到能够获得奖励的样本。

概率向量演员-评论家（Probabilistic Embeddings for Actor-Critic RL，PEARL）算法利用了这种思想。在预训练阶段，PEARL 算法训练了一个概率编码器，将过去的经验和训练数据压缩成上下文变量的分布，提取出任务相关的、显著的信息。在适应阶段，当智能体面对一个陌生任务时，每个周期开始前采样一个上下文变量并在这个周期中保持不变，实现深度的探索。同时，利用采集得到的轨迹来更新上下文变量分布，实现任务的快速适应。

与其他元强化学习问题的定义相同，首先假设任务集合分布为 $p(T)$，每个任务都对应一个马尔可夫决策过程，包含状态集合、动作集合、转移函数和奖励函数。任务 $T = \{p(s_0), p(s_{t+1} \mid s_t, a_t), r(s_t, a_t)\}$，其中 $p(s_0)$ 代表初始状态分布，$p(s_{t+1} \mid s_t, a_t)$ 代表环境转移函数，$r(s_t, a_t)$ 为奖励函数，不同的任务包含不同的转移函数（不同的机器人动力学系统）和奖励函数（导航到不同目标区域）。定义 $c_n^T = (s_n, a_n, r_n, s_n')$ 表示任务 T 的一个样本，$c_{1:N}^T$ 表示采集的所有样本。

为了让经过压缩编码的上下文变量 z 能够包含关于任务集合的显著信息，PEARL 算法采用变分推断法训练一个推断网络 $q_\phi(z \mid c)$，建立上下文变量的参数化正态分布，其中 c 代表了历史数据。这里 $q_\phi(z \mid c)$ 可以使用基于模型或无模型的方式训练，使 z 提取出上下文特征。优化目标为

$$\mathbb{E}_T\left[\mathbb{E}_{z \sim q_\phi(z \mid c^T)}\left[R(T, z) + \beta D_{\mathrm{KL}}(q_\phi(z \mid c^T) \| p(z))\right]\right] \tag{12.7}$$

其中 $R(T, z)$ 为上文提到的不同训练方式对应的目标函数，$p(z)$ 为关于 z 的标准正态分布。后面 KL 项的损失函数可以理解为信息瓶颈的方法，通过引入 KL 项可以限制 z 和 c 之间的互信息，保留任务相关的信息，过滤掉任务无关的冗余信息，避免模型过拟合。这里训练目标设置为优化值函数，将 z 与值函数关联起来，提取出任务集合中与值函数估计相关的信息，同时使用信息瓶颈约束。参数 ϕ 的优化目标为

$$L_\phi = L_{\mathrm{critic}} + L_{\mathrm{KL}}$$
$$L_{\mathrm{critic}} = \mathbb{E}_{\substack{(s,a,r,s') \in B \\ z \sim q_\phi(z \mid c)}}\left[Q_\theta(s, a, z) - (r + V(s', \bar{z}))\right]^2 \tag{12.8}$$

其中 $\bar{z}$ 表示梯度不进行回传。同时训练策略网络，损失函数与 SAC 算法几乎一致，如下：

$$L_{\mathrm{actor}} = \mathbb{E}_{\substack{s \in B, a \in \pi_\theta \\ z \sim q_\phi(z \mid c)}}\left[D_{\mathrm{KL}}\left(\pi_\theta(a \mid s, \bar{z}) \left\| \frac{\exp(Q_\theta(s, a, \bar{z}))}{Z_\theta(s)}\right.\right)\right] \tag{12.9}$$

PEARL 算法的整体训练流程图如图 12.7 所示。从样本池到编码器 ϕ 中间存在一个样本采样器称为 S_c，使用样本池中最近采集到的样本训练编码器，达到一种近似 on-policy 训练的效果。因为在任务适应阶段的训练是 on-policy，这样做能保证两者分布的匹配。训练策略网络和值函数

网络时可以直接在整个样本池中进行采样，实现一种 off-policy 训练，提升了样本效率。另外值得注意的是，PEARL 算法在训练推断网络 $q_\phi(z \mid c^r)$ 时，采用顺序无关的编码器来打破样本之间的相关性。具体做法是为每个样本进行单独预测得到中间结果，然后将这些结果的乘积作为最终的后验概率分布，即：

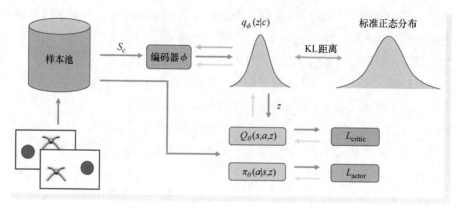

● 图 12.7 PEARL 算法的整体训练流程图

$$q_\phi(z \mid c_{1:N}) \propto \prod_{n=1}^{N} \Psi_\phi(z \mid c_n)$$

$$\Psi_\phi(z \mid c_n) = N(f_\phi^\mu(c_n), f_\phi^\sigma(c_n)) \tag{12.10}$$

为了更好地理解整个 PEARL 算法训练过程，算法流程见算法 12-5。

训练阶段建立了上下文变量的概率分布，从而帮助智能体在适应阶段利用后验采样进行探索。这种探索方式类似于重采样 DQN 等探索方法，每个周期开始之前随机采样某个值函数与环境进行交互，从而实现深度探索。PEARL 算法在元强化学习任务中进行了类似的工作，维持了对于任务集合分布的估计，并学习到如何高效利用过去的经验去推断出新任务的特点。在适应阶段，每个周期开始时随机采样上下文隐变量 z，开始时采样的 z 与之前的训练任务相关。随后，PEARL 算法利用 z 指导策略与环境进行交互，接着智能体用采集到的样本更新上下文变量的后验分布，然后再次采样、更新。随着这个过程的重复进行，后验分布形状也逐渐向着特定的任务变得越来越狭窄，智能体也实现了对陌生任务的适应。

算法 12-5 PEARL 算法训练过程

1：初始化任务分布 $p(T)$，学习率 α_1，α_2，α_3；
2：初始化每个任务的样本池 B^i
3：**for** 迭代次数 $i = 0$ to I **do**
4：　　**for all** T_i **do**
5：　　　初始化 $c^i = \{\}$；
6：　　　**for** 时间步 $k = 1$ to K **do**

（续）

算法 12-5　PEARL 算法训练过程

7：　　　　采样 $z \sim q_\phi(z \mid c^i)$，利用 $\pi_\theta(a \mid s, z)$ 采集样本然后加入到 B^i 中；

8：　　　　更新 $c^i = \{ (s_j, a_j, s'_i, r_j) \} \in B^i$；

9：　　end for

10：　end for

11：　**for** 训练步数 $j = 1$ to J **do**

12：　　**for all** T_i **do**

13：　　　　利用采样器 S_c 采样数据 $c^i \sim S_c(B^i)$，同时采样强化学习训练数据 $b^i \sim B^i$；

14：　　　　采样 $z \sim q_\phi(z \mid c^i)$，利用公式（12.8）（12.9）和数据 b^i 计算 L^i_{critic} 和 L^i_{actor}；

15：　　　　利用数据 c^i 计算 KL 损失 $L^i_{\text{KL}} = BD_{\text{KL}}(q(z \mid c^i) \parallel p(z))$；

16：　　end for

17：　　$\phi \leftarrow \phi - \alpha_1 \nabla_\phi \sum_i (L^i_{\text{critic}} + L^i_{\text{KL}})$；

18：　　$\theta_\pi \leftarrow \theta_\pi - \alpha_2 \nabla_\theta \sum_i L^i_{\text{actor}}$；

19：　　$\theta_Q \leftarrow \theta_Q - \alpha_3 \nabla_\theta \sum_i L^i_{\text{critic}}$

20：　end for

21：end for

　　总结来说，PEARL 算法实现了对训练任务集合的记忆以及任务相关信息的提取，并编码成概率分布来利用采样得到的任务上下文变量指导智能体探索环境，使其能够快速访问到有价值的状态。

12.5　实例：元学习训练多任务猎豹智能体

　　本节介绍利用 PEARL 算法解决多任务猎豹智能体问题。元强化学习解决的是任务集合，不再是单一的任务。任务集合中的不同任务具有相同的状态和动作空间，不同任务间的状态转移函数或者奖励函数有所不同。首先定义任务集合，这里选择猎豹智能体，如图 12.8 所示。状态空间为不同关节的角度和速度等，动作空间则为施加在不同关节的力，原始的任务目标是学会奔跑，速度越快则奖励越大。为了验证元强化学习算法，对该任务目标进行修改，每次初始化都随机设置一个目标速度，只有智能体奔跑达到该速度才能获得奖励，这样就构成了一个任务集合。从任务集合中可以采样任务，任务的奖励为当前速度与目标速度的差异。具体实现如下：

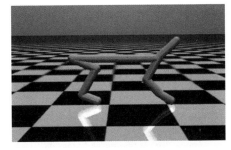

● 图 12.8　猎豹智能体

```
1   class HalfCheetahVelEnv(mujoco_env.MujocoEnv):
2     def _init_(self,task={},n_tasks=2):
3       self._task=task
4       # 初始化指定数目的任务集合
5       self.tasks=self.sample_tasks(n_tasks)
6       # 得到当前任务的目标速度
7       self._goal_vel=self.tasks[0].get('veloCity',0.0)
8       self._goal=self._goal_vel
9
10    def sample_tasks(self,num_tasks):
11      np.random_seed(1337)
12      # 初始化若干随机目标速度
13      velocities=np.random.uniform(0,3,size=(num_tasks))
14      tasks=[{'veloCity':velocity} for velocity in velocities]
15      return tasks
16
17    def reset_task(self,idx):
18      # 根据不同的索引从任务集合中返回指定的任务
19      self._task=self.tasks[idx]
20      # 得到该任务的目标速度
21      self._goal_vel=self.task['veloCity']
22      self._goal=self._goal_vel
23      # 调用原始猎豹机器人的重置方法,返回重置后的状态
24      self.reset()
```

　　训练之前需要定义任务集合的大小，然后初始化对应数量的任务。这里一共初始化 130 个具有不同目标速度的任务，其中 100 个用于元训练阶段，另外 30 个用于测试，也就是适应阶段。

　　接下来定义值函数估计网络和策略网络的结构，这些模块均由全连接网络构成，因为观测状态不是图像，策略使用正态分布来建模：

```
1   # Q 值估计网络
2   qf1=FlattenMlp(hidden_sizes=[net_size,net_size,net_size],
3     input_size=obs_dim+action_dim+latent_dim,output_size=1)
4
5   qf2=FlattenMlp(hidden_sizes=[net_size,net_size,net_size],
6     input_size=obs_dim+action_dim+latent_dim,output_size=1)
7
8   # 值函数估计网络
9   vf=FlattenMlp(hidden_sizes=[net_size,net_size,net_size],
10    input_size=obs_dim+latent_dim,output_size=1)
11
12  # 策略网络
13  policy=TanhGaussianPolicy(
14    hidden_sizes=[net_size,net_size,net_size],
```

```
15    obs_dim=obs_dim+latent_dim,
16    latent_dim=latent_dim,action_dim=action_dim)
```

同时定义学习任务上下文变量的编码器：

```
1    context_encoder=encoder_model(
2      hidden_sizes=[200,200,200],
3      input_size=context_encoder_input_dim,
4      output_size=context_encoder_output_dim)
```

这个编码器输入是每个任务采集的样本，这里输入只考虑了当前状态、动作和奖励。因为需要考虑信息瓶颈，输出分别为正态分布均值和协方差，输出维度为 latent_dim×2。编码器同样为多层全连接网络。接下来进入算法主流程，首先定义经验池：

```
1    self.replay_buffer=MultiTask Replay Buffer(
2      self.replay_buffer_size,env,self.train_tasks)
3
4    self.enc_replay_buffer=MultiTask Replay Buffer(
5      self.replay_buffer_size,env,self.train_tasks)
```

在 PEARL 算法中提到过，训练上下文编码器要求智能体从最近交互产生的样本集合中采样，实现一种近似 on-policy 的训练方式。训练值函数网络和策略网络则可以在整个经验池中采样训练，这里定义两个不同的经验池。然后进入算法主流程，与算法 12-5 步骤相对应。

```
1    for it_ in gt.timed_for(range(self.num_iterations)):
2      #随机采样数据初始化经验池,帮助训练
3      if it_==0:
4        for idx in self.train_tasks:
5          self.task_idx=idx
6          self.env.reset_task(idx)
7          self.collect_data(self.num_initial_steps,1)
8      #这里 num_tasks_sample 设置为 5,表示每次迭代从 5 个任务中采样数据
9      for i in range(self.num_tasks_sample):
10        idx=np.random.randint(len(self.train_tasks))
11        self.task_idx=idx
12        self.env.reset_task(idx)
13        self.enc_replay_buffer.task_buffers[idx].clear()
14        self.collect_data(self.num_steps_prior,1)
15
16      #采样完毕之后更新网络参数
17      for train_step in range(self.num_train_steps_per_itr):
18        indices=np.random.choice(self.train_tasks,self.meta_batch)
19        self._do_training(indices)
20        self.n_train_steps_total+=1
```

其中采样数据函数定义如下：

```
1   # num_samples 为采样样本数量
2   # resample_z_rate 为重新采样任务上下文变量的频率
3   def collect_data(self,num_samples,resample_z_rate,…):
4     # 重新采样上下文隐变量 z
5     self.agent.clear_z()
6     num_transitions=0
7     while num_transitions<num_samples:
8       # 获取采样得到的轨迹
9       paths,n_samples=self.sampler_obtain_samples(max_samples=
          num_samples-num_transitions,num_transitions+=n_samples
10      # 将样本加入到不同的经验池中
11      self.replay_buffer.add_paths(self.task_idx,paths)
12      self.enc_replay_buffer.add_paths(self.task_idx,paths)
```

其中的 clear_z 函数定义如下：

```
1   # 函数作用是将 q(z|c) 重置为初始化分布，从中采样一个随机变量
2   def clear_z(self,num_tasks=1):
3     # 将 z 的分布重置为先验分布
4     mu=ptu.zeros(num_tasks,self.latent_dim)
5     var=ptu.ones(num_tasks,self.latent_dim)
6     self.z_means=mu
7     self.z_vars=var
8     # 采样新的上下文变量 z
9     self.sample_z()
10    # 重置上下文
11    self.context=None
```

回到 collect_data 函数，其中 obtain_samples 函数是该函数的核心：

```
1   # 函数作用是与环境交互直到得到最大样本数量或者最大轨迹数量
2   def obtain_samples(self,deterministic=False,resample=1…):
3     policy=MakeDeterministic(self.policy)if deterministic else
        self.policy
4     paths=[]
5     n_steps_total=0
6     n_trajs=0
7     while n_steps_total<max_samples and n_trajs<max_trajs:
8       path=rollout(
9         self.env,policy,max_path_length=self.max_path_length,
          accum_context=accum_context)
10      # 存储产生轨迹的上下文隐变量
11      path['Context']=policy.z.detach().cpu().numpy()
12      paths.append(path)
```

```
13    n_steps_total+=len(path['observations'])
14    n_trajs+=1
15    # 这里 resample=1,意味着每条轨迹后重新采样 z
16    if n_trajs % resample==0:
17      policy.sample_z()
18   return paths,n_steps_total
```

rollout 函数利用当前策略来与环境交互，得到样本，其中关键在于策略选择动作，这里首先获取到当前的隐变量，然后输入到之前定义的高斯策略中得到具体动作。

```
1   def get_action(self,obs,deterministic=False):
2    z=self.z
3    obs=ptu.from_numpy(obs[None])
4    in_=torch.cat([obs,z],dim=1)
5    return self.policy.get_action(in_,deterministic=deterministic)
```

至此完成了样本的采集，也就是算法 12-5 的 11~16 行。接下来进行训练，也就是主流程中的_do_training 函数：

```
1   def _do_training(self,indices):
2    mb_size=self.embedding_mini_batch_size
3    num_updates=self.embedding_batch_size//mb_size
4    # 采样训练编码器的样本
5    context_batch=self.sample_context(indices)
6    # 重置上下文
7    # 如果编码器使用 RNN,则重置内部隐藏状态
8    self.agent.clear_z(num_tasks=len(indices))
9    for i in range(num_updates):
10     context=context_batch[:,i* mb_size:i* mb_size+mb_size,:]
11     self._take_step(indices,context)
```

具体的训练过程定义在函数_take_step 中，如下：

```
1   def _take_step(self,indices,context):
2    num_tasks=len(indices)
3    # data is ( task , batch , feat )
4    # 采样训练 SAC 算法,也就是策略和值函数的样本
5    obs,actions,rewards,next_obs,terms=self.sample_sac(indices)
6
7    # 利用上下文信息和编码器进行推断,得到 z 的后验概率
8    policy_outputs,task_z=self.agent(obs,context)
9    new_actions,policy_mean,policy_log_std,log_pi=policy_outputs[:4]
10
    # 训练数据变成形如( batch_size ,-1)的二维变量方便训练
```

```
11    t,b,_=obs.size()
12    obs=obs.view(t* b,-1)
13    actions=actions.view(t* b,-1)
14    next_obs=next_obs.view(t* b,-1)
15    # 得到 Q 值和状态值函数的估计
16    # 编码器训练时仅仅接收来自 Q 值的梯度
17    q1_pred=self.qf1(obs,actions,task_z)
18    q2_pred=self.qf2(obs,actions,task_z)
19    v_pred=self.vf(obs,task_z.detach())
20    # 得到目标值函数
21    with torch.no_grad():
22      target_v_values=self.target_vf(next_obs,task_z)
23    # 计算 KL 距离
24    self.context_optimizer.zero_grad()
25    kl_div=self.agent.compute_kl_div()
26    kl_loss=self.kl_lambda* kl_div
27    kl_loss.backward(retain_graph=True)
28    # 更新 Q 值网络和编码器网络
29    # 再次注意编码器不接收来自值函数网络和策略的梯度
30    self.qf1_optimizer.zero_grad()
31    self.qf2_optimizer.zero_grad()
32    rewards_flat=rewards.view(self.batch_size* num_tasks,-1)
33    # 缩放奖励
34    rewards_flat=rewards_flat* self.reward_scale
35    terms_flat=terms.view(self.batch_size* num_tasks,-1)
36    q_target=rewards_flat+(1.-terms_flat)* self.discount*
           target_v_values
37    qf_loss=torch.mean((q1_pred-q_target)* * 2)+torch.mean((
           q2_pred-q_target)* * 2)
38    qf_loss.backward()
39    # 更新 Q 值网络,对应算法 12-5 中的 19 行
40    self.qf1_optimizer.step()
41    self.qf2_optimizer.step()
42    # 累积 KL 梯度和 Q 值梯度,对编码器进行更新,对应算法 12-5 的第 17 行
43    self.context_optimizer.step()
44
45    min_q_new_actions=self._min_q(obs,new_actions,task_z)
46    # V 值函数网络的更新
47    v_target=min_q_new_actions-log_pi
48    vf_loss=self.vf_criterion(v_pred,v_target.detach())
49    self.vf_optimizer.zero_grad()
50    vf_loss.backward()
51    self.vf_optimizer.step()
52    self.update_target_network()
53
```

```
54    # 策略更新过程与 SAC 算法中几乎一致,额外加入正则项
55    log_policy_target=min_q_new_actions
56    policy_loss=(
57      log_pi-log_policy_target).mean()
58    mean_reg_loss=self.policy_mean_reg_weight* (policy_mean* * 2).
      mean()
59    std_reg_loss=self.policy_std_reg_weight* (policy_log_std* * 2).
      mean()
60    pre_tanh_value=policy_outputs[-1]
61    pre_activation_reg_loss=self.policy_pre_activation_weight* (
62      (pre_tanh_value* * 2).sum(dim=1).mean())
63    policy_reg_loss=mean_reg_loss+std_reg_loss+pre_activation_reg_loss

64    policy_loss=policy_loss+policy_reg_loss
65    self.policy_optimizer.zero_grad()
66    policy_loss.backward()
67    self.policy_optimizer.step()
```

  至此便完成了一次迭代中的全部过程。除了解决不同奔跑速度的猎豹智能体问题之外,PEARL 方法还可以用来解决多方向人形机器人运动、多目标蚂蚁智能体导航等问题,效果优于MAML、基于 RNN 的元强化学习算法等常见方法。

第13章

高效的强化学习表示算法

▶▶▶▶▶▶▶

13.1 为什么要进行表示学习

在强化学习任务中，智能体的观测往往包含了很多冗余信息。如图 13.1 所示，在机械臂对物体的抓取任务中，有两种观测形式。第一种使用图像观测，其中包含了机械臂的位姿和物体的位置。第二种使用状态观测，从机械臂控制系统中获取机械臂各个关节的角度和速度，同时获得物体的位置坐标。可以发现，图像观测是高维的，例如使用100×100 的图像来表示观测；而状态观测是低维的，例如使用 10~20 维向量来表示状态。然而，在强化学习训练中，状态观测已经足够表示智能体所需的所有信息，故而图像观测有很大的冗余性。理论上，可以认为状态观测是图像观测的"低秩"表示。

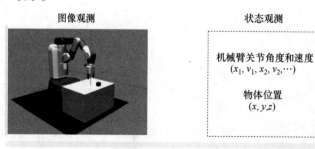

● 图 13.1　机械臂抓取物体任务中的两种观测形式：图像观测和状态观测

强化学习的表征学习算法旨在从高维的图像观测中获得低维的表示，从而提升学习的效率。在多数情况下使用观测图像进行训练时，需要更多的计算资源和更长的迭代步。强化学习算法需要通过值函数的学习逐步从图像中抽取出关键的信息，并利用这些关键的信息来学习策略。

故而，强化学习算法本身也包含了表示学习的过程。本章将研究如何从其他角度来直接学习图像表征，从而获得观测的关键信息。多数的表示学习方法需要依靠其他类型的损失进行学习，下面先介绍一种不需要学习的方法来获得图像观测的表示。

RRL（Resnet as Representation for RL）是一种依靠视觉中的大规模预训练网络来获得表示的方法。计算机视觉依靠 ImageNet 等大规模数据集可以学习一个通用的特征提取方法，常见的特征提取网络包括 VGG-Net、Inception、ResNet 和 DenseNet 等模型。这些模型在大规模数据集中学习图像和标签之间的映射关系，从而得到一个通用的图像特征表示。如图 13.2 所示，在强化学习中，可以直接利用这些网络在 ImageNet 中学习到的图像特征表示来获得状态的特征。由于 ImageNet 涵盖的图像种类十分庞大，包含了大多数生活中遇到的场景，因此使用 ResNet 等方法得到的特征能够适用于许多强化学习任务。在使用 ResNet 获得图像观测的表征后，可以和其他输入组合起来作为状态的表示用于强化学习算法训练。由于 ResNet 在用于强化学习任务之前已经使用 ImageNet 预训练过，所以此类表征学习方法不需要进行学习，没有引入额外的计算代价。各种深度网络在 ImageNet 下的预训练模型都可以在互联网直接下载得到。

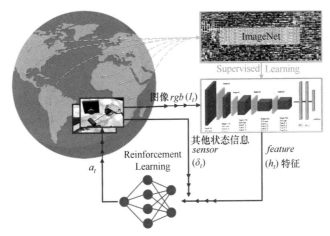

● 图 13.2　RRL 算法使用 ImageNet 预训练网络来获得图像观测的表示，随后用于强化学习算法训练

然而，此类方法的局限性在于表征学习的方法与具体执行的任务无关。RRL 算法是否成功完全依赖于 ImageNet 所含数据的多样性和深度网络的特征提取能力。如果一些任务的观测与 ImageNet 数据集中的所有数据都不相似，则 RRL 无法产生合理的状态表征。

13.2　对比学习的特征表示

基于对比学习（Contrastive Learning）的特征表示方法不仅用于强化学习，也可以作为一种通用的无监督学习方法用于计算机视觉等领域，在图像分类中可以取得与监督学习方法非常接近的效果。此类方法通过图像之间的自监督学习来提取图像特征，这些特征能够反映图像中的关键信息。

▶▶ 13.2.1 基本原理和 SimCLR 算法

对比学习中的"对比"考虑的是图像在语义层面的相似性和相异性。当无法获得图像的语义标签时，通过对比相似或相异的图像能够获得一种度量，将相似的图像在特征空间中映射到相近的位置，将相异的图像在特征空间中映射到远离的位置。具体的，考虑一张猫的图像，图13.3 显示了与之相似的图像和与之相异的图像。在语义层面，不同猫之间是相似的，而猫与狗之间是相异的。

● 图 13.3　对比学习中的相似图像和相异图像

对比学习的目标是，通过最小化相似图像之间的距离，同时最大化相异图像之间的距离，来得到图像的特征表示。对比学习不需要依赖于图像的标签，可以通过人工方式来构造相似和相异的图像，故而可以使用大规模的无标注数据集进行学习。下面以 SimCLR 算法为例介绍对比学习的实现方法。

SimCLR 方法使用图像增广（image augmentation）的方法来构造语义相似的图片。常用的图像增广方法很多，如图像裁剪、旋转、染色、通道变换等。图 13.4 显示了一张猫的原始图像，通过图像增广的方法获得了两张图像，分别记为 x_i、x_j。增广后的图像的语义特征没有改变，但颜色、轮廓等信息与原始图像不同。

对比学习要通过最大化 x_i 和 x_j 之间的相似性来学习表征。具体的，使用两个完全相同的神经网络分别对 x_i 和 x_j 提取特征，并在输出端最大化二者的相似性。SimCLR 结构如图 13.5 所示，包括三个部分：图像增广、特征编码和计算损失。其中，

● 图 13.4 对比学习中通过图像增广来构造正样本

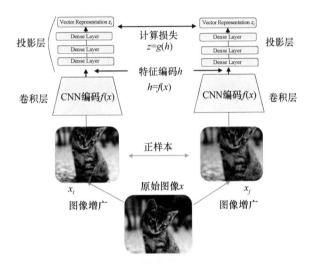

● 图 13.5 SimCLR 结构示意图

1）图像增广。原始图像 x 经过两次不同的图像增广得到 x_i、x_j，作为正样本。

2）特征编码。使用大规模 CNN，CNN 输出的编码为整个对比学习算法得到的特征编码。形式化的，将特征编码记为 $h=f(x)$。

3）计算损失。网络在 CNN 基础上产生两个全连接网络层，这些模块被称为投影层（projection head），目的是将得到的特征编码投影到一个低维空间中，便于计算损失。将投影后的低维特征记为 $z=g(h)$。

通过最大化同一张图像的两个不同增广图像之间的相似度，网络能够学习如何编码特征来增加正样本之间的相似度。此外，对比学习还应该减少相异样本的相似度，从而为表征提供更强的约束。对于两张来自不同语义的输入图像，使用如图 13.5 所示的 SimCLR 结构分别提取特征并进行映射，随后最小化二者的相似度。相异样本在对比学习中称为"负样本"。负样本的构造非常简单，一般直接从当前采样的批量样本中任意抽取两张图像作为负样本，因为任意抽取的图像一般在语义上是不相似的。在训练中，每使用一对正样本进行训练，同时要构造 $N-1$ 对负样本进行训练。负样本的构造为损失函数提供了较强的约束，可以用于提升特征编码模块的性能。

具体的，使用 $\text{sim}(\cdot,\cdot)$ 表示任意两个经过编码和投影后的向量的相似度。SimCLR 模型的损失函数包含两个部分，分子为正样本之间的相似度，而分母为负样本之间的相似度。在最大化正样本之间相似度的同时，最小化负样本之间的相似度。形式化的，定义 SimCLR 的损失函数为

$$L_{\text{simclr}} = -\log \frac{\exp(\text{sim}(z_i, z_j)/\tau)}{\sum_{k=1}^{N} \mathbb{1}_{k \neq i} \exp(\text{sim}(z_i, z_k)/\tau)} \tag{13.1}$$

其中，τ 为超参数。分母中 $k \neq i$ 表明分母中使用的样本为来自不同语义的图像特征，是负样本。在最小化式（13.1）损失的过程中，分子中的正样本的相似度减小，分母中的负样本相似度增大。损失通过 z_i，z_j，z_k 等特征传递到如图 13.5 所示的投影层网络 $g(\cdot)$ 和卷积层网络 $f(\cdot)$ 的参数，通过最小化损失函数进行参数迭代。

通过对数据集中的正、负样本训练得到 SimCLR 的卷积层编码 $f(\cdot)$ 作为图像特征。在用于分类时，将图像通过 $f(\cdot)$ 提取特征，随后使用一个线性分类层和 softmax 层来进行分类。在分类中，由于 $f(\cdot)$ 使用对比学习得到的权重，所以仅需要训练线性分类层就可以完成分类任务。另外，$f(\cdot)$ 也可以作为一个预训练网络，在后序的任务中对其权重进行微调。

SimCLR 算法的缺点在于需要的负样本个数 N 较大。由于负样本是从一个批量中采样的，故而需要较大的训练批量。SimCLR 需要使用针对大批量训练的 LARS 优化器进行优化。另外，SimCLR 对图像增广方法较为敏感，针对不同数据集需要设计不同的增广方式。

▶▶ 13.2.2　MoCo 算法

MoCo 算法相比于 SimCLR 算法更加简单，使用较小的批量就能获得不错的效果。MoCo 算法的结构如图 13.6 所示，包括一个编码器（encoder）和一个动量编码器（momentum enooder），分别用于处理 query 样本和队列元素。编码后的样本进行相似度计算，通过优化对比学习损失来训练编码器。图中定义了一个队列样本，记为 x^q，另外构造了一个队列 k_0，k_1，k_2，$\cdots$。队列中包含了和 q 是正样本关系的 1 个样本，以及多个和 q 是负样本关系的样本。随后使用对比学习损失来训练特征表示。MoCo 的优势在于，使用队列可以减轻对大量负样本的需求，队列中存储了近期用于训练的批量的特征向量。队列元素是动态变化的，新的训练样本进入队列后，旧的训练样本离开队列。队列中存储的并不是图像本身，而是图像特征。

训练时，队列样本 x^q 经过编码器网络 f_q 编码得到 $q=f_q(x^q)$。随后从队列中采样了 $K+1$ 个样

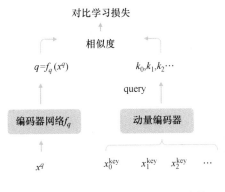

● 图 13.6　MoCo 算法的基本结构

本特征 $\{k^0,\cdots,k^K\}$。由于每个元素进入队列的时间不同，而队列元素的编码器 f_k 是不断变化的，所以这些元素是用不同的队列编码器网络 f_k 得到的。但由于 f_k 的变化非常缓慢，编码器导致的差异会非常小。具体的，本文使用一种动量更新的方式来更新 f_k，其参数是对 query 使用的编码器的平滑拷贝。具体的，将 query 编码器的参数记为 θ_q，编码器 f_k 的参数记为 θ_k，则 θ_k 并不使用对比学习损失进行更新，而直接缓慢拷贝 θ_q 的内容：$\theta_k=m\theta_k+(1-m)\theta_q$，其中 m 一般设置为 0.999。此类更新方法在 DQN 中也被用于更新目标 Q 网络的值，称为动量更新。MoCo 通过动量更新能够避免收敛到非最优的解，同时降低了训练所需的负样本的数量。

　　在训练时仍使用图像增广的方法，将 q 增广为正样本 k_+，随后从其他图像中采样得到负样本 k_-。对比学习的损失函数为

$$L_{\text{moco}}=-\log\frac{\exp(q\cdot k_+/\tau)}{\exp(q\cdot k_+/\tau)+\exp(q\cdot k_-/\tau)} \tag{13.2}$$

其中，q 和 k_+ 可以有多种增广方式。MoCo 提出了一种简单的增广方式，包括以下步骤：

1）对图片设置随机的新尺度并对原图调整大小。

2）进行两次 224×224 的随机裁剪，得到两个图像分别作为 q 和 k_+。

3）进行其他增广操作，包括随机颜色抖动、随机水平翻转、随机灰度转换等。

　　MoCo 同时强调了批正则化（Batch Normalization，BN）会带来不良影响，进而提出了扰乱正则化（shuffling BN）的方法。对于网络 f_k，先打乱所有样本，然后将样本分散到多个 GPU 上，在每个 GPU 中独立地进行 BN 操作。但对于 f_q 没有进行这样的操作，因此 q 和 k 在使用 BN 规约时使用的均值和标准差来自于两个不同的集合。编码器使用 ResNet 作为网络结构，实验结果表明使用更大的网络编码能够获得更好的性能。MoCo 在学到特征表示后，可以使用和 SimCLR 类似的方法用于图像分类等任务。

▶▶ 13.2.3　基于对比学习的 CURL 算法

本小节介绍基于对比学习的 CURL（Contrastive Unsupervised Representations for Reinforcement Learning）算法用于强化学习。CURL 使用 MoCo 的基本结构，在强化学习中使用经验池的观测样本来训练对比学习的特征表示。同时，编码器得到的状态特征用于强化学习训练，从而提升强化学习算法的样本效率。与一般的强化学习相比，状态特征的编码同时受到强化学习损失和对比学习损失的影响。由于对比学习可以无监督地学习图像的特征表示，因此能够加速状态特征的学习，从而加速值函数和策略的收敛。

在强化学习中使用对比学习算法和在计算机视觉任务中使用的对比学习算法的不同之处在于：

1）与计算机视觉任务相比，强化学习任务往往没有大量的数据，数据是在智能体与环境交互过程中产生的。

2）特征学习过程要和强化学习算法并行展开，而在计算机视觉任务中，一般是先进行无监督的表示学习，随后直接进行下游任务，如分类等。

由于需要从经验池中采样数据进行对比学习，CURL 一般使用离策略的强化学习算法，如 SAC 等。CURL 算法的基本结构如图 13.7 所示。首先从经验池中采样批量样本，选择其中的一个作为 query，记为 o_q。对 query 进行图像增广可以得到正样本，从训练批量中随机采样其他样本可以得到负样本，均记为 o_k。其中，o_k 如果和 o_q 来自于同一个图像的增广，则标记为正样本，否则为负样本。对 query 使用一个在线的编码器 θ_q 提取特征，该编码器使用强化学习的损失和无监督对比学习的损失进行训练。对其他样本使用 Momentum 的编码器，使用平滑更新的方式来拷贝 θ_q 的参数，过程类似于 MoCo。CURL 算法使用的对比学习损失函数如下：

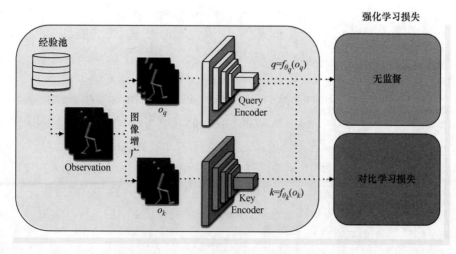

● 图 13.7　CURL 算法的基本结构（见彩插）

$$L_{\text{curl}} = -\log \frac{\exp(q^{\mathrm{T}} W k_+)}{\exp(q^{\mathrm{T}} W k_+) + \sum_{i=0}^{K-1} \exp(q^{\mathrm{T}} W k_i)} \tag{13.3}$$

其中，分子为正样本的相似度，而分母为正样本和负样本的相似度之和。与 MoCo 算法不同的是，相似度的度量函数使用了双线性函数 $q^{\mathrm{T}} W k$，其中 W 为引入的额外参数矩阵，其中的参数通过最小化 L_{curl} 进行训练。实验结果表明 CURL 与 SAC 的组合方法能够在 Deepmind Control 任务中，相比于现有的最优方法 Dreamer 能够获得 1.9 倍的样本效率的提升。对比学习算法通过额外的无监督训练，能够提升强化学习中表征的学习效率。

▶▶ 13.2.4 基于对比学习的 ATC 算法

本小节介绍 ATC（Augmented Temporal Contrast）算法。ATC 算法与 CURL 算法的核心区别在于用于构造正负样本的方法不同。CURL 算法中使用图像增广的方法构造正负样本，而 ATC 算法则使用周期序列来构造正负样本。

具体的，在智能体的一个交互周期内，处于相邻时间步的样本往往具有类似的特征。例如，在迷宫中，相邻时间步的样本处于相似的环境，如处在同一房间内。同时，处于相邻时间步的样本能够对噪声有一定的鲁棒性，例如，如果每个时间步的环境背景是不断变化的，那么即使相邻时间步的样本的图像特征也会有很大区别。然而，如果最大化相邻时间步样本的相似性，则特征能够更多的聚焦于时序上的相近，而消除环境背景变化对特征的影响。此外，图像增广方法是一种宽泛的构造正样本的方法，而基于周期的时序特征更符合强化学习的特性。具体的，对于一个周期 t 时间的观测 o_t，使用 o_{t+k} 样本作为正样本，其中 k 小于一个常数，表明 o_t 和 o_{t+k} 在时序上是相近的。同时，ATC 采样其他周期的样本或采样同一周期 k 个时间步之外的样本作为 o_t 的负样本。随后将正负样本作为输入进行训练。为了提升性能，正负样本在输入时都使用了 random shift 的图像增广方法，该方法将在第 13.2.7 节的 DrQ 算法中进行介绍。

ATC 算法的模型结构与 CURL 类似，如图 13.8 所示。图 13.8 左侧的处理过程包括四个部分。

1）使用卷积层对图像 o_t 进行编码，编码后的特征为 $z_t = f_\theta(\text{AUG}(o_t))$。

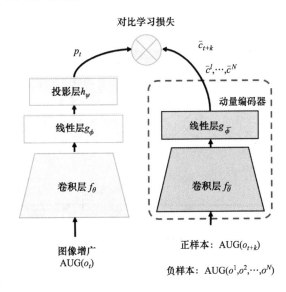

● 图 13.8 ATC 算法的基本结构

2）使用线性层 g_ϕ 对特征进行压缩，得到更低维的特征表示，记为 $c_t = g_\phi(z_t)$。

3）使用残差全连接（MLP）网络 h_ψ 作为投影层，对特征进行进一步映射来计算对比学习损失，映射后的特征为 $p_t = h_\psi(c_t) + c_t$。

4）计算对比学习损失。图中右侧为动量更新模块，与左侧网络使用相同的结构，使用平滑拷贝的方法来更新，具体的，有

$$\bar{\theta} \to (1-\tau)\bar{\theta} + \tau\theta; \quad \bar{\phi} \to (1-\tau)\bar{\phi} + \tau\phi \tag{13.4}$$

通过动量更新模块提取后的特征 $\bar{c}_{t+k}$ 和 $\bar{c}_t$ 组成正样本，$\bar{c}_1$，$\cdots$，$\bar{c}_N$ 组成负样本。使用对比学习训练得到的 f_θ 将用于强化学习中的状态表征，从而加速强化学习算法的训练。ATC 算法使用的损失函数与 CURL 算法相同。

13.2.5　基于对比学习的 DIM 算法

DIM 算法使用了和 ATC 算法略微不同的正负样本构造方法，利用了轨迹中的时序信息，同时利用了状态转移的信息，在构造正负样本中考虑了动作的影响。

DIM 算法的一个假设是，如果状态表征中包含了状态转移的信息，那么这种状态表征更利于进行策略迁移和下游任务的学习。原因是策略迁移一般仅改变了学习的目标，而几乎不改变环境的状态转移概率（如仍使用相同的机械臂，但完成不同类型的任务）。如果状态表征中包含了环境的状态转移信息，则在用于下游任务时不再需要重新学习这部分知识。然而，一般无模型的算法中，状态表示并没有显式地学习环境的状态转移。DIM 算法将无模型算法和基于模型的算法进行了结合，使用基于模型的对比学习算法来学习状态转移相关的特征表示，随后将这些特征用于无模型学习中。

具体的，DIM 算法在学习中将一个 k 步的状态转移元组 (s_t, a_t, s_{t+k}) 作为正样本，最大化状态转移中 (s_t, a_t) 和 s_{t+k} 之间的特征相似度。这里与 ATC 算法的不同点在于，使用的样本 (s_t, a_t) 包含了额外的动作，在网络中需要设计一些模块来融合状态和动作的特征。DIM 算法的负样本来源于不符合状态转移的样本，例如可以从与 (s_t, a_t) 不属于同一周期的轨迹中随机采样状态 s'，构成负样本集合 S^-，那么 (s_t, a_t) 和 S^- 的样本没有状态转移的关系。DIM 使用如下的对比学习目标：

$$L_{\text{dim}} := -\mathbb{E}_{p_\pi(s_t, a_t, s_{t+k})} \mathbb{E}_{S^-} \left[\log \frac{\exp(\phi(\Psi(s_t, a_t), \Phi(s_{t+k})))}{\sum_{s' \in S^- \cup \{s_{t+k}\}} \exp(\phi(\Psi(s_t, a_t), \Phi(s')))} \right] \tag{13.5}$$

其中，Φ、Ψ、ϕ 都是神经网络构成的映射函数，分别为：① (s_t, a_t) 学习一个特征表示 Ψ；②s_{t+k} 学习一个单独的特征表示 Φ；③在特征空间上学习状态转移函数 ϕ。

注意这里的特征表示 Ψ、Φ 并非使用卷积网络的最后一层作为特征，而是使用某些中间层作为局部特征（local feature），将最后一层作为全局特征（global feature），同时在中间层和最后

一层面执行计算。具体的，考虑一个 5 层神经网络 $\Theta: S \rightarrow \Pi_{i=1}^{5} \mathcal{F}_i$，其中 $\mathcal{F}$ 代表函数空间，逐步将输入的状态特征从局部特征映射为全局特征。

考虑 Θ 是一个卷积网络，使用 f_3 和 f_4 分别代表第三层和第四层输出的卷积特征，f_5 代表最后一层网络的输出特征。DIM 在最大化特征相似度时，分别从 s_t 和 s_{t+1} 的卷积特征中选择不同层的输出特征来最大化全局和局部之间的特征相似度。具体操作如下：

1）动作使用 one-hot 编码，随后使用映射函数来得到特征 $\Psi_a: \mathcal{A} \rightarrow \tilde{\mathcal{A}}$，其中 $\mathcal{A}$ 代表原始的动作空间。

2）对局部特征 f_3 和编码后的动作使用函数 $\Psi_3: \mathcal{F}_3 \times \tilde{\mathcal{A}} \rightarrow L$ 得到第三层输出的局部特征。类似的，使用全局特征 f_4 和动作得到 $\Psi_4: \mathcal{F}_4 \times \tilde{\mathcal{A}} \rightarrow G$ 后的特征。注意这些特征都包含了动作，用来给 (s_t, a_t) 进行编码。

3）使用另外一个网络来对状态本身提取局部特征和全局特征，分别为 $\Phi_3: \mathcal{F}_3 \rightarrow L$，$\Phi_4: \mathcal{F}_4 \rightarrow G$。注意该特征不包含动作，用来对 s_{t+k} 进行编码。

在训练中分别使用 s_t 和 s_{t+k} 的局部特征和全局特征的组合来进行计算，即

$$\phi_{NtM}(s_t, a, s_{t+k}) := \Psi_N(f_N(s_t), \Psi_a(a_t))^\top \Phi_M(f_M(s_{t+k})), M, N \in \{3, 4\} \tag{13.6}$$

其中 M 和 N 可以分别控制 s_t 和 s_{t+k} 使用局部特征还是全局特征。DIM 将从智能体的正常交互轨迹中采样的 (s_t, a_t, s_{t+k}) 作为正样本。随后，采样其他轨迹中的状态 $S^- = \{s'\}$ 构成负样本集合，构造 (s_t, a_t, s') 作为负样本。正负样本构造的方法与 ATC 类似。随后，使用对比学习的损失函数如下：

$$L_{\text{dim}}^{NtM} := -\mathbb{E}_{p_\pi(s_t, a_t, s_{t+k})} \mathbb{E}_{S^-} \left[\log \frac{\exp(\phi_{NtM}(s_t, a_t, s_{t+k}))}{\sum_{s' \in S^- \cup \{s_{t+k}\}} \exp(\phi_{NtM})(s_t, a_t, s'))} \right] \tag{13.7}$$

与 CURL，ATC 等方法一样，特征学习的过程和强化学习的过程可以同时进行，用于加速策略的训练。

▶▶ 13.2.6 对比学习和互信息理论

前面从实用的角度介绍了对比学习方法。本小节将从理论的角度介绍对比学习与互信息估计之间的联系，主要来源于 MINE（Mutual Information Neural Estimation）和 CPC（Contrastive Predictive Coding）中的理论解释。

13.2.6.1 MINE 互信息估计

本小节从 MINE 互信息估计来阐述互信息与对比学习目标之间的联系。随机变量 X 和随机变量 Y 的互信息表示为 $I(X;Y)$，可以由 X 和 Y 的联合分布以及各自的边缘分布得到，即

$$I(X;Y) = \int p(x,y) \log \frac{p(x,y)}{p(x)p(y)} \mathrm{d}x\mathrm{d}y \tag{13.8}$$

$$= \mathbb{E}_{p(x,y)} \left[\log \frac{p(x,y)}{p(x)p(y)} \right] = D_{\mathrm{KL}} [\, \mathbb{P}_{XY} \parallel \mathbb{P}_X \otimes \mathbb{P}_Y \,]$$

互信息可以表示为 X 和 Y 的联合分布 $\mathbb{P}_{XY}$ 和边缘分布 $\mathbb{P}_X \otimes \mathbb{P}_Y$ 的 KL 距离来求解。然而，在实际问题中可能不清楚两个分布的具体形式，仅可以从分布中采样，此时需要使用近似的方法来求解。

由于 KL 距离是一种特殊的 f 距离度量。下面使用 f 距离度量的一般形式来推导 KL 分布的近似求解方法。对于两个任意分布 P 和 Q，二者的 f 距离定义为

$$D_f(P \parallel Q) = \int_x q(x) f\left(\frac{p(x)}{q(x)} \right) \mathrm{d}x \tag{13.9}$$

可知，当 $p(x) = q(x)$ 时，$D_f(P \parallel Q) = f(1)$，所以 f 函数需满足 $f(1) = 0$。同时，一般要求 f 是凸函数。根据 Jensen 不等式可得，

$$D_f(P \parallel Q) = \int_x q(x) f\left(\frac{p(x)}{q(x)} \right) \mathrm{d}x > f\left(\int_x q(x) \frac{p(x)}{q(x)} \mathrm{d}x \right) = f\left(\int_x p(x) \mathrm{d}x \right) = f(1) = 0 \tag{13.10}$$

将 f 距离表示为其共轭函数的形式，为

$$D_f(P \parallel Q) = \int_x q(x) f\left(\frac{p(x)}{q(x)} \right) \mathrm{d}x = \int_x q(x) \left(\max_t \left\{ \frac{p(x)}{q(x)} t - f^*(t) \right\} \right) \mathrm{d}x \tag{13.11}$$

随后使用函数 $T(x)$ 作为 t 的近似，在学习中 $T(x)$ 将作为优化项同时进行优化，得

$$D_f(P \parallel Q) = \int_x q(x) \left(\max_t \left\{ \frac{p(x)}{q(x)} t - f^*(t) \right\} \right) \mathrm{d}x$$

$$> \max_T \int_x \left(q(x) \frac{p(x)}{q(x)} T(x) - q(x) f^*(T(x)) \right) \mathrm{d}x \tag{13.12}$$

$$= \max_T \int_x \left(p(x) T(x) - q(x) f^*(T(x)) \right) \mathrm{d}x$$

$$= \max_T \left(\mathbb{E}_{x \sim p(x)} [T(x)] - \mathbb{E}_{x \sim q(x)} [f^*(T(x))] \right)$$

KL 距离是 f 距离定义中当 $f = x\log x$ 时的一种特殊情况。将 $f = x\log x$ 代入式（13.9）中的定义后得到

$$D_{\mathrm{KL}}(P \parallel Q) = \int_x q(x) f\left(\frac{p(x)}{q(x)} \right) \mathrm{d}x = \int_x q(x) \frac{p(x)}{q(x)} \log\left(\frac{p(x)}{q(x)} \right) \mathrm{d}x = \int_x p(x) \log \frac{p(x)}{q(x)} \mathrm{d}x \tag{13.13}$$

在求解中，需要引入 f 的共轭函数 $f^*(t) = \max_{x \in dom(f)} \{xt - f(x)\}$。当 $f(x) = x\log x$ 时，共轭函数为 $f^*(t) = \max_{x \in dom(f)} \{xt - f(x)\} = \max_{x \in dom}(f) \{xt - x\log x\}$。设 $g(x) = xt - x\log x$，则 $g'(x) = t - \log x - 1$，令其为 0 可得 $x = \exp(t-1)$ 处 $g(x)$ 取得最大值。代入 $g(x)$ 得

$$g(x) = xt - x\log x = e^{t-1} t - e^{t-1} \log(e^{t-1}) = e^{t-1} \tag{13.14}$$

则共轭函数 $f^*(x) = \exp(x-1)$。代入式（13.12）得，

$$D_{\mathrm{KL}}(P \parallel Q) = \max_T (\mathbb{E}_{x \sim p(x)}[T(x)] - \mathbb{E}_{x \sim q(x)}[\exp(T(x)-1)]) \tag{13.15}$$

根据以上 KL 距离的计算形式，可以将式（13.8）中互信息的求解形式写为

$$I(X;Y) = D_{\mathrm{KL}}[\mathbb{P}_{XY} \parallel \mathbb{P}_X \otimes \mathbb{P}_Y] \geqslant \sup_{T_\theta} \mathbb{E}_{\mathbb{P}_{xy}}[T(x)] - \mathbb{E}_{\mathbb{P}_x \otimes \mathbb{P}_y}[\exp(T(x)-1)] \tag{13.16}$$

右侧的项可以作为互信息估计的下界，其中 T 函数可以为一个神经网络，在计算中进行优化。$I(X;Y)$ 的值可以通过从联合分布 $\mathbb{P}_{XY}$ 和边缘分布 $\mathbb{P}_X \otimes \mathbb{P}_Y$ 中采样来估计，通过多次采样进行蒙特卡罗估计。以上的分析基于 KL 距离，类似的，使用 Jensen-Shannon 距离或 InfoNCE 距离也可以导出类似的互信息求解的下界。

MINE 使用和式（13.16）非常接近的下界。变量 X 和 Z 的互信息可以使用"两个变量联合分布"和"二者边缘分布的乘积"之间的 KL 散度来计算，如下：

$$I(X;Z) = D_{\mathrm{KL}}[\mathbb{P}_{XZ} \parallel \mathbb{P}_X \otimes \mathbb{P}_Z] \geqslant \sup_{T_\theta} \mathbb{E}_{\mathbb{P}_{xz}}[T_\theta] - \log \mathbb{E}_{\mathbb{P}_x \otimes \mathbb{P}_z}[\mathrm{e}^{T_\theta}] \tag{13.17}$$

互信息可以衡量两个变量之间的非线性统计依赖关系，是衡量两个变量是否有依赖关系的重要标准。

互信息的估计和对比学习使用的损失函数非常接近。在式（13.17）的第一项中，从联合分布 $\mathbb{P}_{XZ}$ 中采样，得到的样本是对比学习中的"正样本"；第二项中，从边缘分布 $\mathbb{P}_X \otimes \mathbb{P}_Z$ 中采样，得到的样本是对比学习的"负样本"。最大化 X 和 Z 互信息的过程中，可以最大化正样本在评价函数 $T_\theta(\cdot)$ 的评价值，最小化负样本的 $T_\theta(\cdot)$ 的评价值。在对比学习中，$T_\theta(\cdot)$ 可以是一个类似于 CURL 中使用的 $q^{\mathrm{T}}Wk$ 的相似性度量网络。在 ATC 算法中，X 和 Z 分别代表 t 时刻的状态 S_t 和 $t+k$ 时刻的状态 S_{t+k}，最小化对比学习损失的过程等价于最大化互信息 $I(S_t;S_{t+k})$ 的过程。

13.2.6.2　CPC 互信息和对比学习的关系

下面使用 CPC 基本理论来证明互信息和对比学习之间的关系。原始的 CPC 算法使用语音序列进行分析，这里我们以 DIM 算法中使用的正负样本为例来展开分析。DIM 算法中，以 $k=1$ 为例，合理的状态转移 (s_t,a_t) 和 s_{t+1} 为正样本，(s_t,a_t) 和 S^{-1} 中的组合为负样本。为了方便推导，记 $z_t=(s_t,a_t)$ 为任意时间步的状态动作的组合，引入一个隐变量 C 来表示正负样本。$C=1$ 代表 s_{t+1} 和 z_t 是正样本（采样至联合分布）；$C=0$ 代表 s_{t+1} 和 z_t 是负样本（采样至边缘分布）。有以下的条件概率成立：

$$\begin{cases} p(z_t,s_{t+1} \mid C=1) = p(z_t,s_{t+1}) \\ p(z_t,s_{t+1} \mid C=0) = p(z_t)p(s_{t+1}) \end{cases} \tag{13.18}$$

分别表示了 $C=1$ 和 $C=0$ 下的条件概率分布。在 $C=0$ 的情况下，z_t 和 s_{t+1} 是独立的。

考虑一个集合中有 1 个正样本（$C=1$）和 N 个负样本（$C=0$），则该集合中，正、负样本的先验概率分别为

$$p(C=1) = \frac{1}{N+1}, \; p(C=0) = \frac{N}{N+1} \tag{13.19}$$

根据贝叶斯公式，(z_t,s_{t+1}) 元组属于正样本的后验分布概率为

$$\log p(C=1\mid z_t,s_{t+1})$$

$$=\log \frac{p(C=1)p(z_t,s_{t+1}\mid C=1)}{p(C=0)p(z_t,s_{t+1}\mid C=0)+p(C=1)p(z_t,s_{t+1}\mid C=1)}$$

$$=\log \frac{p(C=1)p(z_t,s_{t+1})}{p(C=0)p(z_t)p(s_{t+1})+p(C=1)p(z_t,s_{t+1})}$$

$$=\log \frac{p(z_t,s_{t+1})}{Np(z_t)p(s_{t+1})+p(z_t,s_{t+1})} \qquad (13.20)$$

$$=-\log\left(1+N\frac{p(z_t)p(s_{t+1})}{p(z_t,s_{t+1})}\right)$$

$$\leqslant -\log N+\log \frac{p(z_t,s_{t+1})}{p(z_t)p(s_{t+1})}$$

式（13.20）的左右两侧分别对 $p(z_t,s_{t+1})$ 取期望，得

$$I(Z_t,S_{t+1})\geqslant \log N+\mathbb{E}_{p(z_t,s_{t+1})}\big[\log p(C=1\mid z_t,s_{t+1})\big] \qquad (13.21)$$

其中 $I(Z_t;S_{t+1})=\mathbb{E}_{p(z_t,s_{t+1})}\left[\log \dfrac{p(z_t,s_{t+1})}{p(z_t)p(s_{t+1})}\right]$ 为 Z_t 和 S_{t+1} 的互信息。由于 $p(C=1\mid z_t,s_{t+1})$ 未知，下面使用评价函数 $h(\cdot)$ 来表示该概率。设 $h^*(z_t,s_{t+1})$ 是一个最优的二分类器，用于表示 z_t 和 s_{t+1} 属于 $C=1$ 的概率，即 $h^*(z_t,s_{t+1})=p(C=1\mid z_t,s_{t+1})$。

根据对比学习理论，定义学习目标为

$$L_{\text{nce}}(h)=\mathbb{E}_{p(z_t,s_{t+1})}\mathbb{E}_{S^-}\left[\log \frac{\exp(h(z_t,s_{t+1}))}{\sum_{s_j\in S^-\cup s_{t+1}}\exp(h(z_t,s_j))}\right] \qquad (13.22)$$

其中分母包含了同时包含了正样本 s_{t+1} 和负样本集合 S^-。根据式（13.21）和式（13.22），得

$$I(Z_t,S_{t+1})\geqslant \log N+\mathbb{E}_{p(z_t,s_{t+1})}\big[\log p(C=1\mid z_t,s_{t+1})\big]$$

$$=\log N+\mathbb{E}_{p(z_t,s_{t+1})}\big[\log h^*(z_t,s_{t+1})\big]$$

$$\geqslant \log N+\mathbb{E}_{p(z_t,s_{t+1})}\big[\log h^*(z_t,s_{t+1})-\log \sum_{s_j\in S^-\cup s_{t+1}}\exp(h^*(z_t,s_j))\big] \qquad (13.23)$$

$$=\log N+L_{\text{nce}}(h^*)=\log N+\max_h L_{\text{nce}}(h)$$

$$\geqslant \log N+L_{\text{nce}}(h)$$

其中第三行成立是因为 $h^*(z_t,s_{t+1})\in[0,1]$，所以加和的项是负数。由于 N 是一个常数，所以有 $I(Z_t,S_{t+1})\geqslant L_{\text{nce}}(h)$ 成立。

因此，对比学习方法在最小化对比学习损失的同时，其实等价于最大化变量 Z_t 和 S_{t+1} 之间的互信息。在最大化互信息的过程中，能够学习到相应的特征表示，用于加速强化学习的策略迭代。

▶▶ 13.2.7　完全基于图像增广的方法

在之前介绍的对比学习方法中，图像增广一般被用来作为一种辅助的手段来构造正样本，或者在输入提升样本的多样性。本小节介绍 Data-regularized Q（DrQ）算法，该方法完全基于图像增广来提升强化学习的效率。

在计算机视觉中进行图像增广的方法很多，但并非所有方法都可以用到强化学习中。图像增广的前提是，原始的状态和增广之后的状态具有类似的策略和值函数。比如，假设迷宫的出口在左侧，如果图像增广将图片左右翻转，则会使增广前后的最优策略发生变化，是不可取的。在强化学习中，图像增广需要进行一定的设计。经过实验，提出了一种比较简单的图像增广方法 DrQ，过程如下：

① 对于一张 84×84 的图像状态，对每个边缘扩充 4 个像素（复制最边缘的像素）；

② 在扩充后的 92×92 的图像中，随机选择 84×84 的裁剪图像作为状态。

在强化学习算法中，智能体在交互时仍然使用原始的状态。上述图像增广仅用将样本从经验池中采样出来之后的训练过程中。

在 DrQ 中，使用了两种方法对值函数进行规约，对 s 增广后的状态记为 $f(s, \nu)$，其中 ν 代表增广操作。DrQ 中，使用多次数据增广计算每个增广后的目标 Q 函数的平均值来计算 target-Q 值。形式化的，

$$y_i = r_i + \gamma \frac{1}{K} \sum_{k=1}^{k} Q_\theta(f(s_i', \nu_{i,k}'), a_{i,k}'), a_{i,k}' \sim \pi(\cdot \mid f(s_i', \nu_{i,k}')) \tag{13.24}$$

其中 $\nu_{i,k}'$ 代表针对状态 s_i' 的第 k 次增广操作。Q 学习的损失函数不变，为

$$L_{\text{drq1}} = \frac{1}{N} \sum_{i=1}^{N} (Q_\theta(f(s_i, \nu_i), a_i) - y_i)^2 \tag{13.25}$$

此外，还可以在计算 Q 学习损失时，对当前 Q 函数的值也进行 M 次的增广操作，对结果取平均。形式化的，损失函数为

$$L_{\text{drq2}} = \frac{1}{NM} \sum_{i=1, m=1}^{N, M} (Q_\theta(f(s_i, \nu_{i,m}), a_i) - y_i)^2 \tag{13.26}$$

其中，两种增广操作 $\nu_{i,m}$ 和 $\nu_{j,k}'$ 是独立选取的。

13.3　鲁棒的特征表示学习

本节介绍两种用于提升特征鲁棒性的学习方法，分别是基于互模拟特征的表示方法和基于信息瓶颈特征的表示方法。

▶▶ 13.3.1 互模拟特征

在强化学习任务中，智能体的观测往往包含了许多与任务无关的要素。如图 13.9 所示，在一个驾驶任务中，需要区分出哪些特征是和任务相关的（如道路，车），哪些是无关的（如房屋，云，树）等信息。智能体需要学习一个特征表示来包含所有和任务相关的信息，去掉所有和任务无关的信息，并希望任务无关的信息并不会影响状态在特征空间中的位置。

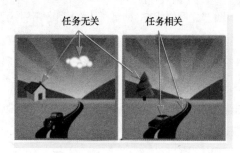

● 图 13.9　任务相关的特征和任务无关的特征

互模拟（Bisimulation）的思想来源于对动作空间的划分。如图 13.10 所示的是对二维状态空间的一个划分，将整个状态空间划分为 12 个部分。在数学上，可以将这种划分表示成一个映射 $\phi(s)$。对于 s_1、s_2 这两个状态，由于将其划分到了一个子空间中，因此有 $\phi(s_1) = \phi(s_2)$。在互模拟的表示中，对于划分在一个子空间内的两个状态 s_1、s_2，有三种方式来表示划分的性质：

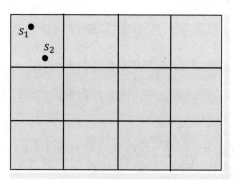

● 图 13.10　对二维状态空间的一个划分

1）π^*-irrelevant：存在最优策略，使得 $\pi_M^*(s_1) = \pi_M^*(s_2)$。对于处在同一子空间内的两个状态，其最优策略是相同的。

2）Q^*-irrelevant：对于任意动作 a，处在同一子空间内的两个状态最优值函数是相同的，即 $Q_M^*(s_1) = Q_M^*(s_2)$。

3）Model-irrelevant：对于任意动作 a，有 $R(s_1,a)=R(s_2,a)$，对于任意 $x'\in\phi(s')$，有 $P(x'|s_1,a)=P(x'|s_2,a)$。这表明，处在同一子空间内的两个状态的奖励函数和状态转移函数是相等的。

可以发现，在三个划分的性质中，Model-irrelevant 的条件是最难满足的，一般被称为互模拟。原因是，如果两个状态满足 Model-irrelevant，则可以推导出它们的关系也满足 Q^*-irrelevant 和 π^*-irrelevant。此外，在 Model-irrelevant 的定义中，环境状态转移的定义是较弱的，只需要将 s_1、s_2 转移到同样的 x' 即可，而 x' 是划分后的子空间，并不需要转移到相同的状态 s'。

下面分析为什么互模拟特征能够去除与任务无关的特征。考虑状态 s 包含两部分，记为 (x,z)，其中 x 是与环境转移和奖励函数相关的部分，而 z 是与状态转移和奖励函数无关的部分。如图 13.11 所示，z 自身具有转移性质，由 z 转移到 z'，与状态转移函数和奖励函数无关。根据互模拟的性质，有 $p(x'|s_1,a)=p(x'|s_2,a)$，在这里即 $p(x'|(x_1,z_1),a)=p(x'|(x_1,z_2),a)$。由于 z 和状态转移函数 $(x,a)\rightarrow x'$ 无关，所以 z 中取任意值都不会影响环境的状态转移概率。

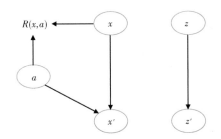

● 图 13.11　包含噪声成分的状态转移

在互模拟定义的基础上，可以定义近似互模拟的关系。称 ϕ 是一个 (ϵ_R,ϵ_P)-近似的 Model-irrelevant 映射，则对于任意两个状态 (s_1,s_2)，如果 $\phi(s_1)=\phi(s_2)$，则

$$|R(s_1,a)-R(s_2,a)|\leqslant\epsilon_R,\quad|\Phi P(s_1,a)-\Phi P(s_2,a)|\leqslant\epsilon_P \qquad (13.27)$$

其中，Φ 是一个 $|\phi(s)|\times|S|$ 的映射矩阵，用于将状态空间映射到互模拟的划分空间中。在图 13.10 的例子中，状态空间可能非常大，而 $|\phi(s)|$ 所代表的划分空间仅有 12 维。

DBC（Deep Bisimulation for Control，DBC）算法是一种使用学习互模拟特征 ϕ 的方法。DBC 为了学习互模拟的表示，提出了基于度量的学习目标。任意两个状态的特征表示 $z_1=\phi(s_1)$ 和 $z_2=\phi(s_2)$ 之间的距离，应该正比于对应的奖励距离 $R(z_1)-R(z_2)$ 和状态转移函数的距离 $\gamma P(z_1,\pi(z_1))-P(z_2,\pi(z_2))$。形式化的，DBC 的目标函数定义为

$$J(\phi)=(\|z_i-z_j\|_1-|\hat{R}(\bar{z}_i)-\hat{R}(\bar{z}_j)|-\gamma W_2(\hat{P}(\cdot|\bar{z}_i,\bar{\pi}(\bar{z}_i)),\hat{P}(\cdot|\bar{z}_j,\bar{\pi}(\bar{z}_j))))^2 \quad (13.28)$$

通过最小化 $J(\phi)$ 来计算对映射 ϕ 的梯度，梯度由 $z_i=\phi(s_i)$ 和 $z_j=\phi(s_j)$ 传递。$\bar{z}$ 代表此处的 z

不进行梯度传递。整个奖励的差和状态转移概率的差的度量都不对 ϕ 进行梯度传递。由于状态预测 $\hat{P}$ 是一个正态分布，在这里使用 2-Wasserstein 距离来度量两个正态分布的距离。对于两个正态分布 (μ_i, Σ_i) 和 (μ_j, Σ_j)，有 2-Wasserstein 距离 $W_2(N(\mu_i, \Sigma_i), N(\mu_j, \Sigma_j))^2 = \| \mu_i - \mu_j \|_2^2 + \| \Sigma_i^{1/2} - \Sigma_j^{1/2} \|_F^2$，其中 $\| \cdot \|_F$ 为 Frobenius 范数。

式（13.28）中使用 $\hat{R}$ 和 $\hat{P}$ 是因为真实的奖励函数和状态转移函数是未知的，需要在训练中从经验池中采集样本来额外训练奖励函数 $\hat{R}$ 和状态转移函数 $\hat{P}$，随后用最新的估计使用互模拟公式来最小化 $J(\phi)$。另外，为了计算简便，DBC 中的奖励模型只与映射后的状态有关。

直观的理解，由于状态空间中存在的噪声与奖励和状态转移都无关，因此在使用真实交互经验来估计状态转移和奖励时会忽略这些噪声带来的影响。DBC 规定映射后的 z_i，z_j 之间的距离与奖励距离和状态转移距离成正比，目的是在映射空间中编码与任务相关的知识，而去除与任务无关的知识。在实验中，z 不会被在状态空间中添加的噪声所干扰，在特征空间中会过滤掉这些噪声。DBC 中，值函数学习使用 $\phi(s)$ 作为输入，能够使值函数对噪声具有鲁棒性。

▶▶ 13.3.2 信息瓶颈特征

本小节介绍一种用于强化学习的信息瓶颈特征学习方法。在监督学习中，信息瓶颈（IB）可以被用于提取输入中与标签有关的特征。在监督学习中，将输入数据记为 X，将标签信息记为 Y，则监督学习的目的是建立 $X \to Y$ 的映射关系。在学习映射关系的过程中，最重要的是学习到输入 X 的特征。在监督学习的过程中引入信息瓶颈相当于对特征进行了一定的约束，可以提升特征在面临对抗攻击或噪声干扰时的鲁棒性。

形式化的，在学习 $X \to Y$ 映射的过程中，在隐含层将数据 X 编码为特征 Z。首先要求 Z 中应当含有能够预测标签 Y 的信息，即需要最大化特征 Z 与 Y 之间的互信息 $I(Z, Y; \theta)$。根据定义展开为，

$$I(Z, Y, \theta) = \int p(z, y \mid \theta) \log \frac{p(z, y \mid \theta)}{p(z \mid \theta) p(y \mid \theta)} \mathrm{d}x \mathrm{d}y \tag{13.29}$$

其中，分子中代表变量 z 和变量 y 的联合分布，分母中代表每个变量边缘分布，在求解中使用的训练样本服从 $p(z, y \mid \theta)$ 的分布。在高维空间中，直接计算该式存在困难，因此研究者后续提出了一些近似的求解方式。

其次，信息瓶颈希望能够限制特征 Z 的复杂度。特别的，当输入的 X 是高维图像时，希望 Z 是一个紧凑的特征表示，其中包含了与类别标签 Y 有关的信息，同时去除无关的信息。形式化的，可以表示为限制输入 X 和特征 Z 的互信息 $I(X, Z) \leqslant I_c$，其中 I_c 是一个阈值。结合以上两点，监督学习中的信息瓶颈可以表示为一个约束优化问题：

$$\max_{\theta} I(Z, Y; \theta), \ s.t. I(Z, X; \theta) \leqslant I_c \tag{13.30}$$

该问题可以使用拉格朗日法转换为罚函数的形式，等价于

$$R_{IB}(\theta) = I(Z,Y;\theta) - \beta I(Z,X;\theta) \tag{13.31}$$

该目标表示在最大化 Z 和 Y 的互信息同时，最大化 Z 相对于 X 的压缩量。β 控制了 Z 相对于 X 的压缩程度，当 $\beta=0$ 时，该式学习一般的监督学习特征，不进行特征压缩；当 $\beta \to \infty$ 时，特征被完全压缩，此时 Z 中不包含关于类别 Y 的信息。选择一个合适的 β 能够使得 Z 中包含关于 Y 的关键信息，同时具有较小的信息量。由于 Z 中去除了大部分与任务无关的信息，Z 对噪声将不敏感。

在信息瓶颈理论的基础上，DB（dynamic bottleneck）模型在环境转移层面学习信息瓶颈特征，从而去除状态表征中与任务无关的信息。DB 模型的输入是观测和动作 (O_t, A_t)，使用 S_t 和 S_{t+1} 来分别表示 O_t 和下一时刻的观测 O_{t+1} 的编码，DB 模型的目标是获得 (S_t, A_t) 的压缩表征 Z_t，该表征应当包含了与下一个状态 S_{t+1} 相关的信息。在 DB 中使用 f_o^s 和 f_m^s 分别作为两个连续观测 o_t 和 o_{t+1} 的编码函数，分别得到编码 s_t 和 s_{t+1}，z_t 表示为一个正态分布，具体的，

$$s_t = f_o^s(o_t;\theta_o) , \ s_{t+1} = f_m^s(o_{t+1};\theta_m) , \ z_t \sim g^Z(s_t, a_t;\phi) \tag{13.32}$$

其中 θ_o 和 θ_m 分别为编码器 f_o^s 和 f_m^s 的参数，ϕ 为编码 Z_t 的正态分布的参数。

DB 模型希望 Z_t 中包含状态转移的相关信息，同时希望 Z_t 去除无关的信息。DB 的学习目标可以表示为，在最大化互信息 $I(Z_t;S_{t+1})$ 的同时，最小化互信息 $I([S_t, A_t];Z_t)$ 以保证其具有尽可能少的信息量。DB 模型的学习目标如图 13.12 所示。

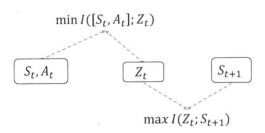

● 图 13.12 DB 模型的学习目标

具体的，优化目标为

$$\min[-I(Z_t;S_{t+1}) + \alpha_1 I([S_t, A_t];Z_t)] \tag{13.33}$$

其中 α_1 代表拉格朗日乘子，用于限制 Z_t 中包含的输入 $[S_t, A_t]$ 中的信息量。最小化 $I([S_t, A_t];Z_t)$ 可以看作是表示学习中的约束。最大化 $I(Z_t;S_{t+1})$ 的过程确保了 Z_t 中不会去除与下一时刻状态预测有关的信息。

在 DB 中，由于状态和特征的分布是高维的，分布未知，无法直接计算，因此使用预测目标作为互信息的一个下界。具体地，表征和状态的互信息可以写成预测目标的形式：

$$I(Z_t; S_{t+1}) = \mathbb{E}_{p(z_t, s_{t+1})} \left[\log \frac{p(s_{t+1} \mid z_t)}{p(s_{t+1})} \right]$$

$$\qquad\qquad (13.34)$$

$$= \mathbb{E} \left[\log \frac{q(s_{t+1} \mid z_t; \psi)}{p(s_{t+1})} \right] + D_{\mathrm{KL}} \left[p(s_{t+1} \mid z_t) \parallel q(s_{t+1} \mid z_t; \psi) \right]$$

其中，由于第一行中 $p(s_{t+1} \mid z_t)$ 是未知的，引入了一个参数化的条件分布 $q(s_{t+1} \mid z_t; \psi)$ 作为该分布的估计，同时使用 $q(s_{t+1} \mid z_t; \psi)$ 分布和原始 $p(s_{t+1} \mid z_t)$ 分布的 KL 距离作为约束。由于 KL 距离是非负的，可以获得变分下界：

$$I(Z_t; S_{t+1}) \geqslant \mathbb{E}_{p(z_t, s_{t+1})} \left[\log q(s_{t+1} \mid z_t; \psi) \right] + H(S_{t+1}) \qquad\qquad (13.35)$$

其中 $H(\cdot)$ 是信息熵。由于状态的信息熵 $H(S_{t+1})$ 是固定的，与参数 ψ 无关，所以最大化 $I(Z_t; S_{t+1})$ 等价于最大化

$$I_{\mathrm{pred}} \triangleq \mathbb{E}_{p(z_t, s_{t+1})} \left[\log q(s_{t+1} \mid z_t; \psi) \right] \qquad\qquad (13.36)$$

其中 z_t 是 s_t 和 a_t 的函数，由式（13.32）定义。I_{pred} 称为预测（predict）目标的下界，原因是最大化 $\log q(s_{t+1} \mid z_t; \psi)$ 的过程相当于最大化特征 z_t 预测下一时刻的状态 s_{t+1} 的似然概率。实际上，$q(s_{t+1} \mid z_t; \psi)$ 映射可以使用神经网络来实现，输出为一个正态分布。由于 s_t、s_{t+1} 是图像编码后的向量，z_t 是低维的特征表示，所以最大化 I_{pred} 是计算高效的。

在编码连续时间步的观测 o_t 和 o_{t+1} 时，DB 使用了 MoCo 算法中的编码结构，在最大化式（13.35）和式（13.36）时只更新当前观测编码函数 f_o^s 的参数 θ_o，而下一时刻的编码函数 f_m^s 的参数 θ_m 则通过动量方法来更新，即 θ_m 缓慢同步 θ_o 的参数。具体的，使用一个动量因子 τ 来控制更新的速度，有 $\theta_m \to \tau \theta_m + (1-\tau) \theta_o$，其中 τ 一般设置为一个接近于 1 的值，从而保证 f_m^s 作为学习目标编码的稳定性。

在预测目标的基础上，DB 同时提出了基于对比学习的互信息最大化方法。具体的，在使用对比学习最大化 $I(X; Y)$ 的过程中，将联合分布 $\mathbb{P}_{XY}$ 中采集的样本称为正样本，将从边缘分布 $\mathbb{P}_X \otimes \mathbb{P}_Y$ 中采集的样本称为负样本。函数 $T(\cdot)$ 通过最大化正负样本的差别来得到。DB 在最大化 $I(Z_t; S_{t+1})$ 时，使用采样得到的状态转移元组 (s_t, a_t, s_{t+1}) 得到表征的后验分布 z_t。由于 $z_t = g^z(s_t, a_t)$ 是由 (s_t, a_t) 得到的表征，所以 (z_t, s_{t+1}) 是从 (Z_t, S_{t+1}) 的联合分布中采样的正样本。相反，如果 z_{t_1} 和状态转移元组 $(s_{t_2}, a_{t_2}, s_{t_2+1})$ 不匹配（$t_1 \neq t_2$），则 Z_t 和 S_{t+1} 是从各自的边缘分布中采样的负样本。在 DB 训练中，对于每个正样本 (z_t, s_{t+1})，都使用多个负样本构成负样本集合 $S^- = \{\tilde{s}\}$，其中 $\tilde{s} \neq s_{t+1}$。根据正样本 (z_t, s_{t+1}) 和负样本集 S^-，使用对比学习导出的互信息 $I(Z_t; S_{t+1})$ 最大化方式为

$$I(Z_t; S_{t+1}) \geqslant \mathbb{E}_{p(z_t, s_{t+1})} \mathbb{E}_{S^-} \left[\log \frac{\exp(h(z_t, s_{t+1}))}{\sum_{s_j \in S^- \cup s_{t+1}} \exp(h(z_t, s_j))} \right] \triangleq I_{\mathrm{nce}} \qquad (13.37)$$

其中 (s_t, a_t, s_{t+1}) 为状态转移元组，z_t 为 (s_t, a_t) 得到的表征，S^- 为从边缘分布中采集的负样本

集合。推导过程与 CPC 类似，详见第 13.2.6 节。式（13.37）中使用的 $h(\cdot)$ 是对比学习中使用的评价函数，给予正样本较高的分数，给予负样本较低的分数。DB 中，正样本可以通过直接采样状态转移元组 (s,a,s') 得到；负样本可以通过先采样 (s,a) 元组，随后独立采样与其不匹配的状态 $\tilde{s}$，组成 $(s,a,\tilde{s})$ 的负样本元组得到。可见，正样本遵循 (S,A) 和 S' 的联合分布，而负样本遵循二者的边缘分布。h 使用与 CURL 中相同的双线性映射，有独立的参数 W。

DB 在最大化 $I(Z_t;S_{t+1})$ 的同时要压缩表征 Z_t 中所含的信息量。对表征的压缩通过最小化表征和输入的互信息 $I([S_t,A_t];Z_t)$ 来实现。由于互信息无法直接计算，DB 引入了该互信息的一个上界 I_{upper}。随后 DB 通过最小化 I_{upper} 来最小化原始的互信息目标，从而压缩 Z_t 的信息量。设 $q(z_t)$ 为表征 Z_t 的边缘分布 $p(z_t)=\int p(s_t,\ a_t)p(z_t\mid s_t,\ a_t)\mathrm{d}s_t a_t$ 的估计值，则有以下关系成立：

$$
\begin{aligned}
I([S_t,A_t];Z_t) &= \mathbb{E}_{p(s_t,a_t)}\left[\frac{p(z_t\mid s_t,a_t)}{p(z_t)}\right] \\
&= \mathbb{E}_{p(s_t,a_t)}\left[\frac{p(z_t\mid s_t,a_t)}{q(z_t)}\right] - D_{\text{KL}}[p(z_t)\parallel q(z_t)] \\
&\leq \mathbb{E}_{p(s_t,a_t)}[D_{\text{KL}}(p(z_t\mid s_t,a_t)\parallel q(z_t))] \triangleq I_{\text{upper}}
\end{aligned}
\tag{13.38}
$$

其中，不等式成立是由于 KL 距离是非负的；$q(z_t)$ 是 Z_t 的边缘分布的近似。注意上述不等式对任意的 $q(z_t)$ 分布都成立。为了简化，DB 将 $q(z_t)$ 设置为一个标准正态分布，此时 I_{upper} 表示为当前表征 Z_t 的条件分布和标准正态分布的距离。一般认为标准正态分布不含任何信息量，如果 Z_t 中编码的信息量较大，则 Z_t 的分布会距离标准正态分布较远。相反，如果 Z_t 所含信息量较小，则会接近于标准正态分布。在压缩表征的过程中，通过最小化 I_{upper}，能够使 $p(z_t\mid s_t,a_t)$ 的分布接近于标准正态分布，从而压缩 Z_t 中所含的信息量。压缩的程度通过超参数 α_1 来控制。

根据最大化 $I(Z_t;S_{t+1})$ 使用的预测目标 I_{pred} 和对比学习目标 I_{nce}，以及最小化 $I([S_t,A_t];Z_t)$ 使用的压缩目标 I_{upper}，可以将 DB 的总体目标归纳为

$$
\min_{\theta_s,\phi,\psi,\varphi_s,w} L_{\text{DB}} = \alpha_1 I_{\text{upper}} - \alpha_2 I_{\text{pred}} - \alpha_3 I_{\text{nce}}
\tag{13.39}
$$

其中 α_1，α_2 和 α_3 分别为三者权重的超参数。DB 使用的三个学习目标在学习鲁棒紧凑的表征中都有重要作用。

13.4 使用模型预测的表示学习

本节介绍一种直接使用模型预测来学习表征的方法，称为 SPR（Self-Predictive Representations）。相比于之前介绍的对比学习、互模拟、信息瓶颈的方法中也使用了环境模型相关的信息，

SPR 模型更加直接，在性能和计算效率上有一定的优势。

    SPR 的模型结构如图 13.13 所示。与 CURL 等方法的思路一致，SPR 在 Q 学习的基础上增加了特征学习的损失函数，用来学习特征和加速 Q 学习算法迭代。具体的，SPR 使用轨迹中 t 时刻和 $t+k$ 时刻的状态作为输入，其中 $k \leqslant K$。SPR 包含以下几个模块：

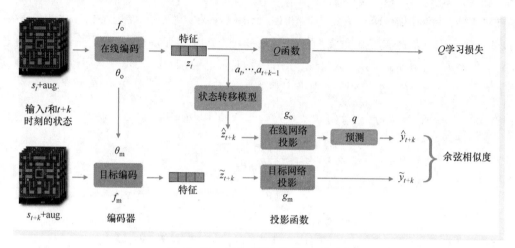

● 图 13.13 SPR 模型结构（见彩插）

    1）编码器。使用与 MoCo 类似的结构，包括在线编码器和目标编码器，防止模型收敛到非最优的解。在线编码器 f_o 使用观测到的状态 s_t 作为输入，输出特征 $z_t \triangleq f_o(s_t)$。类似的，使用 $t+k$ 时间步的状态 s_{t+k} 作为输入，使用目标编码器输出对应的特征 z_{t+k}。目标编码器的参数 θ_m 不进行训练，而通过平滑拷贝参数 θ_o 来更新。具体地，$\theta_m \to \tau\theta_m + (1-\tau)\theta_o$。同时，SPR 在输入中使用了图像增广，记为 aug。

    2）状态转移模型。使用 K 个时间步的动作序列 a_t，$\cdots$，a_{t+k-1} 来预测未来的 k 个状态 $\hat{z}_{t+1:t+K}$。使用目标编码的结构作为预测的真值 $\tilde{z}_{t+1:t+K}$。$\hat{z}_{t+1:t+K}$ 是从 $\hat{z}_t \triangleq z_t \triangleq f_o(s_t)$ 开始迭代计算的：$\hat{z}_{t+k+1} \triangleq h(\hat{z}_{t+k}, a_{t+k})$。注意这里预测的都是特征层面的向量，而非原始状态层面。

    3）投影模型。与对比学习方法类似，使用 g_o 和 g_m 网络对特征进行投影，其中在线网络进行两层的投影后输出预测值，而目标网络仅使用一层的投影：

$$\hat{y}_{t+k} \triangleq q(g_o(\hat{z}_{t+k})), \forall \hat{z}_{t+k} \in \hat{z}_{t+1:t+K}; \quad \tilde{y}_{t+k} \triangleq g_m(\tilde{z}_{t+k}), \forall \tilde{z}_{t+k} \in \tilde{z}_{t+1:t+K} \tag{13.40}$$

目标网络参数同样使用平滑拷贝的方法来进行更新。

    4）预测损失。使用余弦相似度来计算模型的损失，最大化 s_t 经过特征提取、状态转移、投影等步骤得到的特征和 s_{t+k} 经过特征提取、投影得到的特征之间的相似度，相似度损失定义为

$$L_\theta^{\mathrm{SPR}}(s_{t:t+K}, a_{t:t+K}) = - \sum_{k=1}^{K} \left(\frac{\tilde{y}_{t+k}}{\| \hat{y}_{t+k} \|_2} \right)^{\mathrm{T}} \frac{\tilde{y}_{t+k}}{\| \hat{y}_{t+k} \|_2} \tag{13.41}$$

通过最小化损失，可以训练 SPR 网络中的参数，从而在特征中编码与多步状态转移相关的信息。同时，由于状态转移模型定义在特征层面而非状态层面，模型不需要预测观测图像的细节，而只需要预测在映射后得到的低维向量。最终的损失函数是 L_θ^{SPR} 损失和强化学习损失的加权和。

13.5 实例：鲁棒的仿真自动驾驶

本节以互模拟特征为例来介绍表征学习的方法。常用的表征学习环境一般为基于视觉的 Deepmind Control Suite，Atari 等，更加复杂的环境包括各种机器人仿真环境，自动驾驶仿真环境等。例如，自动驾驶环境 CARLA⊖ 是一个仿真的驾驶平台，包含了非常多样的驾驶场景和交通情况，可以给予智能体第一视角的图像观测以及其他观测数据，如激光雷达、声波雷达、位置、点云等。图 13.14 显示了 CARLA 中的一个驾驶场景。CARLA 提供了强化学习算法的接口和基本强化学习算法的实现⊖。当驾驶场景确定后，可以根据任务来设定奖励函数，如最大化驾驶距离的同时避免碰撞。奖励函数可以通过 CARLA 提供的各种传感器数据进行构造。随后，CARLA 可以使用基本的强化学习算法，如 SAC、A3C 等进行训练。

● 图 13.14　CARLA 自动驾驶场景 （见彩插）

⊖　http://carla.org，https://github.com/carla-simulator/carla

⊖　https://github.com/carla-simulator/reinforcement-learning

在这些基本强化学习算法的基础上，互模拟的特征表示能够帮助算法得到的鲁棒的特征表示。在驾驶场中，与任务无关的噪声信息是广泛存在的。如果能够通过互模拟的表征学习算法去除这些信息，就能获得紧凑的特征表示，并在此基础上训练强化学习算法，能增强策略的鲁棒性。下面将介绍算法的核心实现。

在实现中，可以将批量采样的任意两个样本作为 s_i 和 s_j，并通过特征提取器来得到特征。由于特征提取器同时用于互模拟特征和强化学习特征的学习，所以可以直接定义在 critic 中。具体的，critic 定义中的 encoder 是由互模拟和强化学习损失共同训练的，critic 的两个 Q 函数的输入为 encoder 的输出。

```
1   class Critic(nn.Module):
2       def _init_(self,obs_shape,action_shape,hidden_dim,
            encoder_type,encoder_feature_dim,num_layers,num_filters,
              stride
3       ):
4           super()._init_()
5           self.encoder=make_encoder(encoder_type,obs_shape,
              encoder_feature_dim,num_layers,num_filters,stride)
6           self.Q1=QFunction(self.encoder.feature_dim,action_shape
              [0],hidden_dim)
7           self.Q2=QFunction(self.encoder.feature_dim,action_shape
              [0],hidden_dim)
8
9   def forward(self,obs,action,detach_encoder=False):
10      # 使用 encoder 提取特征,作为 Q 函数的输入
11      obs=self.encoder(obs,detach=detach_encoder)
12      q1=self.Q1(obs,action)
13      q2=self.Q2(obs,action)
14      return q1,q2
```

在互模拟的表征学习中使用了一个技巧：将采样的批量样本中的每个元素都作为 s_i，随后将批量样本打乱，由于得到的新批量和原始批量的顺序不同，所以每个元素都可以作为 s_j。使用 critic 中定义的 encoder 函数来提取状态的特征，得到 z_i 和 z_j，其中 z_j 由 z_i 按照批量打乱的顺序得到。

```
1   # 得到 z_i 对应的特征
2   h=self.critic.encoder(obs)
3   batch_size=obs.size(0)
4   # 打乱后得到 z_j 对应的特征
5   perm=np.random.permutation(batch_size)
6   h2=h[perm]
```

随后进行互模拟的损失计算如下。

```
1    # 使用训练的转移模型,得到 z_i 对应的下一个状态预测
2    pred_next_latent_mu1,pred_next_latent_sigma1=self.
         transition_model(torch.cat([h,action],dim=1))
3    # 根据打乱的顺序,得到 z_j 对应的奖励和下一个状态
4    pred_next_latent_mu2=pred_next_latent_mu1[perm]
5    pred_next_latent_sigma2=pred_next_latent_sigma1[perm]
6    # 特征之间的距离
7    z_dist=F.smooth_l1_loss(h,h2,reduction='none')
8    # 计算互模拟损失中奖励函数和状态转移函数的距离
9    r_dist=F.smooth_l1_loss(reward,reward2,reduction='none')
10   transition_dist=torch.sqrt((pred_next_latent_mu1-
         pred_next_latent_mu2).pow(2)+(pred_next_latent_sigma1-
         pred_next_latent_sigma2).pow(2))
11   # 计算互模拟的损失函数
12   bisimilarity=r_dist+self.discount* transition_dist
13   loss=(z_dist-bisimilarity).pow(2).mean()
```

以上互模拟的计算过程记为 update_encoder( ) 函数,下面对整个强化学习算法的损失进行计算。

```
1    # 首先从经验池中采集样本
2    obs,action,reward,next_obs,not_done=replay_buffer.sample()
3    # 更新 critic 损失( SAC/TD3 等)
4    self.update_critic(obs,action,reward,next_obs,not_done,L,step)

5    # 更新状态转移模型的损失(监督学习)
6    transition_reward_loss=self.update_transition_reward_model(obs,
         action,next_obs,reward,L,step)
7    # 计算互模拟损失函数
8    encoder_loss=self.update_encoder(obs,action,reward,L,step)
9    # 得到总体的损失函数
10   total_loss=self.bisim_coef* encoder_loss+transition_reward_loss
```

第14章

强化学习在智能控制中的应用

14.1 机器人控制

深度强化学习在许多应用领域都取得了许多成果，其中之一便是机器人的智能控制。传统的机器人只能应用到固定的、结构化的场景中，例如工厂流水线等，这是因为传统技术需要通过工程师的预先编码实现组装等行为，限制了机器人的应用范围。而深度强化学习技术可以让智能体在脱离预先编码的情况下学习复杂行为，并具有适应未知环境的能力，这使得深度强化学习和机器人控制彼此之间碰撞出了火花，取得了许多应用成果。

▶▶ 14.1.1 机械臂操作任务的控制

机械臂是常见的机器人形式，可以替代人类完成一些单调的或者需要精细化操作的任务，具有很强的应用价值，本小节介绍深度强化学习算法在机械臂控制上取得的突破和具体实现方法。

引导策略搜索（Guided Policy Search）是较早实现能够以图像为输入的端到端控制方法，使机械臂能够完成一系列的操作任务，如图 14.1 所示，由左到右分别是挂衣架任务，方块嵌入任务，起钉任务，拧瓶盖任务。引导策略搜索方法的基本原理是在训练主要策略（称为全局策略）的同时，利用一种简单的强化学习方法训练一个局部策略，然后利用学习到的局部策略来为全局策略提供监督训练样本，加速训练过程。在拧瓶盖的任务中，要求机械臂将手中的瓶盖拧到摆放在不同位置的水瓶上。此时，全局策略直接利用图像作为输入，而局部策略则利用系统的真实状态作为输入，系统真实状态包括水瓶的真实位置、机械臂本身的物理参数等。在训练局部策略时会将水瓶摆放在若干个固定的位置，这些操作可以简化局部策略的训练。在训练局部策略时，

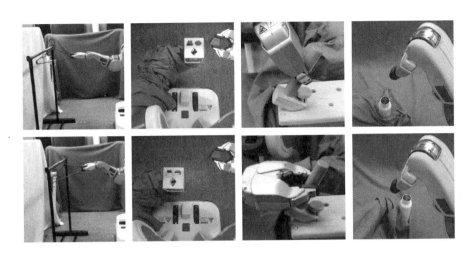

● 图 14.1 机械臂操作任务（见彩插）

环境模型可以用水瓶的真实位置和机械臂的操作来描述，可以利用简单的强化学习轨迹优化方法学习到局部策略，随后利用局部策略与环境进行交互得到样本，得到观测图像和局部策略采取的动作。全局策略利用局部策略采集的样本进行监督学习，实现端到端的控制。全局策略使用的深度神经网络也保证了机械臂具有一定的泛化能力。

针对机械臂抓取任务，VPG（Visual Pushing for Grasping）方法提供了解决方案。机械臂在面对如图 14.2 所示中的抓取任务时，不同物体紧密摆放，机械臂难以实现对其中某一物体的抓取。VPG 方法可以首先执行"推"的动作将这些物体推散，为抓取动作腾出操作的空间，然后实现对特定物体的抓取。

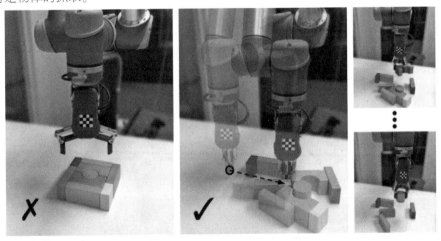

● 图 14.2 机械臂抓取任务（见彩插）

VPG 实现流程如图 14.3 所示，首先 VPG 利用放置在固定支架上的相机得到要抓取物体的 RGB-D 图像，其中包含深度信息通道，接下来利用 DenseNet-121 网络对该图像进行特征提取，拟合出对于动作"推"和"抓"在每个像素点的动作值函数。机械臂的动作空间为在不同的像素点位置执行推或者抓，两个动作是预先编码实现的，无须机械臂从底层的原子动作开始学习，可以简化训练。不同的像素点代表执行推和抓这两个动作的起始位置。对于"推"来说，首先机械臂运动到给定的像素点位置，接下来沿直线运动 10cm，规定有 16 个不同的运动方向。对于动作"抓"，机械臂运动到该像素点下方 3cm 处，然后并拢手指，完成抓取动作，同样具有 16 个不同方向，因此会得到 Q_{push} 和 Q_{grasp} 在 16 个不同方向的值函数。随后选取最优的动作值函数，这样智能体便可以在相应的像素点位置，以某种运动方向执行推或者抓。经过训练，机械臂可以实现推和抓的配合，相比于其他方法可以实现更高的物体抓取成功率。

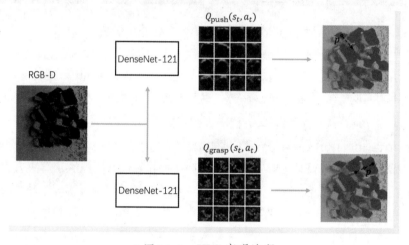

● 图 14.3　VPG 实现流程

▶▶ 14.1.2　足式机器人的运动控制

足式机器人是常见的运动型机器人，如图 14.4 所示，具有一定长度的"腿部"，能够跨越障碍，在任何地形上行动，有像人和动物一样活动的潜力。足式机器人具有很广泛的应用场景，可以在复杂环境中进行救援，帮助运送货物，替代人类探索危险的环境等。目前比较先进的足式机器人包括麻省理工学院的 Mini Cheetah，和波士顿动力的 Spot 机器人系列。

Hwangbo 等人在 2019 年提出了一种强化学习方法实现了足式机器人的运动控制，该方法由三个主要模块构成，分别包括：

1）建立较为准确的仿真环境。

2）建立顶层抽象动作到底层电机转矩控制的映射。

• 图 14.4　足式机器人（见彩插）

3）在仿真环境中利用强化学习算法进行训练，然后部署到真正的足式机器人上。在第一个模块中，该方法利用刚体接触求解器（rigid body contact solver）来建立刚体动力学模型，解决了足式机器人与环境非连续接触的问题；另外机器人部件之间的连杆存在的运动惯性会带来约20%的误差，为了消除这部分误差，使用了30种不同的随机采样惯性模型来训练环境模型，并在质心位置、连杆质量和关节位置等观测数据中都添加了随机噪声，保证了模型的鲁棒性。在第二个模块中，由于足式机器人由底层的液压控制器来控制，难以建立模型，为了解决这个问题，该方法训练一个执行器网络，输入机器人的位置差和速度，输出施加在各个关节上的扭矩。最后，利用仿真环境进行交互，得到运动策略并部署到真实机器人上。实验结果表明，该方法可以实现足式机器人的灵活运动和跌倒后快速恢复等行为。

为了扩大足式机器人的运动范围，提升其应用价值，Lee 等人在 2020 年提出一种鲁棒强化学习方法让足式机器人可以在多种具有挑战的地形上行动，其中包括碎石表面、泥地、积雪、草地等不规则、容易产生形变的地形，如图 14.5 所示。该方法同样采用了仿真到真实的训练模式，继承了前面介绍的足式机器人的运动控制方法，包括训练执行器网络，在建立环境模型时对一

• 图 14.5　足式机器人在不同地形运动（见彩插）

些观测变量加入随机噪声等。然而这些并不足以解决在复杂地形上的稳定运动问题，因此，该方法引入了三个重要思想。

1）利用时序卷积网络（Temporal Convolutional Network，TCN）来拟合策略，这样做可以让TCN从输入的历史状态序列中学会隐式推理，预测出机器人可能发生的接触，滑动等事件。

2）采用特权学习（privileged learning）训练教师策略网络，训练时可以获取到关于环境的全部信息，包括一些特权信息，比如接触力、接触的状态、地形的信息、摩擦力等，将整个环境变成完全可观测环境。这种学习方法也被称为作弊学习（learning by cheating），目的是尽快学习到具有一定性能的策略，然后利用模仿学习的方式训练学生网络，后续部署到真实机器人的网络中。学生网络仅利用实际观测得到的信息，包括关节位置、速度等。

3）利用课程学习的方式控制地形的难度，让生成的地形难度与当前策略的性能相匹配。

实验结果表明该方法可以学习到更加鲁棒的策略，并具有很强的泛化能力，测试时能够快速适应没有见过的地形。

▶▶ 14.1.3 多任务机器人控制

为了最大化机器人的应用价值，机器人应具备完成多种任务的能力，比如清洁、抓取、运输等。然而目前的机器人控制算法多数都只能实现单一功能，而且需要经过长时间训练。直接使用多个单任务学习算法来完成多个任务的训练成本是非常昂贵的。

在其他机器学习领域有一些通用的训练任务和大规模数据集，可以通过预训练应用到其他场景中来加速学习。例如，在自然语言处理领域，可以预训练大规模的 BERT 模型，随后用于下游的多种任务；在计算机视觉领域，可以在 ImageNet 数据集上进行分类预训练，得到的特征可以用于检测、分割等任务。本小节介绍两种机器人领域的大规模多任务算法，第一种是 MT-Opt，可以实现自动样本采集和多任务训练；第二种是可操作模型（Actionable Models），可以利用采集到的数据实现多目标强化学习，两种方法都可以实现在新任务上的快速适应。

MT-Opt 的目标是学习多任务强化学习策略 $\pi(a\,|\,s,T_i)$，其中 T_i 表示第 i 个任务，$T_i \sim p(T)$。MT-Opt 方法扩展了单任务的 Q 学习，将任务标记作为额外的输入，使其能够实现多任务 Q 值函数的学习，其损失如下：

$$L_{\mathrm{multi}}(\theta) = \mathbb{E}_{T \sim p(T)} \mathbb{E}_{p(s^i, a^i, s'^i)} [D(Q_\theta(s^i, a^i, T_i),\ Q_T(s^i, a^i, s'^i, T_i))]$$

$$Q_T(s^i, a^i, s'^i, T_i) = r(s^i, a^i, T_i) + \gamma V(s'^i, T_i) \tag{14.1}$$

其中 (s^i, a^i, s'^i) 是任务 T_i 产生的状态转移，D 代表差异性衡量。

MT-Opt 的另外一个重要思想是数据共享。假设目前拥有一个多任务的大规模机器人操作数据集，传统的做法是在训练某个任务时只利用来自当前任务的数据进行训练，而 MT-Opt 则实现了数据共享，在训练任务 i 时，除了用到当前任务数据外，还可能会用到来自 j、k、f 等任务的数据。数据共享的前提是两个不同的任务具有相同的技能，比如"放置物体到盘中"和"放置物体到碗中"这两个任务都存在抓取和放置这两个相同技能。数据共享不会影响算法性能。具体实现时，采用的是手动技能分组的策略来实现数据共享。

在采集数据时，起初采用两种简单的策略实现抓取和放置两种行为，接下来不断更新 MT-Opt 策略。首先在简单任务上进行采集，随后不断增加任务的难度。为了简化对于长时间步任务（Long-horizon）中存在的探索问题，将其手动拆分成多个任务，然后依次执行。通过这个过程便可以让数据集不断增加，同时也具有一定数量的成功完成任务的样本。实验结果表明 MT-Opt 具备同时完成多个任务的能力，并在面对未知任务时可以快速适应，在短时间内利用微调完成新的任务。

MT-Opt 方法的缺点是可学习的行为被采集数据集合所限制。为了能够从数据集中学习到更加广泛的技能，可操作模型方法利用过往机器人采集到的数据以离线学习（Off line learning）的方式训练目标为条件的策略，即 $\pi(a\,|\,s,g)=\arg\max_a Q(s,a,g)$，使智能体具备到达任何目标的能力，更容易泛化到其他任务之中。学习 $Q(s,a,g)$ 利用了事后目标回放法（Hindsight relabeling）的技巧，轨迹中的子序列 $\tau_{0:i}=(s_0,a_0,\cdots,s_i)$，$i\in(0,\cdots,T)$ 都可以视作到达目标 $g=s_i$ 的正样本，经过重标记可以训练得到目标为条件的 Q 值函数，这样做存在的问题是数据全部被标记为成功完成任务的样本，相当于智能体仅能从正样本中学习。为了解决这种由于分布偏移带来的过估计问题，可操作模型方法采用一种保守更新 Q 值函数的方式。除此之外，提出了目标链（Goal chaining）方法让策略学习如何到达存在于其他序列之中的目标。实验结果表明，通过预训练和将目标函数作为辅助损失的方式可以加速下游任务的学习。此外，该方法学习到的模型，在测试过程中面对训练数据中未见过的物体和目标时也具有较好的性能。实验如图 14.6 所示，其中目标为图像形式。

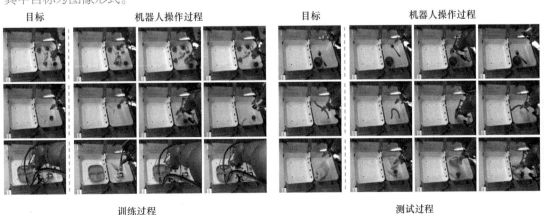

● 图 14.6 可操作模型方法训练和测试时的效果

▶▶ 14.1.4 面临的挑战

将人工智能技术应用到机器人中，创造出具有自主行动能力的机器人一直是科学家们的终极目标，也是许多科幻电影和小说中的主题。本小节将介绍目前强化学习在机器人控制上仍然存在的一些问题和解决方法，旨在帮助读者更加深入了解该领域，激发读者的研究兴趣。

（1）样本效率

多数强化学习算法都需要采集大量样本才能训练得到一个具有一定性能的策略，这对于机器人任务来说是不现实的。离策略算法是一种复用样本的方法，这类算法可以利用其余策略采集的样本进行训练，SAC 是其中的典型算法，并已经成功应用到机器人运动任务上。另外，多数机器人利用原始的图像作为状态输入，这会增加训练难度，可以通过对图像输入进行预处理的方式来提升样本效率。前文提到的特权学习便是其中之一，在实验室环境中将图像观测转换成真实的环境信息来进行快速训练，然后为后续以视觉图像作为输入的策略提供监督信号。如果难以获得真实的环境信息，也可以利用自编码器、对比学习（Contrastive Learning）、关联学习（Conrrespondence Learning）等无监督学习方式来将图像编码至低维空间，提升样本效率。

（2）仿真环境的使用

仿真到现实（Sim2Real）是机器人训练中常见的手段，利用仿真环境进行交互具有速度快、成本低、安全性高等特点。然而，由于仿真环境与真实环境始终存在差异，这就使得迁移会造成性能的下降、甚至失败的结果。域随机化（Domain Randomization）方法在训练时随机采样仿真参数（如材质、光照等），类似监督学习中的数据增强技术，可以帮助提升策略在真实环境中的表现。对抗训练方法（比如 GAN）也可以用来解决 Sim2Real 问题，适配器网络（Adapter network）可以将仿真环境图像转换成真实世界中的图像用于训练。或者相反，在测试时将真实环境中的图像转换成训练时用到的仿真环境图像，也可以取得不错的效果。

（3）探索问题

探索问题在机器人控制中十分普遍，原因在于多数机器人任务奖励是十分稀疏的，抓取机器人成功抓取到物体会获得奖励，机械臂成功将水倒入水瓶会获得奖励，失败的话则无奖励。稀疏奖励问题大大增加了探索的难度，目前机器人领域使用的主流的解决方法是示教学习。利用专家数据作为监督信号，初始化网络参数或者在训练过程中利用行为克隆引入额外的损失函数，或者利用数据增广人工设定脚本策略（如 MT-Opt 方法中）等方式来鼓励探索。除此之外，利用专家样本还可以采用逆强化学习的方式设定合适的奖励函数，从而引导探索。本书第 7 章介绍的探索方法也可作为内在激励手段来鼓励探索，然而其效果一般弱于示教学习，原因是机械臂任务的解空间相对单一，使用专家轨迹能够有效地得到高价值的轨迹和状态。

（4）连续样本采集

目前机器人任务都是以视觉图像作为输入，这可以增加算法的通用性。同时，多任务机器人逐渐成为主流，大大增加了数据需求量。目前机器人采集数据时需要人类监控，在机器人处于危险的状态时及时重置，以保证数据有效性。然而，这无法实现大量机器人的样本采集以满足日益增长的数据需求。主流解决方法包括对机器人动作进行限制，比如关节活动角度，运动方向等。另外在进行连续采集时，日照变化会影响到观测图像，长时间的工作会造成零部件的磨损，可以采用终身学习或者快速优化等方式来在线调整算法。

（5）异步控制

在真实的机器人操作中会存在这种情况：智能体观测到状态 s_t，根据策略选择动作 a_t，然而当真正执行动作 a_t 时，由于图像的传输和动作的执行都存在延迟，此时的状态已经不再是 s_t，这样得到的下一个状态并不是由 s_t 和 a_t 决定，违背了马尔可夫性质。为了解决该问题，可以利用环境模型对未来状态进行预测，以补偿这种延迟，利用递归神经网络对状态进行推断也是一种可行的解决办法。

（6）奖励和目标设置

在强化学习的一些典型场景如视频游戏中，奖励函数非常容易设置，因为可以直接利用模拟器访问真实状态从而得知任务是否被完成。然而在现实世界中，衡量任务的完成程度是一件具有挑战的事情。针对这个问题，可以增加额外的传感器，如角度传感器来判断门是否被开启；也可以通过与任务成功时的图像进行比对来进行判断；另外，引入人类反馈也是一种有效地解决方案。如何在最小化人类监督下完成对于奖励的设置仍然是一个尚未解决的问题。

（7）元学习和多任务学习

元学习指的是在利用多个任务的数据集进行训练后快速适应新的任务，而多任务学习要求机器人同时具备完成多个任务的能力，两者具有一些相似之处。元学习面临的第一个挑战是初始化样本集合，有研究学者以无监督的方式选取具有代表性的任务来进行样本采集。第二个挑战是在同时进行多任务优化时会面临梯度信号冲突的问题，需要使用特殊的方法来解决冲突。

（8）安全操作问题

安全性是将强化学习应用到真正机器人上的首要问题，盲目探索通常会导致急停急起，自撞或与障碍物产生碰撞，造成对环境和自身的破坏。针对此问题有若干解决方案：对动作空间进行限制，使其在安全的范围之内；对危险的场景进行识别；对动作进行平滑处理，防止剧烈运动。然而，即使训练过程是安全的，在测试时仍然会面临潜在的意外环境，解决方案是在训练时对不同的环境参数进行采样，添加扰动因素使最终学习到的策略更加鲁棒。

14.2 电力优化控制

电力系统是由电力设备组成的一个复杂的大规模网络，近几十年以来，电网的结构和操作方式产生了巨大的改变，分布式能源比如风力发电，光伏发电等逐渐接入电网之中，这种清洁环保的发电方式对于环境保护具有重大意义。另外随着电动汽车市场快速扩张，电网负荷也逐渐增大，从而带动了储能设备的增加，比如电池，风电制氢设备等。这些改变在方便了人们生活的同时，也增加了系统内的不稳定性，给电力系统的控制带来了巨大的挑战。

传统的电力系统控制通常包括凸优化方法，规划方法，启发式方法。近年来研究学者将电力系统的问题转换成序列决策任务，并利用深度强化学习技术来解决。相比于传统方法，DRL 方法无须指定复杂的优化目标和烦琐的限制条件，只需要设定奖励，并且可以处理高维数据，进行实时响应，应用范围更广。本节将介绍 DRL 在电力系统控制中的成功应用。

▶▶ 14.2.1　电力管理任务

电网系统逐渐由传统集中式能源转变为对环境影响更小的分布式能源（Distributed Energy Resources，DERs）。DERs 可以部署在任何地方，以满足当地用电需求。微电网系统与 DERs 结合使用，实现了电力供应的去中心化，保证了整体电网系统的高效运行。微电网系统与外部电网相连接，包括 DERs、能源存储系统（Energy Storage Systems，ESSs）、居民电力负载设备和恒温控制负载（Thermostatically Controlled Loads，TCLs），具体结构如图 14.7 所示。

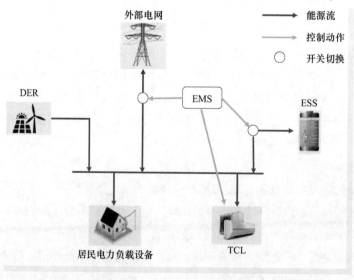

● 图 14.7　微电网系统架构

电力管理系统（Energy Management System，EMS）是微电网控制中的核心组成部分，主要目标包括维持电力资源保有量，最大化系统效率和优化资源分配。EMS 面临的主要挑战包括 DERs 发电的断续性，需求的不确定性和电力市场价格的动态性等，而深度强化学习算法可以有效应对这些挑战，是解决 EMS 任务的有效途径。图 14.7 中，EMS 负责整个电网的调度，可以直接控制外部电网和 ESS 的开关。当 DER 无法满足当前电量需求时，EMS 可以打开与外部电网的开关，从中购买额外的电量；或者打开 ESS 的开关，从中获取电量。当 DER 发电量超过当地总的电量需求时，EMS 可以将多余的电量存储到 ESS 之中，或者输送回主电网。另外 EMS 直接控制 TCL 的电量输送，TCL 包括居民使用的空调、冰箱和热水器等设备。

使用强化学习算法可以将 EMS 任务建模成马尔可夫决策过程，其状态空间由三部分组成：第一部分是可以控制的状态，包括 TCL 和 ESS 的荷电状态，还有电力定价；第二部分状态为无法控制的变量，包括温度、DER 的发电和常规市场的电价；第三部分为时间相关的变量，包括当前时刻和当前的用电需求。动作空间包括对 TCL 设备分配的电力等级，对 ESS 设备的配置（充电或者放电），定价等级。奖励函数定义为操作带来的收益，也就是向客户出售电力所产生的收入减去发电、采购和输电成本，这样便得到了 EMS 的马尔可夫决策过程。

在建模之后，EMS 便可以利用深度强化学习方法来解决，比如 A3C、Double DQN、PPO 等方法，实验表明 A3C 方法效果要优于其余 DRL 方法；另外还可以将不同设备的操作视为不同的智能体，利用多智能体强化学习方法来解决 EMS 问题。两层的优化方法也可以有效解决 EMS 问题，其中顶层为 Q 学习方法，用来学习值函数；底层是传统的凸优化算法，这样可以将先验知识融入强化学习之中，提升策略性能。目前针对 EMS 问题的研究仍然主要集中在三个方面，第一是如何设计奖励函数，将现实中电网操作的限制融入其中；第二是提出合适的预测和规划模型，解决时刻变化的用电需求；第三是利用多智能体强化学习方法，将复杂的电网系统转换成为容易通讯、协调的子系统。

▶▶ 14.2.2　需求响应

可再生能源发电方式的易变性质和不可控制性质增加了电网系统的不稳定性。当电网系统的稳定性受到威胁时，需求响应（Demand Response，DR）通过调整电力价格或者激励计划来改变用户的用电模式，降低系统的负载；或者转移用电需求的峰值，使其与可再生能源的发电高峰尽可能重合。DR 帮助电网系统维持供需平衡，使其稳定运行，用户也可以得到电价的补偿，实现消费者和生产者的双赢。

DR 通常有两种方式，第一种为分时计价，其主要措施是在用电高峰时段适当提高电价，在用电低谷时降低电价，达到降低负荷峰谷差的目的；第二种为基于激励的计划，即用户自愿与电力公司签订协议，在用电高峰期适当降低用电需求，根据降低的程度来获得奖励。基于价格的方式缺乏灵活性，而基于激励的 DR 是可调度的，实现上更加灵活，对于用户更具吸引力。

首先要将 DR 问题建模成马尔可夫决策过程。基于激励的 DR 可以分为三个主要模块，分别是用户层，能源提供者（Service Provider，SP）和电网操作者（Grid Operator，GO），其结构如图 14.8 所示，能源提供者介于用户（Customer，CU）和电网操作者之间，其主要功能是鼓励用户降低用电需求，然后给予 CU 补偿，也就是激励率；另一方面，SP 也参与到批发市场之中，通过汇集所有降低的总用电量，然后将其以批发价格卖给 GO，因此作为一个盈利组织，SP 的奖励函数为降低激励率同时最大化与 GO 交易得到的收入，见式（14.2）。

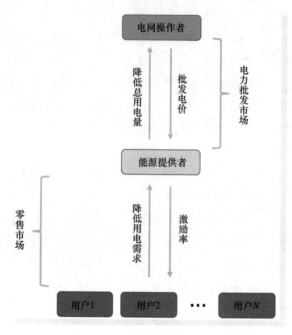

图 14.8　基于激励的 DR 结构图

$$\max \sum_{n=1}^{N} \sum_{h=1}^{H} (p_h \cdot \Delta E_{n,h} - \lambda_{n,h} \cdot \Delta E_{n,h}), \ \lambda_{\min} \leqslant \lambda_{n,h} \leqslant \lambda_{\max} \quad (14.2)$$

其中 N 表示用户的总数量，H 代表每天电力结算时的总小时数，p_h 为批发市场在时刻 h 时的价格，$\Delta E_{n,h}$ 为用户 n 在时刻 h 总的用电减少量，$\lambda_{n,h}$ 代表 SP 在时刻 h 支付给用户 n 的激励率，也就是电力补偿价格，$\lambda_{\max}$ 和 $\lambda_{\min}$ 代表激励率的界限，该值由 SP 和 CU 的协议或者监管要求指定。

对于 CU 来说，当得到来自 SP 的激励率之后，CU 通过降低用电需求来最大化激励收入。但是降低了用电需求会带来生活质量的下降，为生活带来不便。CU 的目的是最大化激励收入，同时最小化由于用电需求降低带来的不便，此时 CU 的目标函数为

$$\max \sum_{h=1}^{H} \left[\rho \cdot \lambda_{n,h} \cdot \Delta E_{n,h} - (1 - \rho) \cdot \phi_{n,h}(\Delta E_{n,h}) \right]$$

$$\Delta E_{n,h} = E_{n,h} \cdot \xi_h \cdot \frac{\lambda_{n,h} - \lambda_{\min}}{\lambda_{\min}} \qquad (14.3)$$

$$K_{\min} \leqslant \Delta E_{n,h} \leqslant K_{\max}$$

其中 ρ 代表激励收入和不便之间的权重，$E_{n,h}$ 为用户的用电需求，ξ_h 代表弹性系数，$\phi_{n,h}(\Delta E_{n,h})$ 表示产生的不适，如下：

$$\phi_{n,h}(\Delta E_{n,h}) = \frac{\mu_n}{2}(\Delta E_{n,h})^2 + \omega_n \cdot \Delta E_{n,h} \qquad (14.4)$$

μ_n 和 ω_n 均为大于 0 的参数。这样对于深度强化学习算法来说，DR 的动作空间为调整激励率，状态空间为所有用户的用电减少量，而奖励函数为 SP 和 CU 的目标函数之和，这样便可以利用强化学习算法来解决 DR 问题。

为了进一步提升深度强化学习在 DR 任务上的性能，还可以额外训练模型来提前预测用户的需求和批发电价。另外，SP 和 CU 本质上是博弈关系，SP 根据 CU 的用电需求制定激励率，而 CU 根据 SP 的激励率来降低需求，因此可以在 CU 和 SP 之间建立博弈模型，再利用强化学习方法解决。不同的 CU 之间也存在竞争或合作的关系，因此多智能体强化学习方法也是解决 DR 问题的一种途径，而多智能体强化学习可以通过去中心化控制来解决环境的非稳态（non-stationary）问题，在满足电力需求的同时制定出最优的价格策略。

14.3　交通指挥优化控制

智能交通信号灯控制对于高效的交通运输系统至关重要，现有的交通信号灯控制主要基于手工制定的规则，缺乏灵活性，而基于强化学习算法的交通信号灯控制可以根据路口实时流量动态调整策略，进一步提升了车辆通行效率，具有广阔的应用前景，本节将针对该领域展开介绍。

▶▶ 14.3.1　多信号灯合作控制

Intellilight 是最早将深度强化学习应用到信号灯控制的方法之一，实现上，该方法基于 DQN 算法框架，构建马尔可夫决策过程时将每条车道的车辆等待数量、等待时间和当前交通灯状态一同作为状态空间；动作空间则是对每个交通灯的操作，分为保持或者变化；奖励函数由若干部分组成，分别是等待队列长度、每条车道的阻塞时间（与车辆在当前车道的行驶速度和车道限速有关）、改变交通灯状态后通过路口的车辆总数和驾驶时间、信号灯切换的指示函数和车辆的等待时间。此外，Intellilight 还提出 Memory Palace 方法，将采集到的样本根据不同的动作和信号灯状态划分成不同的经验池，采样训练时从每个经验池中选择相同数目的样本，以解决样本不平衡的问题。

为了提升在大规模路网中的车辆通行效率，往往需要相邻的路口彼此合作。传统的方法通过计算两个路口之间的通行时间差来预先设定，这不适用于动态变化的交通情况。Colight 是一种可以实现多个路口相互合作的智能交通信号灯控制的方法，该方法利用图注意力网络（Graph Attentional Networks，GAT）来促进路口之间的信息传递，具体来说，Colight 可以建模出目标路口的附近路口对于其产生的时空影响。实验结果表明 Colight 方法可以同时协调数百个路口信号灯的控制。

具体实现时，Colight 首先得到路口 i 观测状态的特征表示 h_i，然后将路口 i 和 j 的特征表示进行融合，利用注意力机制学习到路口 i 与路口 j 的相关分数 e_{ij}：

$$e_{ij} = (h_i W_t) \cdot (h_j W_s)^{\mathrm{T}} \tag{14.5}$$

其中 W_t 和 W_s 为可训练参数。得到相关分数后，为使特征表示考虑到周围所有路口对于目标路口的影响，对特征表示进行如下转换：

$$h_{s_i} = \sigma \left(W_q \cdot \sum_{j \in N_i} e_{ij} (h_j W_c) + b_q \right) \tag{14.6}$$

其中，N_i 为周围路口的集合，可以理解为会对当前路口产生影响的路口；W_q 和 b_q 均为可以训练的参数。为学习到不同路口间更加丰富的相关性，Colight 利用多头注意力机制，并用求平均的方法进行特征融合，得到的特征表示记作：

$$h_{m_i} = \sigma \left(W_q \cdot \left(\frac{1}{H} \sum_{h=1}^{h=H} \sum_{j \in N_i} e_{ij} (h_j W_c^h) \right) + b_q \right) \tag{14.7}$$

其中 H 为注意力网络头的数量；a_{ij}^h 和 W_c^h 为不同头计算得到的相关分数和可训练权重；$\sigma(\cdot)$ 为激活函数。最后利用得到的特征表示估计 Q 值函数。

▶▶ 14.3.2　大规模信号灯控制方法

目前强化学习在交通信号灯控制问题上仍然存在若干重要挑战。第一是扩展能力，即对大规模路网的处理，一个城市的交通灯通常会有上千个，目前仍然没有办法能够同时控制协调如此庞大数量的信号灯；第二是协调能力，算法如果要改善一个城市交通，就需要具有协调所有信号灯的能力，对其进行联合优化。另外还存在数据可行性等问题。MPLight 是一种针对大规模交通信号灯的去中心化深度强化学习方法，能够同时应对这些挑战。

首先定义十字路口的压力为进入车道和离开车道的车辆差异。如图 14.9 所示，中间路口进入车道的车辆之和：3+2+6+1 = 12，离开车道的车辆之和：3+1+0+0 = 4，这样该车道的压力值为 12-4 = 8。压力值反映了车辆分布的不均匀程度，通过最小化压力值可以平衡系统中的车辆分布，进而最大化整个道路系统的吞吐量。

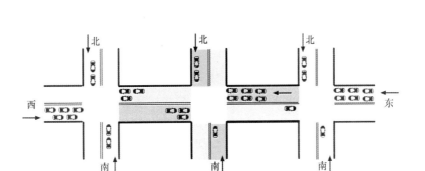

● 图 14.9　压力值示意

MPLight 基于 DQN 算法，每个路口的信号灯控制被视为一个智能体，其状态空间为路口不同车道上的车流量情况和当前信号灯状态，动作空间为对信号灯的控制，奖励则为压力值的负值，整体流程图如图 14.10 所示，实现时将每个路口的状态观测叠加起来作为整体输入，共同进行训练。策略对不同的路口分别进行控制，将奖励加和作为优化目标。同时，不同智能体之间共享参数可以使网络学习到某一个信号灯的动作对于全局状态和总体奖励的影响，从而实现信号灯之间的协调。

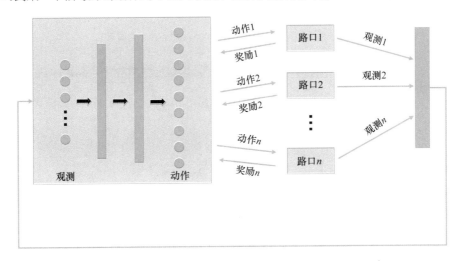

● 图 14.10　MPLight 流程图

▶▶ 14.3.3　元强化学习信号灯控制

现有的解决信号灯控制的强化学习方法依赖于大量的训练数据和计算资源，在现实世界中的可行性不高。MetaLight 借鉴了元强化学习的思想，将注意力放在复用和迁移已有样本上，使算法能够利用之前场景得到的知识，从而在新的场景上实现快速适应。

现有的元强化学习算法比如 MAML 等应用到信号灯控制任务中存在两个挑战。第一，信号灯任务通常为异质的，例如不同的路口会设置不同数目信号灯，道路数目也会有所不同；第二，信号灯任务的动作空间是离散的，动作数目较少，适合使用基于值函数估计的方法解决。现有元强化学习方法主要基于策略梯度思想。MetaLight 首先提出了一种结构无关的 DQN 模型，通过参数共享解决了异质任务的问题，进而提出了两种不同的更新机制，分别是在单个任务上的适应和全局适应，两种更新机制交替进行，使得单个任务能够继承全局更新得到的参数，实现了在新任务上的快速适应。

MetaLight 模型总体设计如图 14.11 所示。假设该路口的信号灯共有三种控制方式，每种控制方式之间是互不冲突的。首先将状态输入到 MLP 之中，这部分称之为 Embedding 层。然后将学习到的特征向量合并后输入到卷积层中，得到最终的特征。Embedding 层的参数在不同车道之间是共享的，并且后续的卷积层中的卷积核数目和大小是固定的，与信号灯数目、车道数目无关，可以在不同场景中共享，这样解决了任务异质的问题。

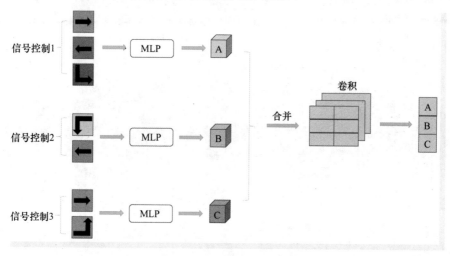

● 图 14.11　MetaLight 模型图

接下来进行单个任务上的适应（Individual-level Adaptation），在每个路口 I_i，智能体经验表示为 $e_i(t) = (s_i(t), a_i(t), r_i(t), s_i(t+1))$，存储在集合 D_i，其参数 θ_i 利用梯度下降更新，记为

$$\theta_i \rightarrow \theta_i - \alpha \nabla_\theta L(f_\theta; D_i) \tag{14.8}$$

其中 L 为基于值函数强化学习的损失函数。每个不同的路口经过单个任务适应后，全局适应（Global-level Adaptation）将每个任务得到的更新结果汇总，然后采样新的经验 D_i'，更新初始化参数 θ_0，如下：

$$\theta_0 \leftarrow \theta_0 - \beta \nabla_\theta \sum_{I_i} L(f_\theta; D_i') \tag{14.9}$$

整体的训练流程与第 12 章介绍的元强化学习方法一致。

第15章

强化学习在机器视觉中的应用

    机器视觉研究如何让计算机理解图像和视频，近年来发展迅猛，取得了很多突破性进展。深度强化学习在机器学习领域成为一种重要的解决方案，在许多机器视觉任务中也能够实现最佳的性能，包括网络结构搜索、图像分类、目标跟踪、人脸识别技术等。本章将介绍强化学习在视觉任务中的成功应用。

15.1 神经网络结构搜索

    目前很多非常流行的、已经在应用中取得成功的神经网络结构都是由人类专家设计的。然而，设计网络结构十分困难，并无法保证找到最优的结构。采用自动化学习的方式将有机会找到最佳解决方案，问题从设计网络结构转变为自动搜索网络结构，该领域称为神经网络结构搜索（Neural Architecture Search，NAS）。本节首先介绍 NAS 领域的基本方法，掌握其研究思路，接下来介绍一些由此延伸出的前沿 NAS 算法。

15.1.1 利用强化学习解决 NAS

    神经网络的结构和连通性可以利用一个变长的字符串描述，可以利用 RNN 来生成这样的字符串。随后，训练该字符串对应的神经网络并得到其在验证集上的准确率，将该准确率视为奖励函数，并利用强化学习算法更新生成字符串的 RNN，鼓励其生成能够取得最优准确率的神经网络结构。利用强化学习解决 NAS 的主要流程如图 15.1 所示。

    利用生成器来得到关于神经网络结构的超参数。为了保持灵活性，生成器使用 RNN 实现，如图 15.2 所示。考虑生成图像分类中使用的 CNN 结构，将卷积层的超参数作为 RNN 策略的输出。网络的层数是预先设定的，随着训练逐渐增加。

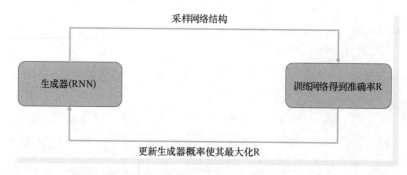

● 图 15.1　强化学习解决 NAS 问题流程

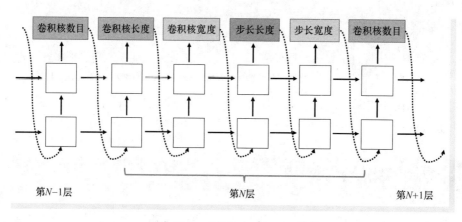

● 图 15.2　RNN 生成 CNN 结构

　　根据 RNN 输出的超参数可以构建一个 CNN，随后在数据集上训练该网络，在验证集上测试得到准确率 R。生成的网络超参数可以视为动作序列 $a_{1:T}$，RNN 参数记为 θ_c。RNN 的目标函数为最大化验证集的准确率，如下：

$$J(\theta_c) = \mathbb{E}_{P(a_{1:T};\theta_c)}(R) \tag{15.1}$$

　　由于 R 是不可微的，所以可以使用策略梯度方法 REINFORCE 来调整 RNN 策略，从而最大化 R。梯度更新公式如下：

$$\nabla_{\theta_c}J(\theta_c) = \sum_{t=1}^{T} \mathbb{E}_{P(a_{1:T};\theta_c)}\left[\nabla_{\theta_c}\log P(a_t \mid a_{(t-1):1};\theta_c)R\right] \tag{15.2}$$

进一步的，可以使用策略梯度的技巧引入基线函数减少梯度的方差。

　　理论上，通过策略梯度算法来调整 RNN 策略可以生成具有最优准确率的 CNN 结构。然而，该方法在每次计算 R 时都需要完整训练网络并进行评价，需要消耗大量时间。为了加速训练过程，引入了分布式训练和异步参数更新。利用 S 个参数处理器和 K 个 RNN 策略，每个策略采样

m 个不同的 CNN 模型进行并行训练，得到这些网络的准确率。计算梯度对参数处理器进行更新，将更新后的参数同步到所有的 RNN 生成器之中。

图 15.2 得到的 CNN 不具备现代神经网络如 GoogleNet 和 ResNet 的跳跃连接和层分叉连接方式，限制了其性能。为了实现这种连接，引入了 set-selection type 注意力机制。在第 N 层中加入锚点，用于指示之前 $N-1$ 层是否需要连接，表示为概率分布。然而，盲目连接可能会出现特征不匹配的问题，还需要引入一些简单的方法对其进行限制。此外，为了进一步增加网络结构的搜索空间，还可以添加学习率、正则化等参数作为策略输出的一部分。

接下来尝试自动生成 RNN 的网络架构。基本的 RNN 和 LSTM 单元可以被看作一个树状结构，以 x_t 和 h_{t-1} 作为输入，输出 h_t。生成器需要标注融合函数，如相加（Add）、元素乘（Elem Mult）等，和激活函数如 tanh、sigmoid 等。输出的结果作为下一步的输入，该过程不断循环。另外还需要考虑记忆变量 c，具体过程如图 15.3 所示。

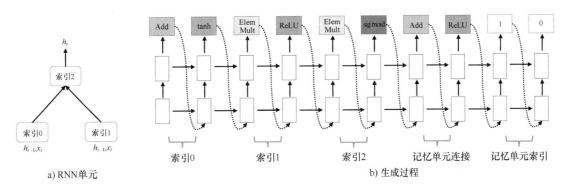

● 图 15.3　生成 RNN 过程

如图 15.3a 所示，RNN 单元可以由树结构表示。假设一个单元包含两个叶子节点、一个内部节点并加上索引，输入为 h_{t-1} 和 x_t。生成器的结果包含 5 个部分，前三项为对于树中三个节点的操作，包括元素操作和激活函数，其余两部分为记忆变量的连接方式。图 15.3b 展示了具体生成过程，如下：

1）对于索引 0 节点，元素操作为 Add，激活函数为 tanh，则可得到 $a_0 = \tanh(W_1 \cdot x_t + W_2 \cdot h_{t-1})$。

2）同理对于索引 1 节点，元素操作为元素乘，激活函数为 ReLU，则可得到 $a_1 = \mathrm{ReLU}((W_3 \cdot x_t) \odot (W_4 \cdot h_{t-1}))$。

3）生成器在记忆单元索引第二项生成 0，并记忆单元连接部分生成 Add 和 ReLU，可以得到 $a_0^{\mathrm{new}} = \mathrm{ReLU}(a_0 + c_{t-1})$。

4）对于索引 2 操作为 Elem Mult，激活函数为 sigmoid，则 $a_2 = \mathrm{sigmoid}(a_0^{\mathrm{new}} \odot a_1)$。

5）生成器的记忆单元索引第一项生成 1，则表示将记忆单元 c_t 设置为树中索引 1 的值，记作 $c_t = (W_3 \cdot x_t) \odot (W_4 \cdot h_{t-1})$。

实验结果表明，利用强化学习得到的 CNN 结构和 RNN 结构都能够在标准数据集上实现很好的效果。虽然仍需要不少的人工干预，消耗较大的资源，但该方法为后续的研究和改进奠定了基础。

▶▶ 15.1.2 其他前沿方法

近年来，NAS 领域成为热点研究方向，许多前沿算法纷纷涌现。目前几乎所有的 NAS 解决方法都可以刻画成一个由三个主要部分组成的系统，如图 15.4 所示。

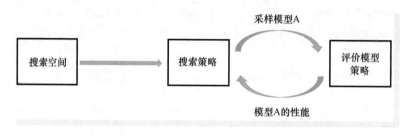

● 图 15.4 NAS 方法的三个组成部分

NAS 方法的三个组成部分如下：

1）搜索空间。定义了操作的集合（CNN、全连接、RNN、池化等），还包括网络的连接，搜索空间的设计通常由人类专家指定。

2）搜索策略。NAS 算法从搜索空间中利用某种算法生成具体网络结构，然后训练得到该网络的性能，将其作为奖励来优化搜索算法。

3）评价模型策略。我们需要衡量或者预测大量生成网络结构的性能，这样搜索算法才能得到奖励。然而这个过程十分消耗时间和计算资源，研究学者因此提出很多方法来对这个过程进行优化。

针对搜索空间的设计，最直接的做法是利用顺序层次操作的方式描述网络拓扑结构，例如在上一节介绍中，生成器输出 CNN，包括卷积核尺寸，步长等，直到满足指定的神经网络层数，这类方法需要大量的专家知识。NASNet 方法将 CNN 定义为重复多次的相同单元，每个单元包含若干操作，实现了在不同数据集之间的迁移。具体实现时，NASNet 学习两种单元的构造，分别是正常单元和缩减单元。正常单元中输入和输出的特征具有相同的维度，缩减单元中输出的特征维度比输入的特征降低一半。每个单元都由五个操作块组成，每个操作块包括五个具体操作，这五个操作如图 15.5a 所示，图 15.5b 为一个具体实例。NASNet 方法具备很多优点，首先可以大大缩小搜索空间，其次可以迁移到不同数据集，最后这种重复堆叠相同模块的设计模式被证明十分有效，在实际网络结构设计中被广泛应用。

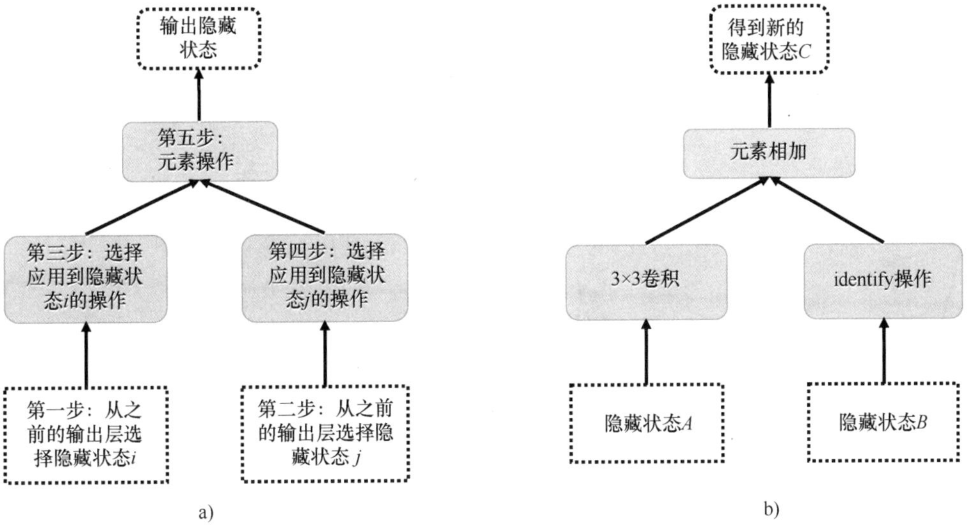

● 图 15.5　NASNet 中操作块生成步骤和实例

a）生成步骤　b）实例

分层神经网络搜索（Hierarchical NAS，HNAS）使用分层的思想构造搜索空间，充分利用已知的子图结构（Network motifs，可以理解为大型网络的重复模式）。从较小的操作集合开始（包括一些单独指令，比如卷积操作，池化，identity 等），将这些较小的操作叠加起来可以构成子图，子图进一步可以构成更加高级的计算图。具体实现时，层次 $\ell = 1,2,\cdots,L$ 的子图可以表示为 $(G^{(\ell)},O^{\ell})$，其中：

1）$O^{(\ell)}$ 是操作集合，$O^{(\ell)} = \{o_1^{(\ell)},o_2^{(\ell)},\cdots\}$。

2）$G^{(\ell)}$ 为邻接矩阵，其中元素 $G_{ij} = k$ 表明在节点 i 和 j 之间用操作 $o_k^{(\ell)}$ 连接。

根据指定的网络结构可以生成更高层次的计算图，具体示例如图 15.6 所示。其中最小索引值是源节点，最大索引值为汇聚节点，图 15.6 实现了从第一层操作构造第三层子图的过程，接下来可以继续构建更高层次的网络结构。

目前很多流行的大型神经网络结构都是由相似的子模块重复构造而成。NASNet 和 HNAS 方法从此出发，利用基本的网络单元来构造搜索空间。除此之外，有研究学者利用树结构，而不是常见的有向图结构来构造搜索空间，将每个节点设置为对子节点的操作。SMASH 方法将神经网络视作可读写的多个记忆模块系统，每层网络的操作可以设计成从不同记忆模块中读取数据，计算结果，然后写入其余的记忆模块集合。

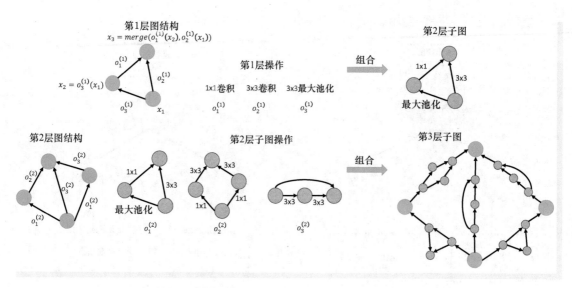

● 图 15.6　层次化子图生成实例

搜索算法的作用是从大量的网络空间中采样具体网络结构，使其尽可能具有最佳性能。最朴素的搜索算法为随机搜索，通常作为基线方法。强化学习算法也是一种常见的搜索算法，例如上一小节介绍的利用 REINFORCE 来更新生成器。

进化算法（Evolutionary Algorithms）是另外一种常见的搜索算法，之前介绍的 HNAS 便采用此种方法，其步骤如下：

1）从搜索空间中采样若干模型，将其中具有最佳性能的模型标记为 parent。

2）将 parent 进行突变得到 child 模型。

3）训练，评估该 child 模型，将其放回到总体样本之中。

4）将存在时间最久的模型从总体样本之中移除，返回总体样本中具有最佳性能的模型。

其中第 2 步中的突变操作具体有两种，第一是隐藏状态突变，随机改变参与运算的输入节点；第二种突变是操作突变，随机替换当前操作方式，对于 HNAS 方法来说即为改变、添加或者移除掉图结构中的边。

最后我们介绍一种逐步决策过程搜索（Progressive NAS，PNAS）。PNAS 将构造网络模型视为序贯决策，每次添加操作或者增加网络层数都会使问题变得更加复杂。PNAS 方法使用课程学习的方式，从简单模型逐渐向复杂模型过渡。PNAS 采用了 NASNet 的搜索空间，每个操作块包括五个具体操作，PNAS 为了简化其过程在第五步只考虑元素相加操作，操作块的数量首先设置为 1，随着训练过程逐渐增加，具体流程如算法 15-1 所示。算法的关键在于训练性能预测器，从而从候选集中优先选择出有潜力的模型，该预测器使用 RNN 实现，方便处理不同大小的输入。

另外 PNAS 从 $b=1$ 开始逐渐提升网络的复杂性，降低了原始问题的复杂度。

评价模型策略的主要作用是估计或者预测采样模型的性能，从而得到奖励来优化搜索算法。这个过程包括训练模型，然后在验证集上得到其准确率，整个过程十分耗时。一些研究学者采用在较小的数据集上训练、缩小训练轮数、预测准确率等方式来缩短时间、节约成本。参数共享也是一种比较有效的方法。如果利用渐进增长式的方法来逐渐增加网络复杂性，那么新生成的较为复杂的模型便可以继承之前训练得到的模型参数，接下来只需要进行轻量训练即可。SMASH 提出了一种十分有创意的解决办法：以模型结构的配置参数作为条件，直接生成模型的权重。实现时首先初始化 HyperNet 网络 H，随机产生网络结构 c，输出其权重参数 $H(c)$，利用训练数据 x_i 得到训练误差 $E_t = f_c(H(c), x_i)$，反向传播更新 H。经过多轮更新，网络 H 便可以根据网络结构来生成其权重，使其最小化训练误差。此外还可以将搜索和评估融合起来得到 one-shot 模型，只训练一个具有代表性的模型，在具体任务上进行微调，用于评价不同架构的模型性能。

算法 15-1　PNAS 算法

1：利用 1 个操作块生成得到模型集合 Q_1；
2：初始化性能预测器 $pred$；
3：**for** 操作块数量 $b=1$ to $B-1$ **do**
4：　初始化经验池 $D_b = [\ ]$；
5：　**for all** $m \in Q_b$ **do**
6：　　训练模型 m 并进行验证得到性能分数 $score$；
7：　　将模型 m 和对应分数和存入经验池 $D_b.push(m, socre)$；
8：　**end for**
9：　利用 D_b 数据训练 $pred$；
10：　设置模型集合 $M_{b+1} = [\ ]$ 和分数集合 $S_{b+1} = [\ ]$；
11：　**for all** $m \in Q_b$ **do**
12：　　为模型 m 增加一个操作块，对其进行扩展，得到模型集合 C；
13：　　**for all** $c \in C$ **do**
14：　　　利用 $pred$ 预测模型 c 的分数 $score_c$；
15：　　　$M_{b+1}.push(c)$，$S_{b+1}.push(score_c)$；
16：　　**end for**
17：　**end for**
18：　返回 K 个预测性能最好的模型 $Q_{b+1} = \text{top-K}(M_{b+1}, S_{b+1}, K)$；
19：**end for**
20：返回性能最优模型 top-K $(M_B, S_B, 1)$；

目前在 NAS 领域有很多成功的算法得到了性能上超过人类专家设计的结构。然而，该领域仍然面临许多挑战，例如如何解释某些架构表现出色的原因，如何设计出能够适应多个任务的通用模型，如何减少人类专家的参与，实现无监督 NAS 等。

15.2 目标检测和跟踪中的优化

目标检测和跟踪是机器视觉领域的重要研究方向，在自动驾驶、机器人导航、安保监控中具有广泛的应用价值。强化学习具有动态调整和自主学习的能力，能够解决该领域的实时性差、易受扰动等问题，两者结合产生了许多优秀成果。

▶▶ 15.2.1 强化学习与目标检测

目标检测是利用边界框定位和识别图像或视频中物体的过程，是视觉系统的"眼睛"。目标检测过程需要智能体能够理解背景，不断改变注视点，从而识别目标并决定边界框的正确比例。Caicedo 等人提出的主动物体定位方法（Active Object Localization with Deep RL）是一种自顶向下的方法，从分析整个场景开始，不断调整视角，逐渐定位到目标物体。整个过程由一系列对边界框的变换操作组成，这些变换操作利用强化学习算法实现，使智能体能够正确分析整个场景，用于决定合理的动作。主动物体定位方法过程如图 15.7 所示，通过对场景的放大、偏移等操作实现了对目标的定位，与滑动窗口方法相比，该方法无须遵循固定的路径来搜索目标物体；与边界框回归算法相比，该方法无须遵循单一的结构化的预测，是一种动态调整的、目标物体导向的定位策略。

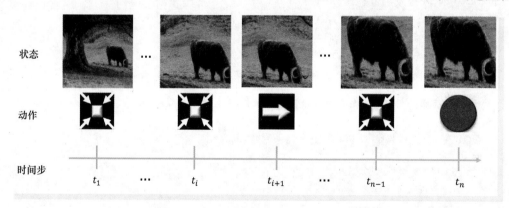

状态   动作   时间步 t_1 ... t_i t_{i+1} ... t_{n-1} t_n

● 图 15.7 主动物体定位方法过程

具体的，将物体定位问题建模成马尔可夫决策过程。动作空间由 8 个对边界框的操作构成，分别是垂直方向的上下移动、水平方向的左右移动、缩小放大和横纵比调整，最后还包括一个终止动作表示目标物体已经被当前边界框正确定位。边界框可以用对角两个点的坐标表示，即 $b = [x_1, y_1, x_2, y_2]$，动作执行时会对该边界框朝着特定方向产生如下的位移：

$$\alpha_w = \alpha \cdot (x_2 - x_1), \alpha_h = \alpha \cdot (y_2 - y_1) \tag{15.3}$$

其中 $\alpha \in [0,1]$，该值用于平衡定位速度和精度。状态空间表示成元组 (o,h)，其中 o 为观测区域的特征向量，利用一个预训练的 CNN 提出得到；h 为最近采取的动作组成的向量。奖励函数 R 可以表示为采取动作后对于目标物体定位的提升程度，目标定位的准确度可以用 IoU（Intersection-over-Union）衡量。令 b 表示边界框的观测区域，g 为目标物体的真实区域，则 $\text{IoU}(b,g) = \text{area}(b \cap g)/\text{area}(b \cup g)$。奖励函数定义如下：

$$R_a(s,s') = \text{sign}(\text{IoU}(b',g) - \text{IoU}(b,g)) \tag{15.4}$$

奖励函数含义为，如果采取动作 a 使得目标框与真实物体的 IoU 变大，则获得的奖励为 +1，反之奖励为 -1。这种奖励设置可以鼓励智能体不断提升对于目标物体的定位精度，直到无法提升时采取终止动作。对于终止动作，奖励函数为

$$R_\omega(s,s') = \begin{cases} +\eta & \text{IoU}(b,g) \geqslant \tau \\ -\eta & \text{其他} \end{cases} \tag{15.5}$$

其中 ω 为终止动作，η 设置为 3.0，τ 值是一个阈值，用来判定是否正确定位。奖励函数还包括消耗的时间步数，用于实现快速定位。由于动作空间是离散的，因此可以直接使用基于 DQN 框架的深度强化学习算法来完成训练和测试，初始化边界框在左上角，网络结构由预训练的 CNN 特征提取器和深度 Q 网络构成，从而实现了目标物体的主动定位。

边界框自动修正（Bounding-box Automated Refinement，BAR）方法首先利用之前的边界框预测方法或者人工粗略标记，得到初始边界框，接下来对其进行自动修正，直至收敛到能够覆盖目标物体的边界框，其动作空间包含 8 个对于边界框的操作。BAR 具体实现时包括两类方法，其一为离线方法 BAR-DRL，该方法利用在 ImageNet 上预训练得到的 ResNet50 模型来提取状态特征，同时也包含 10 个过去执行的动作，奖励函数同样设置为 IoU 的提升，在训练开始之前先积累一些样本，然后利用经验回放的方法进行训练；其二为 BAR-CB，是一种在线更新方法，对每张图片都进行更新，采用当前图像的 HOG 特征作为状态，能够刻画出物体的轮廓和边缘，动作空间和奖励空间与 BAR-DRL 相同。

强化轴向网络（Reinforced Axiad Refinement Network，RARN）可以解决单目 3D 目标检测任务，能够从 2D 图像中提取出目标物体的 3D 位置和属性。给出对于物体的初始估计 3D 边界框，然后定义 15 个可以采取的动作，对该边界框进行不断修正，奖励定义为两个相邻时间步检测准确性的提升，算法基于 DQN。KITTI 是自动驾驶数据集进行验证，能够实现目前最优的性能。

▶▶ 15.2.2　强化学习与实时目标跟踪

单目标跟踪的任务是给出视频某一帧图像，在其中标记出感兴趣的物体，然后在后续的视频流中用边界框持续定位该物体，并不受到物体运动、相机视角变化和光线阴影等环境因素的影响。DRLT（Deep RL Tracker）方法将目标跟踪建模成序列决策过程，然后利用深度强化学习

算法以视频帧作为输入，直接输出每帧中的目标位置，算法结构如图 15.8 所示。

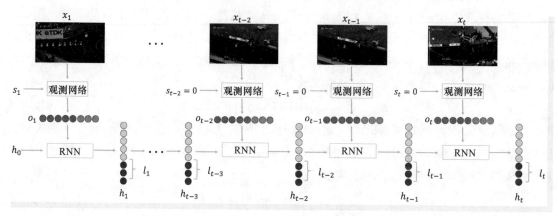

● 图 15.8 DRLT 算法结构

图 15.8 中，在时间步 t 智能体观测到当前图像 x_t 和初始目标的位置向量 s_t。在第一个时刻是真实的位置，其余时刻 s 设置为 0。将两者合并输入到观测网络之中计算出特征 o_t，然后将 o_t 与隐藏状态一起输入到 RNN 之中，得到新的隐藏状态。h_t 可以编码目标位置和所处全局图像的信息，DRLT 直接将 h_t 的最后四维作为动作的均值 $\boldsymbol{\mu}_t$。智能体的动作即为边界框的位置 $l_t = (x, y, w, h)$，其中 (x, y) 为中心坐标，(w, h) 为边界框相对于整张图片的长宽。训练时 l_t 从均值为 $\boldsymbol{\mu}_t$、固定方差的多元正态分布中采样。每次执行动作后，智能体都会获得奖励，DRLT 将奖励函数设置为

$$r_t = -\text{avg}(\,|\,l_t - g_t\,|\,) - \max(\,|\,l_t - g_t\,|\,) \tag{15.6}$$

其中 l_t 是 RNN 输出的位置，g_t 为真实位置。此外，DRLT 提出使用 l_t 和 h_t 之间的 IoU 作为奖励。DRLT 方法在训练前期利用式（15.6）作为奖励，后期则最大化两者之间的 IoU。由于目标跟踪中输出的动作是边界框的位置，属于连续动作空间，因此算法基于 REINFORCE 框架来训练，最大化累积奖励。

Luo 等人提出一种基于强化学习的端到端主动目标跟踪（End-to-end Active Object Tracking via Reinforcement Learning）方法。该方法利用 CNN 和 LSTM 网络来提取当前图像的特征，直接输出对于相机的控制，对目标跟踪和相机控制两个任务进行联合处理，实现端到端的物体主动跟踪。该方法基于 A3C 架构，利用图像作为输入，输出策略和状态值函数，策略表示为对相机的调整，属于离散动作空间。训练时利用物体与相机的距离和方向共同计算奖励，鼓励物体处于相机的正前方并保持一定距离。具体流程如图 15.9 所示。

深度强化学习在多目标跟踪领域也取得了突破性成果，C-DRL（Collaborative Deep Reinforcement Learning）方法将每个要跟踪的目标视为一个智能体，然后根据历史图像预测智能体的后续位置，能够有效解决目标互相遮挡和检测结果错误带来的问题。C-DRL 包含两个部分，分别是

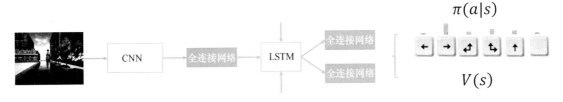

● 图 15.9　端到端主动跟踪流程图

预测网络和决策网络。预测网络输入目标物体的初始位置和若干历史图片，预测得到目标在未来一帧图像中的位置，该网络的训练可以建模成回归问题。随后，将每个目标的预测结果和检测结果输入到决策网络之中，输出对于当前目标状态的操作，包括更新、阻挡、删除和忽略，其中，"更新"表明目标在未来一帧会继续出现预测结果和检测结果都较为可靠；"阻挡"则表明目标物体会被阻挡，因此利用预测结果作为跟踪位置；"删除"表明物体消失；"忽略"表明检测结果不可靠或者和缺失，利用预测结果作为跟踪位置。奖励函数设置为对当前目标定位的准确性和对其最近邻目标预测的准确性的加权和，这样在决策时考虑了智能体之间的交互和与环境的交互，可以达到最优的跟踪效果。

15.3　视频分析

　　视频分析指通过自动分析视频以检测发生的事件，捕捉到目标物体或者从中获取感兴趣的信息，广泛应用在娱乐、视频检索、医疗、零售、安保等领域。视频分析的研究范围也很广，包括图像分割，视频摘要等众多子领域。

　　视频物体分割（Video Object Segmentation，VOS）将给定图像中的每个像素标记为前景或者背景，是许多视觉应用的基础，比如场景理解和视频监控等。Cutting-agent 是一种基于强化学习的 VOS 方法，该方法包含两个部分，分别是 CPN（Cutting-Policy Netowrk）和 CEN（Cutting-Execution Network），方法流程如图 15.10 所示，CPN 方法用当前帧图像、历史动作和分割掩码作为状态输入，分别输出对于目标边界框和背景边界框调整的动作，该动作是离散的，包括上下左右四个方向和缩放操作。得到更新的边界框后，CEN 将其作为输入得到更新后的分割掩码，然后利用更新后的掩码输入到下一个时间步之中，整个过程一直持续直到边界框足够精确或者操作步数到达设定值，这时转入对视频中下一帧图像进行处理，其奖励函数设置为执行动作前后真实掩码和预测掩码 IoU 的改变。

　　Mask-RL 是一种弱监督学习的 VOS 方法。该方法首先利用人工参与获取到关于位置的先验信息，该信息通过一个线上游戏或者强化学习模拟的方式来获取，得到用户对于物体位置的标识。接下来将一系列视频图像和对应的先验信息一同输入到 DenseNet 网络中，称之为分割网络，得到对于物体的分割掩码。为了减少对于人工标记的依赖，Mask-RL 可以利用强化学习算法来模拟人类的点击，智能体的状态包括输入帧，根据前一帧算出光流信息和位置历史信息。动作包括移动（上下左右）和设置动作（具体位置），奖励函数利用人类玩家的点击作为监督信号计算得到，整体流程如图 15.11 所示。

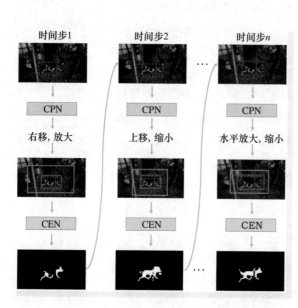

● 图 15.10　Cutting-Agent 方法流程图

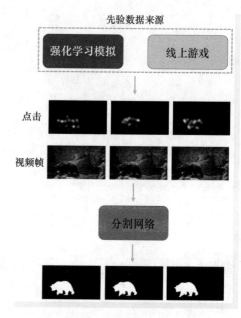

● 图 15.11　Mask-RL 流程图

动作识别是视频分析中的另一类重要任务，主要目的是识别视频中出现的动作并将其分类。DPRL（Deep Progressive RL）是一种基于骨架的深度强化学习动作识别算法，由两个子网络组成，分别是帧提取网络（Frame Distillation Network，FDNet）和图卷积网络（Graph-based Convolutional Network，GCNN）。FDNet 的作用是利用强化学习算法从输入视频序列中提取出有价值的图像帧，丢弃信息不明确的帧，流程图如图 15.12 所示。首先随机从输入图像序列中选择若干帧，接下来利用强化学习算法输出动作，逐步对信息进行筛选过滤。动作分为三种：保持不变，向左一帧和向右一帧。最终实现对于信息的蒸馏得到输出结果，提取出对于"踢踏"动作的有用帧。GCNN 以 FDNet 输出的结果作为输入，输出动作识别的结果。由于基于骨架的图像可以视作由点和边构成的图结构，GCNN 可以很方便地处理这种图数据。GCNN 和 FDNet 两部分是互相协作的关系，FDNet 为 GCNN 识别提供关键帧，反过来 GCNN 为 FDNet 提供识别准确率，作为训练时的奖励函数。随着训练的进行，两部分网络的表现逐渐提升，共同完成基于骨架的视频动作识别。

视频摘要生成是指通过分析视频结构和内容存在的时空冗余，从中提取出简短准确的摘要

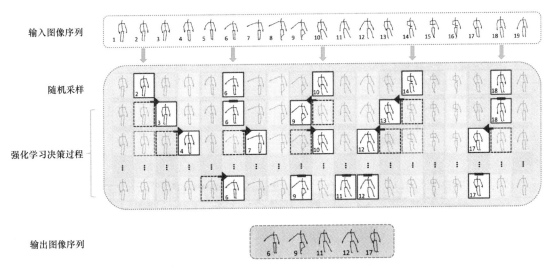

输入图像序列

随机采样

强化学习决策过程

输出图像序列

● 图 15.12　FDNet 筛选有用帧流程图

使其能够总结长视频内容。DR-DSN（Diversity Representativeness Deep Summary Network）方法将此问题建模成马尔可夫决策过程，输入一段视频作为状态，网络输出一系列二元变量作为动作，每个动作表示是否选中当前帧作为视频摘要。奖励函数的设置有两个标准，分别是多样性和代表性（Diversity and Representativeness），其目的是让选中的图像帧能够最大化保留整个视频的时序信息。衡量某张图片多样性的方法是计算该图片与其他图片在特征空间中的不一致性。选取到具有代表性的图像与 k-中心点问题类似，智能体被鼓励找到位于特征空间聚类中心的图像。实现时利用 GoogLeNet 网络结构作为编码器，利用双向 RNN 作为解码器提取到视频特征空间，最后基于 REINFORCE 框架完成训练。

面向运动的强化学习（Motion-Oriented REinforcement Learning，MOREL）方法是一种两阶段方法。首先利用机器视觉中无监督物体分割方法提取到视频中运动物体的信息，在得到对场景的表示后，将该网络迁移到通用的强化学习算法中共同优化值函数和策略。这样智能体可以同时接收到第一阶段得到的关于场景的运动目标信息，和常规强化学习算法中提取到的静态目标信息，将两者结合可以加快训练速度。实验结果表明，MOREL 算法可以帮助智能体在视频游戏平台中快速理解场景中包含的动态关系以及预测动作产生的影响，提升了强化学习的样本效率和可解释性。

除了上述介绍的成果之外，强化学习在手势识别、表情识别、人脸语义分割等视频分析任务中也取得了很好的效果。强化学习解决这些任务的思想大同小异，关键点在于如何将其建模成马尔可夫决策过程，即设置合适的奖励函数，状态空间和动作空间。另外一个关键点在于如何构造处理图像或者视频的网络结构，最后便可以基于已有的强化学习算法解决特定任务。

第16章

▶▶▶▶▶▶▶

强化学习在语言处理中的应用

在语言处理领域，强化学习可以用于许多动态交互的语言系统，如知识图谱、问答系统、机器翻译系统等。通过引入强化学习和设计合理的奖励机制，能够使智能体考虑整体的学习目标，相比于传统方法，不易收敛到局部最优解。在自然语言处理领域引入强化学习具有广阔的研究前景，本章对其基本思想进行介绍。

16.1 知识图谱系统

根据知识图谱（knowledge bases）系统可以实现自动推理（automated reasoning），根据给定的实体和关系来推断答案。然而，实体之间的关系在图谱中往往需要多步的推断，存在多种可能的路径，增加了推断的难度。使用强化学习算法能够将图谱推理问题建模为策略学习问题，通过给定的实体和关系来搜索到达对应尾实体的路径，类似于寻路问题。不同点在于，知识图谱一般规模较大，不论是节点数量还是关系数量都比一般的寻路问题更大。知识图谱系统的优点在于交互需要的代价较低，可以方便智能体在交互中进行学习。

形式化的，知识图谱有很多三元组组成，记为(e_1, r, e_2)，其中，e_1 和 e_2 是实体，r 是关系。以图谱的方式理解，e_1 和 e_2 是图中的两个节点，而 r 是由 e_1 到 e_2 的关系。知识图谱示意图如图 16.1 所示，其中包含了三个关系。假设想要推理的问题表示为（杨振宁，共享1957诺贝尔奖,?），其中"杨振宁"为头实体，"共享1957诺贝尔奖"是需要查询的关系，问号的位置表明答

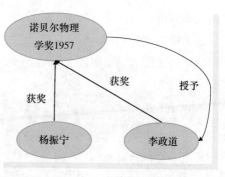

● 图 16.1 知识图谱示意图

案（尾实体）是缺失的，需要从已知的图中进行推理。在推理中，智能体从图中"杨振宁"节点出发，经过"获奖"和"授予"两条路径到达"李政道"的节点。在训练中答案是已知的，智能体成功到达正确的节点"李政道"可以获得奖励。

形式化的，在强化学习中，知识图谱中的推理问题可以表示为一个四元组的马尔科夫决策过程 (S, A, δ, R)，分别表示状态空间、动作空间、状态转移概率以及奖励函数，其中：

1）**状态空间**由智能体当前所处的实体位置 e_t、查询的头实体 e_{1q}（如上例中的"杨振宁"）、关系 r_q（如上例中的"诺贝尔物理学奖 1957"）、尾实体 e_{2q}（如上例中的"李政道"）构成，表示为 $s = (e_t, e_{1q}, r_q, e_{2q})$。实体一般被编码为向量。

2）**动作空间**表示从当前实体 e_t 出发的所有可选边，这些边代表不同的关系。此外，可以在每个节点处增加一个"停止"动作。如果智能体已找到可行的解，则可以停止在该实体处。此外，如果存在关系 (e_1, r, e_2)，可以再增加一条逆向的关系 (e_2, r^{-1}, e_1)，这样在智能体寻路中可以纠正错误，从错误的节点返回，重新寻找路径。

3）**状态转移概率**相比于一般的强化学习问题更加简单。强化学习一般认为状态转移具有随机性，而在知识图谱中，由于不同实体之间的关系是确定的，所以状态转移是确定的。

4）**奖励函数**是 0/1 奖励，当智能体到达目标实体（即 $e_t = e_{2q}$）时给予奖励 $r = 1$，否则给予奖励 $r = 0$。

在知识图谱的推理问题中，策略使用当前状态以及历史信息作为输入。历史信息包含了周期开始后的所有状态和动作。形式化的，历史 H_t 为前一步的历史和当前的状态动作的组合：$H_t = (H_{t-1}, A_{t-1}, O_t)$。由于历史信息是变长的，可以使用 LSTM 作为策略网络的结构，历史信息可以编码为

$$h_t = \mathrm{LSTM}(h_{t-1}, [a_{t-1}; s_t]) \tag{16.1}$$

以 h_t 和查询关系作为输入，策略网络输出动作。策略网络可以是一个全连接网络，输出为一个 softmax 分布来建模离散动作的概率。策略网络 π_θ 通过最大化累计奖励来训练：

$$J(\theta) = \mathbb{E}_{(e_1, r, e_2) \sim D} \mathbb{E}_{A_1, \cdots A_{t-1} \sim \pi_\theta} [R(S_t) \mid S_1 = (e_1, e_1, r, e_2)] \tag{16.2}$$

其中，实体关系从给定的知识图谱中采样 $(e_1, r, e_2) \sim D$。在优化中，使用 REINFORCE 策略梯度法进行学习。第一个期望代表从训练数据中采样。第二个期望代表从实体关系元组的头实体出发，使用当前策略进行多步的交互得到路径。通常，可以限制路径的长度，如最长为 20 步。考虑到策略梯度具有较大的方差，可以使用历史回报的平均值来作为基线 b_t，在策略梯度中使用 $R(S_t) - b_t$ 作为回报进行训练。同时，在学习中可以使用熵约束来避免策略过早收敛。在此基础上，介绍两种加速训练的手段。

（1）奖励设计

知识图谱往往是不完整的，不在正确尾实体集合内的实体也可能是正确的。然而，根据奖励

设计，不在正确尾实体集合内的实体都认为是错误的结果，不给予奖励，容易产生信息的遗漏。为了解决该问题，可以将原有的二值化奖励修改为实数值的"软"奖励，对于不是正确答案的尾实体也能给予一定的奖励。具体地讲，使用图嵌入算法对正确的实体关系进行极大似然估计，得到一个评价函数。随后在智能体与图的交互中，对于遇到的状态 e_t 构成的元组 (e_{1_q}, r_q, e_t)，可以使用评价函数给出与尾实体的符合程度，将其作为奖励。将稀疏奖励转化为软奖励能够加速训练。

（2）动作 Dropout

在智能体交互过程中，往往即使可以找到 $e_t = e_{2_q}$ 的正确尾实体，也不能确保整条路径是有意义的。例如，智能体可能会通过不符合实际关系的路径来找到答案，例如选择一条很长的路径到达目标实体。然而，一旦智能体通过一条路径找到答案并获得奖励，该路径被选择的权重会通过策略梯度的学习增大，从而使算法收敛到局部最优解。为了解决该问题，可以使用动作 Dropout 法，在智能体选择动作时对某些动作进行随机掩码，随后从剩余的动作中进行选择。形式化的，设 $m \in \{0,1\}^{|A|}$ 是一个二值化的掩码向量，则策略可以重新表示为

$$\tilde{\pi}(a_t \mid s_t) \propto (\pi_\theta(a_t \mid s_t) \cdot m + \epsilon) \tag{16.3}$$

其中，m 中的每个元素可以从伯努利分布中采样，分布的参数可以控制掩码的强度。通过在动作层面增加扰动，可以使智能体不易收敛到局部最优解。

16.2 智能问答系统

智能问答系统（人机对话）是自然语言处理中一项复杂的任务，根据目的不同，可以将对话系统分为以下几个类别。

1）问答系统（Question Answering）：对用户提出的问题给出简洁、直接的回答。此类方法需要根据提问的领域来检索知识库（如网页、市场数据等）。

2）任务导向（Task Completion）：通过多轮对话来明确用户的需求，并帮助用户完成任务。此类任务包括酒店预约、行程设计、会议预订等。

3）聊天机器人（Social Chat）：像人一样与用户进行聊天，保持用户的兴趣完成多轮对话，或给用户推荐商品。

人机对话系统在抽象成强化学习问题时有自然的层次性。上层智能体识别用户的需求，如回答问题、预定会议、提供推荐等，这些输出都是抽象的回答。下层智能体根据上层智能体识别的需求来完成具体的回答。在学习中，可以使用层次化强化学习的思想，上层智能体输出一个 option，代表一个动作序列的标识；而下层智能体根据 option 的设置来完成任务。此时，只要设置合适的奖励信息，可以使用层次化强化学习的方法来进行学习。在对话系统中，CPS（Conversation-turns Per Session）是一个重要的奖励指标，代表在每次对话中智能体和用户对话的轮数。在不同的任务中，需要分别最大化或者最小化 CPS。例如，在问答系统中，一方面要考虑回答是否正确并满足用户需求，另一方面需要最小化 CPS 来保证用户能够以最短的对话轮数来获取答案。反之，在聊天机器人中，对话系统需要最大化 CPS 以提高用户在对话中的参与度。

以任务导向的对话系统为例进行分析，此类任务有明确的目标，适合使用强化学习方法来解决。此类问题中，对问题的回答模式较为固定，一般可以简化为槽填充（slot filling）问题，其中 slot 由专家来定义。例如，在电影预定的对话中，slot 包括电影名称、影院名称、时间、地点、票价、票数等。如果一个 slot 能够用于限制对话，则被认为是有信息量的。例如，确定了电影名称之后会限制可以推荐的影院名称、时间、地点等信息。下面介绍在学习中使用的概念。在对话系统中，用户可以看作是环境，智能体通过对环境交互来获得奖励，并得到下一个状态。在多轮对话中，状态表示为到目前对话为止的对话信息，需要使用神经网络编码来得到一个抽象的表示作为状态。动作表示为抽象的动作，如填充某个槽，或者查询数据集中的关键字等。在执行动作后，用户会进行下一轮的反馈，此时智能体需要更新状态。奖励函数根据任务是否完成来设置，同时考虑 CPS 的值。

图 16.2 显示了一个典型的对话推荐系统的结构，属于任务型对话。系统的目标是向用户推荐商品，需要通过分析用户的需求来进行个性化推荐，其中有几个关键的问题。首先，如何正确理解用户的意图；其次，如何进行序列决策，在每轮对话中执行正确的动作；最后，如何进行个性化的推荐。图 16.2 所示的结构中，信念跟踪器（Belief Tracker）用来将用户对话表示成一个向量，称为 belief。随后，belief 被作为策略网络的输入进行决策。例如，策略网络决定需要询问城市的相关信息。随后，智能体向用户提出问题并获得奖励，用于训练策略。如果智能体的决定是给出推荐，此时智能体需要查询推荐系统来根据用户的其他信息获得适合该用户的个性化商品。

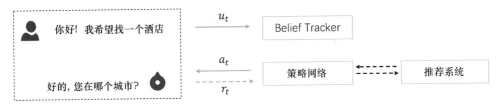

● 图 16.2　一个典型的对话推荐系统

Belief Tracker　该模块以对话作为输入，输出用户意图的属性。在推荐系统中，属性可以表示商品的品牌、质感、风格、年龄段等信息，是一种高层次的用户意图。在网络实现上，根据时间步 t 的对话文本 e_t，输入到模型编码成 n-gram 的形式 $z_t = \text{ngram}(e_t)$。随后，使用 LSTM 编码从初始到时刻 t 的表示

$$h_t = \text{LSTM}(z_1, z_2, \cdots, z_t) \tag{16.4}$$

将 h_t 输入到一个 softmax 激活层中得到用户意图在每个属性上的分布

$$f_i = \text{softmax}(h_t) \tag{16.5}$$

其中，f_i 代表第 i 个属性。当前状态 s_t 可以表示为

$$s_t = f_1 \oplus f_2 \cdots \oplus f_l \tag{16.6}$$

其中 $i \leqslant l$，l 是属性的数量。

策略网络　策略网络的输入是 belief 的输出。动作包含两种类型，第一类动作是对应于某个属性的取值，可以将其进一步分解为 l 个动作；第二类动作是个性化的推荐 a_{rec} 动作，需要使用推荐系统来获得推荐的商品。模型使用策略梯度法进行训练，设 θ 为策略网络的参数，则网络的输出是一个离散的分布。学习目标为 $\eta(\theta) = \mathbb{E}_\pi\left[\sum_{t=0}^T \gamma^t r_t\right]$，使用 REINFORCE 策略梯度法进行训练，得到策略梯度为

$$\nabla \eta(\theta) = \mathbb{E}_\pi\left[\gamma^t G_t \nabla_\theta \log \pi(a_t \mid s_t, \theta)\right] \tag{16.7}$$

其中 G_t 代表从 t 时刻开始到周期末尾的奖励和。周期的终止状态定义为用户离开对话系统，或者成功推荐了商品。为了提升策略学习的速度，引入了预训练的方法来得到初始的策略网络参数。预训练时，使用虚拟用户来与智能体进行交互，该用户使用一定的规则进行对话。在与虚拟用户的对话中，智能体能够采集数据并获得一个初始化的策略。在此基础上介绍两种扩展的方法，分别使用事后目标回放法以及多任务学习算法来解决稀疏奖励问题。

▶▶ 16.2.1　事后目标回放法

在对话系统中，事后目标回放法（HER）需要设置合理的目标和奖励，通过构造虚拟目标加速训练。例如，原始的目标是要推荐"演员是成龙、影片类型是动作片，时间是今天"的电影。形式化的，将目标记为

$$G = [\text{actor} = \text{Jackie Chan}, \text{type} = \text{action}, \text{data} = \text{today}] \tag{16.8}$$

然而，假设对话系统并不能完成该推荐任务，则不应该获得奖励。HER 为了使智能体能够获得更密集的奖励，可以根据目前对话中抽取的信息来修改目标的设置。例如，根据到目前为止的对话可以抽取出智能体已经成功推荐了和成龙有关的电影，为动作片，则可以设置一个虚拟目标 G'，表示为

$$G' = [\text{actor} = \text{Jackie Chan}, \text{type} = \text{action}] \tag{16.9}$$

此时，根据当前对话和虚拟目标的设置，智能体能够获得奖励。

▶▶ 16.2.2　多任务对话系统

现有的强化学习算法在解决对话问题中只能针对每个单一的对话任务训练一个对话模型。当任务数目增大时，整个系统的参数量和计算代价都会增加。Chen 等人提出了一种多任务的对

话学习系统，结构如图 16.3 所示。其中，策略包含了多个交互智能体（actor），每个 actor 由图神经网络构成，包括输入模块、图分析模块和决策模块。每个 actor 负责与单个任务进行交互，并将知识存储在总的经验池中，学习器从经验池中采样进行值函数和策略学习。

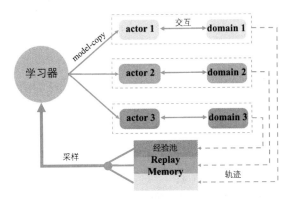

● 图 16.3　多任务对话系统

在策略梯度训练中，原始的 REINFORCE 方法只能使用当前交互得到的样本来训练，而不能重用其他任务的样本。然而，多任务学习中需要使用多任务的经验池来存储所有任务的信息，并从中采样训练，得到一个多任务的策略。具体地讲，本模型中使用了 V-trace 算法。考虑一个对话过程中使用策略 μ 采样得到的轨迹为 $(b_t, a_t, r_t)_{t=k}^{t=k+n}$，包含了 n 个时间步。根据 V-trace 策略梯度法，n-step 的目标值函数表示为

$$v_k \stackrel{\text{def}}{=} V_\beta(b_k) + \sum_{t=k}^{k+n-1} \gamma^{t-k} \left(\prod_{d=k}^{t-1} c_d \right) \delta_k^V \qquad (16.10)$$

其中 $V_\beta(b_k)$ 代表状态值函数，$\delta_k^V \stackrel{\text{def}}{=} \rho_k(r_k + \gamma V_\beta(b_{k+1}) - V_\beta(b_k))$ 代表 TD 误差，$\rho_k \stackrel{\text{def}}{=} \min\left(\bar{\rho}, \dfrac{\pi(a_k \mid b_k)}{\mu(a_k \mid b_k)}\right)$ 和 $c_d \stackrel{\text{def}}{=} \min\left(\bar{c}, \dfrac{\pi(a_d \mid b_d)}{\mu(a_d \mid b_d)}\right)$ 代表经过裁剪的重要性采样权重，连乘项 $\prod_{d=k}^{t-1} c_d$ 衡量了在 t 时间步的 TD 误差 δ_k^V 对之前的第 k 个时间步的影响，裁剪项 $\bar{c}$ 和 $\bar{\rho}$ 对 V-trace 算法有重要的影响。

在训练中，值函数 $V_\beta(\cdot)$ 和策略 $\pi_\theta(\cdot)$ 的参数可以进行更新。由于使用 n-step 的奖励作为学习目标，可以获得更多的奖励信号来加速更新，缺点是需要计算重要性采样权重进行校正。值函数的损失函数为平方误差损失。策略使用策略梯度法进行更新，为了避免策略过早的收敛，在更新中增加了策略的熵进行约束，策略梯度计算方法为

$$\begin{aligned} \nabla_\theta = {} & \lambda_1 \rho_k \nabla_\theta \log \pi_\theta(a_k \mid b_k)(r_k + \gamma v_{k+1} - V_\beta(b_k)) \\ & - \lambda_2 \nabla_\theta \sum_a \pi_\theta(a \mid b_k) \log \pi_\theta(a \mid b_k) \end{aligned} \qquad (16.11)$$

其中 v_{k+1} 是 V-trace 在 b_{k+1} 的学习目标，λ_1 和 λ_2 是超参数权重。

16.3 机器翻译系统

机器翻译任务是指通过输入源语言来将其翻译成目标语言，现有的机器翻译方法多数使用神经机器翻译（Neural Machine Translation，NMT）模型。NMT 是一个使用神经网络的条件生成模型，在生成目标语言的第 t 个词时，使用源语言和已生成的 $t-1$ 个词作为条件，预测第 t 个词。根据有监督的数据集，损失函数为预测的词和真实词之间的交叉熵损失，实际执行的是最大似然估计的思路。近年来 NMT 在不断改进使用的网络结构和评价标准。在网络结构方面，使用大规模 RNN 和 Transformer 网络。在评价标准方面，提出了 BLEU 分数来评价生成语言和标准翻译之间在句子级别的语义相似度。然而，NMT 系统在训练中使用单步的极大似然估计作为损失，而翻译结果最终需要以句子整体的 BLEU 分数来进行评价，二者的标准并不匹配。例如，在句子中换同义词或改变句子结构有时并不影响语义，但是会在逐词翻译中增加损失。强化学习的引入可以用来解决该问题，通过将奖励设计为句子层面的语义目标，能够在语义层面提升翻译的质量。下面首先介绍 NMT 模型的形式化描述，随后介绍将强化学习引入 NMT 的过程。

NMT 模型基于编码器–解码器结构，并在模型中大量使用注意力（attention）机制。由于输入序列较长，注意力机制可以将权重分配在较短的子序列或特定的位置，并在翻译不同位置时移动注意力，从而提升翻译的质量。在 NMT 模型中，输入的源语言表示为 $x=(x_1,x_2,\cdots,x_n)$，句子长度为 n。随后，使用编码器将源语言映射为特征表示 $z=(z_1,z_2,\cdots,z_n)$。在给定 z 后，解码器可以生成目标语言的翻译 $y=(y_1,y_2,\cdots,y_m)$。在翻译中，y 中的元素是逐个生成的。考虑生成第 t 个元素 y_t 的过程，输入包括了源语言 x 以及已经生成的序列 y 中的 t 时间步之前的元素 $y<t=(y_1,\cdots,y_{t-1})$，输出为 y_t 元素的概率。设数据集中存在 N 对源语言和目标语言的样本 $\{x^i,y^i\}_{i=1}^N$，NMT 模型训练的目标函数为最大化极大似然估计（MLE），形式化的表示为

$$
\begin{aligned}
L_{\mathrm{mle}} &= \sum_{i=1}^{n} \log p(y^i \mid x^i) \\
&= \sum_{i=1}^{N} \sum_{t=1}^{m} \log p(y_t^i \mid y_1^i,\cdots,y_{t-1}^i,x^i)
\end{aligned}
\tag{16.12}
$$

其中 m 为句子 y^i 的长度。为了处理预测 y_t^i 时所依赖的长序列 y_1^i，$\cdots$，y_{t-1}^i，x^i，需要高效的编码器和解码器模型，如 RNN 模型、Transformer 模型等。特别的，Transformer 模型使用自注意力机制来计算输入序列的特征表示，注意力的范围可以覆盖较长的输入句子，不需要循环结构。

将强化学习引入 NMT 结构后，可以改变优化的目标，将逐词的极大似然估计变为直接最大化 BLEU 指标。将 NMT 模型看作一个智能体，输入的状态表示为序列 y_1，$\cdots$，y_{t-1}，x，其中 x 使

用编码器进行编码后得到上下文向量 z。智能体采取的动作为从词表中选择某个词作为 y_t 的翻译，策略为整个编码器–解码器模型的参数。奖励的设计与 NMT 的原始目标函数不同，不再给予逐词翻译的奖励。在整条句子翻译结束后，智能体使用 BLEU 分数作为奖励，记为 $R(\hat{y}, y)$，用于评价翻译结果 $\hat{y}$ 和给定标准翻译 y 的语义相似度。

$$L_{rl} = \sum_{i=1}^{N} \mathbb{E}_{\hat{y} \sim p(\hat{y}|x^i)} R(\hat{y}, y^i)$$

$$= \sum_{i=1}^{N} \sum_{\hat{y} \in Y} p(\hat{y} \mid x^i) R(\hat{y}, y^i) \tag{16.13}$$

其中 Y 代表所有可能的翻译句子的空间，该空间由词表来决定，一般比较大。训练使用 REINFORCE 策略梯度法，通过从可行的翻译结果分布 $p(\hat{y} \mid x^i)$ 中采样 $\hat{y}$ 来估计，目标函数表示为最大化

$$\hat{L}_{rl} = \sum_{i=1}^{N} R(\hat{y}^i, y^i), \ \hat{y}^i \sim p(y \mid x^i), \forall i \in [N] \tag{16.14}$$

然而，在使用上述准则来训练强化学习智能体时仍然存在困难。一方面，如何采样 $\hat{y}$ 来计算 BLEU 分数是非常重要的，奖励决定着训练的进程。另一方面，策略梯度在使用中会存在高方差的现象，需要进行处理。

▶▶ 16.3.1　NMT 中奖励的计算

在计算中应当确定如何从解码器 $p(\hat{y} \mid x^i)$ 的分布中采样 $\hat{y}$。解码器对目标语言是逐词预测的，而最终需要产生整条句子。其中关键的问题是，即使在每个时间步根据当前编码器的输出分布采样获得概率最大的词，也不能使整条句子的概率是最大的。一个直接的方法是沿用现有 NMT 模型中集束搜索（beam search）的方法。该方法在每个时间步不仅采样概率最大的词，而是保留 K 个概率最大的词，随后进入下一个时间步。在下一个时间步中，对上一个时间步保留的 K 个词分别再采样到当前时间步为止概率最大的 K 个短句，得到共计 K^2 个候选。随后，从 K^2 个候选中选择 K 个整体概率最大候选，继续进行下一步的采样。以此类推，直到整条句子采样结束。另外一种采样方法为玻尔兹曼探索法，在每个时间步根据 $p(\hat{y} \mid x^i)$ 的概率分布进行采样。此时，概率较大的预测结果有较大的概率被选择，而概率较小的预测结果仍有一定的概率被选择，提升了采样的多样性。

此外，NMT 中的奖励是非常稀疏的。由于强化学习使用整条句子的 BLEU 分数来作为奖励，因此只能在整条句子翻译结束后获得奖励，在翻译中的时间步都是无奖励的。奖励的稀疏性增加了训练的困难，在翻译中可以通过设计中间奖励来使智能体能够获得更加密集的奖励。Bahdanau 等人提出将中间时间步的奖励定义为一种信息增益的形式，即

$$r_t(\hat{y}_t, y) = R(\hat{y}_{1\cdots,t}, y) - R(\hat{y}_{1\cdots,t-1}, y) \tag{16.15}$$

代表第 t 个时间步的翻译带来的整体语义相似度的变化。如果 $r_t(\hat{y}_t, y) > 0$，则表明该时间步的翻译改善了整体的语义。

▶▶ 16.3.2 策略梯度方差处理

策略梯度算法在计算时一般具有高方差。特别的，在 NMT 中因为解码器在每个时间步都要进行采样，所以整条句子可能的采样空间将会很大。不同的采样产生的策略梯度方差会比较大，此时会阻碍算法的训练。为了减少策略梯度方差，可以使用 REINFORCE 算法中常用的基线方法来减少方差，将整体奖励减去一个基线，表示为

$$R(\hat{y}, y) - \hat{r}_t \tag{16.16}$$

其中，$\hat{r}_t$ 为当前时间步之间的平均奖励。此时，如果奖励 $R(\hat{y}, y) > \hat{r}_t$，则策略梯度大于 0，表明智能体将鼓励选择现有的采样动作；而如果 $R(\hat{y}, y) < \hat{r}_t$，则策略梯度将会小于 0，此时会降低选择该动作的概率。

此外，由于强化学习中存在稀疏奖励问题和梯度不稳定问题，故而可以引入原始的极大似然估计损失和强化学习损失共同训练，损失表示为

$$L_{com} = \alpha \times L_{mle} + (1-\alpha) \times \hat{L}_{rl} \tag{16.17}$$

其中，α 为一个超参数。MLE 损失可以在每个时间步产生梯度，但损失不等价于最终的 BLEU 评价。RL 的奖励是稀疏的，但学习目标是语义层面的相似度。二者共同训练可以结合两种损失的优势，获得更好的效果。

第17章

▶▶▶▶▶▶▶

强化学习在其他领域中的应用

17.1　医疗健康系统

强化学习可以用于复杂的医疗健康诊断和治疗中。医用或临床治疗体系可以看作由一系列决策组成，例如根据患者的情况和既往治疗方案给出当前的治疗类型、药物剂量、复查时间等。由于人体的生物系统非常复杂，难以进行有效建模。强化学习算法通过与环境交互进行学习，不需要复杂的医学环境的转移信息。同时，患者的身体反应相对于治疗效果是延后的，强化学习有多种方法可以用来解决稀疏、延迟奖励的问题，从而最大化治疗的长期效果。使用强化学习算法通过与患者的交互学习，可以根据患者的身体特性来获得具有个体差异的治疗方案，从而实现对个体患者的精确治疗。

▶▶ 17.1.1　动态治疗方案

动态治疗方案（DTR）根据患者的健康状况和治疗史来决定每个时间采取的动作，状态表示为患者的临床观察和评估，动作表示为每个阶段的治疗选项。强化学习算法将治疗作为一个序贯决策过程，在每个时间对每位患者实施最佳的治疗方案，从而实现个性化。算法不依赖于现有的生物学或数学模型，通过改变治疗方案来获得长期的改善效果。同时，通过临床医生来设置奖励函数，能够实现治疗效果和副作用之间的权衡。强化学习在 DTR 中有两个较为成功的应用领域，分别为慢性病和重症监护。

慢性病是导致患者死亡的重要因素，是一项紧迫的公共卫生问题。慢性病通常持续三个月或者更长的时间，需要持续的临床观察和医疗护理。广泛流行的慢性病包括内分泌疾病（如糖尿病和甲亢）、心血管疾病（如心脏病和高血压）、精神疾病（如抑郁症和精神分裂症）、癌症、肥胖等。在这些疾病的治疗中，往往需要在很长一段时间内进行一系列的医疗干预，同时需要考虑患者不断变化的健康情况、治疗情况、不良反应等。通常，由于持续治疗时间长，剂量和患者的反应之间的关系非常复杂，在临床上多数凭借医生的经验进行治疗。使用强化学习算法能在学习中自动生成最佳的 DTR，从而辅助临床上对慢性病的治疗。

在癌症化疗治疗中，Zhao 等人将无模型的 Q 学习方法来用于化疗药物剂量的决策。利用常微分方程（ODE）来构建化疗的数学模型，从而产生来自肿瘤生长模式的虚拟临床试验数据。随后，使用离线强化学习的方法从生成的数据中学习最优策略。Padman 等人在 Q 学习的基础上提出了不同的奖励函数公式，为具有不同特征的患者群体生成不同的药物剂量决策。放射治疗问题可以表示为一个多目标学习问题，即用放射消除肿瘤的同时尽可能不损伤正常细胞。Jala 等人提出了一种多目标分布式 Q 学习算法来寻找计算放疗剂量的帕累托最优解。具体地讲，使用多个智能体来分别学习不同的解决方案，每个解决方案对消除癌细胞或关注正常细胞给予不同程度的权重，从而模拟三种不同的临床行为：侵略性、保守性或温和性。Tseng 等人提出了多组件深度强化学习框架用来指定自适应的放疗策略，同时解决了临床数据不足的问题，具体包含三个部分：生成对抗网络（GAN）、状态转移网络和深度 Q 网络。GAN 用于从历史小规模临床真实数据中生成患者数据，通过优化 GAN 的损失函数可以最小化生成数据和真实数据之间的差异，从而扩大临床数据的规模。状态转移网络从真实的数据中学习状态转移，随后根据 GAN 生成的数据和动作对下一个状态进行预测。在增广后的转移样本上，训练 Q 网络将状态映射到采取的剂量动作，通过优化未来的放疗结果来训练。该框架在 114 名接受放射治疗患者的历史治疗数据集中进行了评估，结果表明深度强化学习框架能够学习到有效剂量适应策略，符合临床医生使用的原始剂量范围。此外，癌症治疗对现有的强化学习方法提出了挑战。首先，由于各种不受控制的原因（例如患者生存时间），患者可能随时退出治疗，导致无法观察到最终的治疗结果。其次，在癌症治疗中，每一时期治疗开始时间取决于疾病的进展，治疗阶段的数量可以是较为灵活的。例如，癌症患者通常接受 1~3 期的治疗，而 2 期和 3 期治疗的必要性和时机因人而异。在这种个性化的场景中计算最佳的 DTR 是具有挑战性的，需要深度挖掘患者自身的特征。

糖尿病是一种慢性病。统计结果显示，2017 年有 4.51 亿人患有糖尿病。预计到 2045 年，成人糖尿病总人数将增至近 7 亿，占成年人口的 9.9%，确保糖尿病患者能够接受有效的治疗变得非常重要。胰岛素广泛用于糖尿病患者的血糖控制，如何控制胰岛素的用法和用量是在治疗糖尿病中的重要的序列决策问题。传统方法使用连续血糖监测和闭环控制器来计算和管理胰岛素的用量。后来有方法通过引入传统控制策略，如模型预测控制和模糊逻辑等，对胰岛素的用法用量进行长期的规划。然而，这些方法需要建立葡萄糖-胰岛素的动力学模型。在治疗中，由于患者生理结构的复杂性，以及运动、饮食、压力等因素的干扰，构建此类模型存在一定的困难。强化学习通过无模型的学习方法能够通过在患者治疗过程中的交互学习来得到策略，而不依赖于显式的葡萄糖-胰岛素动力学模型。Yasini 等人通过无模型的强化学习成功将患者的日常血糖维持在 80mg/dl 左右。在此基础上，Daskalaki 等人将动力学模型和强化学习方法进行结合，通过学习动力学模型来产生样本，使用 actor-critic 方法和动力学模型进行交互。学习到的策略在 10 名成人的 12 天用餐场景中进行评估，结果表明该方法可以很好地进行血糖调控。使用基于模型的方法时，葡萄糖-胰岛素动力学系统通过神经网络来进行直接建模的误差往往较大，此时需要依靠一些已有的数学模型来进行较为精确的建模，包括 Palumbo 数学模型、Bergman 的最小胰岛素-葡萄糖动力学模型、Hovorka 模型等。

贫血是慢性肾功能衰竭的常见并发症，90% 的中末期肾病患者在接受血液透析时都会发生贫血。由于不能充分产生内源性促红细胞生成素（EPO）和红细胞，贫血会对器官功能产生重大影响，如心脏病甚至死亡。现有的治疗方案中，服用红细胞生成刺激剂（ESA）可以成功治疗贫血，将血红蛋白（HGB）水平维持在 $11 \sim 12g/dl$ 的范围内。为了实现这一目标，专业临床医生必须进行 ESA 给药的控制。然而，这是一个劳动密集的工作，需要评估每月的 HGB 水平和铁水平，并进行相应的调整。然而，由于现有的贫血管理方案不能解释患者反应中的个体间和个体内差异性，一些患者的 HGB 水平通常会存在波动，导致存在风险和副作用。Gaweda 等人首次提出使用强化学习进行肾性贫血的个体化治疗，学习的目标是控制血红蛋白的范围，策略输出需要服用的 EPO 量。状态包括了人体的生化指标，例如转铁蛋白饱和度可以确定患者体内的铁储量，与红细胞的生成过程直接相关，同时血红蛋白浓度也是状态的一部分。研究使用肾病科的 186 名血液透析患者的真实记录来构建剂量-反应关系模型，作为强化学习的环境模型。根据 Dyna 算法的思路，通过构建的环境模型来生成轨迹，使用 Q 学习方法对生成的样本进行值函数学习。当模型较为准确时，也可以使用基于模型的预测方法来产生动作的规划。结果表明，强化学习方法可以提供有效的贫血治疗方案。

▶▶ 17.1.2　重症监护

重症监护病房（ICU）通过对患者进行集中监测来护理病情较重或受伤的患者，以改善治疗效果。ICU 在医疗健康领域发挥重要的作用，ICU 病房的数量比例将从现有的 3%~5% 逐步增加至 20%。ICU 干预措施包含多个方面，如镇静、营养、输血、血管活性药物治疗、血流动力学终点、血糖控制和通气等，需要制定清晰的指南和标准化治疗方案，需要有效的证据分析和对照试验。通过 ICU 病房的检测数据，可以生成多样化的 ICU 数据记录，包括文本临床记录、图像、生理波形和生命体征时间序列等，这意味着机器学习方法可以根据这些数据来进行学习。然而，重症监护数据往往结构复杂，同时存在偏差和不完整性，这些都给机器学习方法带来了挑战。强化学习方法通过从已有的 ICU 数据中进行学习，能够帮助医生制定一定的治疗策略。例如，强化学习已经用于对败血症治疗中的决策问题。

　　败血症是一种可以危及生命的急性器官衰竭的感染，是重症监护中死亡和相关医疗费用支出的主要原因。在过去 20 年中，尽管许多国际组织投入了大量精力来为败血症的治疗提供一般性指导，但临床医生仍然缺乏普遍的治疗决策支持。随着从可免费访问的重症监护数据库（例如重症监护中的多参数智能监测 MIMIC）中获得可用数据，近年来有许多研究将强化学习技术应用于为患者推导最佳治疗策略上。静脉注射（IV）和最大加压素（VP）是治疗中的关键方法。Komorowski 等人在离散化的状态和动作空间中使用了基于策略的 SARSA 算法和基于模型的策略迭代方法。Raghu 等人研究了完全连续的状态和动作空间，其中的策略直接从采集的生理数据中学习，使用模型 Dueling DQN 进行训练。同时，该算法使用了优先经验回放计数来提升样本利用效率。结果表明，该方法可以生成具有解释性的策略，从而有效地改善患者预后，将医院患者死亡率降低 1.8%～3.6%。此外，在连续动作空间下，研究人员提出了使用 REINFORCE 策略梯度法和 PPO 策略梯度法来优化治疗策略。进而，Li 等人提出了基于不完全观测的强化学习算法，考虑了治疗中不完整的历史信息。Peng 等人提出了专家混合框架，可以在治疗中根据一定的准则来切换使用专家指导和强化学习算法。结果表明，相比于单独使用专家信息和策略信息，该混合框架能够获得更好的学习效果。

▶▶ 17.1.3　自动医疗诊断

　　医学诊断学习从患者的信息（例如治疗史、当前体征和症状）到疾病的映射过程，是一项复杂的任务。医学诊断通常需要对临床情况进行充分的医学调查，这给临床医生从复杂多样的临床报告中吸收有价值的信息带来了巨大的负担。根据统计数据，由误诊导致的死亡人数占医院死亡人数的 10% 和医院不良事件的 17%。如何有效地协助临床医生做出更好、更有效的决策是一项迫切的需求，需要先进的大数据分析技术的推动。强化学习可以用于医疗诊断中，从结构化的医疗数据中学习策略。

　　医学领域的结构化数据一般指 CT 图像、核磁图像等。强化学习在结构化医疗数据中的应用包括了特征提取、图像配准、分割、检测、定位、跟踪等任务。以配准任务为例，由于不同图像采集所使用的设备、角度、姿态不同，需要在分析时对图像中的人体结构位置进行配准，例如将同一个部位的 CT 图像变换移动到与核磁图像的相同位置。配准又分为刚性配准和柔性配准。刚性配准的变化是仿射变换，一般通过全图的平移、旋转、放缩等操作就可以对齐图像；而柔性配准则是对每一个局部区域都会有一个单独的变换，一般使用向量场或者密集形变场来进行处理。柔性变换也可以认为是光流对齐的一种医学特例，在实现上更具有挑战性。在柔性变换中，可以使用深度学习方法，在将原始图像转换为目标图像的过程中学习形变场矩阵。形变场的学习往往是较为困难的，引入强化学习方法可以进一步地提升性能，其基本思路是，将深度学习中直接的形变场求解转换为一个多步决策的过程，将原始变换转换为多个小的变换，在每次变换中不断地修正结果。存在的挑战是，形变场往往维度较高，而强化学习策略在学习高维度动作时会存在问题。近期有研究人员提出，可以首先学习一个低维的动作向量，再学习一个低维到高维的映射器，从而解决策略难以学习的问题。此外，强化学习在医学图像分割中也有类似的应用。Liu 等人使用策略梯度方法 TRPO 来进行联合手术手势分割和分类，使用各自的评价指标作为奖励函数。Al 等人将基于策略梯度方法应用于 3D 的 CT 图像主动脉瓣标志定位和左心耳种子定位问题中。

17.2 个性化推荐系统

推荐系统需要根据用户的购买历史和用户自身的信息向用户推荐商品。在以往的研究中，推荐系统有两种流行的方法，包括协同过滤法（collaborative filtering）和内容过滤法（content-based filtering）。协同过滤法的原理是利用其他用户或商品的信息来给该用户进行推荐。在用户层面，如果用户 A 和用户 B 的购买历史相似，则可以将用户 B 喜欢的商品推荐给用户 A。在商品层面，如果用户 A 经常购买商品 C，而商品 C 与商品 D 的特征相关度较高，则可以将商品 D 推荐给用户 A。这两种推荐方法分别利用用户层面特征和商品层面特征的相关性进行推荐。内容过滤法的原理是将商品内容的描述和用户画像（包含用户兴趣的结构化表示）进行匹配，内容过滤有一些局限性，例如当内容描述有限或遇到新用户时推荐会存在困难。强化学习的引入可以在一定程度上解决以上问题。

推荐系统可以建模为强化学习过程。在推荐系统的 MDP 中，状态的表示包含用户、商品、上下文等信息，动作代表推荐的商品。常见的状态表示有三种类型：

1）以商品信息作为状态。当商品信息很多时，需要利用用户的浏览历史和查询历史对商品进行筛选，作为状态。

2）以用户特征、商品特征、上下文信息作为状态。用户的特征包括年龄、购买历史等，商品特征包括价格、类别等，上下文信息包括位置、时间、平台等。将这些信息使用神经网络融合之后作为特征表示。

3）在第二类状态的基础上，使用 RNN 对用户的购买历史、推荐历史进行时序的建模，或使用注意力机制提取有效特征，从而达到更好的效果。在状态表示的基础上，策略输出的动作表示为给用户推荐哪些商品。奖励信号反映了推荐系统所推荐商品的好坏，奖励的设计非常重要，可以使用原始的稀疏奖励或人为设计的奖励。根据环境的设定不同，可以将学习算法分为在线学习、离线学习和模拟学习。在线学习中，智能体需要与真实的用户进行交互，学习的成本较高，一般用于评估算法的性能。离线学习的代价最低，通过一个固定的数据集进行学习，其中包含了用户与推荐系统的交互记录和用户对推荐商品的评分。使用离线强化学习算法可以学习到策略，随后可以通过在线系统进行微调。模拟的方法需要根据已有的数据建立用户模型，随后使用推荐系统与用户进行交互训练，在构建系统时需要一定的代价。

▶▶ 17.2.1 策略优化方法

推荐系统中广泛使用基于值函数的方法。当动作空间较小时，可以使用深度 Q 学习方法，输出不同推荐动作的值函数。在使用商品信息作为状态时，推荐系统要同时考虑用户的正向和负向的商品反馈，表示为 $s = \{s_+, s_-\}$。其中，正向反馈表示在历史的 t 个时间步内用户购买或点击的商品，记为 $s_+ = \{i_1, \cdots, i_t\}$；负向反馈表示在历史的 t 个时间步内用户忽略的商品，记为 $s_- = \{j_1, \cdots, j_t\}$。使用神经网络先分别对 s_+ 和 s_- 提取特征，随后将特征融合作为深度 Q 网络的最终特征，损失函数和训练方式与深度 Q 网络一致。可以使用竞争式 Q 网络来分别学习状态值函数和优势函数，从而对不同商品的优势函数做出更准确的估计。此外，深度 Q 学习中广泛使用经验回放机制，一些改进的方法如优先经验回放通过优先训练能使网络产生较大 TD-error 的样本，从而提升性能。推荐系统是高度动态的，由于用户的流动性较强，采样得到轨迹的回报分布有较大的方差。用户行为在不同时间也会表现出差异，很难判别奖励的变化是由于策略的改变还是环境的状态转移发生了变化。为了改善动态环境下的回报估计，解决用户分布变化引起的差异，Chen 等人提出了一种经验池采样的方法，使用分层抽样回放的方法来取代传统的经验回放。在采样中引入了先验的用户分布，并根据先验分布的概率来采样用户相关的样本，显著降低了采样轨迹回报的方差。先验特征考虑了用户的稳定特征，如性别、年龄和地理位置等。

在探索方面，DRN 提出通过扰动当前的策略网络获得一个扰动的网络用于探索，从而产生多样化的推荐结果。具体地讲，在当前 Q 网络的基础上增加一个 ΔW 用于探索，定义为

$$\Delta W = \alpha \cdot \mathrm{rand}(-1, 1) \cdot W \tag{17.1}$$

其中，α 代表扰动系数，W 代表原始 Q 网络参数。此外，其余的强化学习探索方法也在推荐系统中使用，如玻尔兹曼探索、UCB 探索等。GoalRec 算法使用了事后目标回放（HER），将失败的轨迹通过重新标记得到能够产生奖励的成功轨迹，从而加速训练。

策略梯度法如 REINFORCE 等也可以直接用于推荐系统中。然而，REINFORCE 只适用于在线训练的场景，而推荐系统的在线训练代价较大。使用重要性采样可以将策略梯度法扩展至 off-policy 场景中，策略梯度表示为

$$\mathbb{E}_{\tau \sim \beta} \left[\sum_{t=0}^{|\tau|} \frac{\pi_\theta(a_t \mid s_t)}{\beta(a_t \mid s_t)} R_t \nabla_\theta \log \pi_\theta(a_t \mid s_t) \right] \tag{17.2}$$

其中，β 代表离线数据集中产生样本使用的策略分布。训练使用的轨迹从策略 β 产生的分布中进行采样。离策略的强化学习算法如 DDPG，SAC 等也被用于推荐系统。SAC 使用熵约束来鼓励探

索，能够产生多样化的轨迹用于学习。在此基础上，SeqGAN 和 IRecGAN 等方法使用 GAN 构建了用户模型，使用判别器来产生奖励，从而使算法可以在虚拟的环境中进行训练。

通过合理的奖励设计，能够提高对用户推荐商品的成功率，同时可以在长时间内增加用户的黏性。在新闻推荐中，DRN 提出了一种结合用户点击率和用户活跃度的奖励设计方法。其原理是，一个好的推荐系统不仅能够在短时间内提升用户的点击率，还能激发用户的兴趣，鼓励用户与系统进行交互，提升用户的活跃度。具体地讲，DRN 使用了独立的模型来对用户点击率和用户活跃度进行建模。FeedRec 模型通过对短期反馈和延迟反馈进行加权作为最终的奖励。其中，短期反馈包括用户的点击和购买信息，而延迟反馈则包括用户对网页的浏览深度、用户在页面的停留时间等。此外，根据值分布强化学习的思路，Singh 等人在最大化奖励的同时最小化风险。风险表示为在用户群体中表现最差的回报，可使用 CVaR 进行度量。具体方法可参看第 6.4 节。

▶▶ 17.2.2　基于图的对话推荐

推荐系统中一个逐渐兴起的研究分支是对话推荐任务（CRS）。在此类任务中，推荐系统不是根据单次的用户需求进行推荐，而是通过和用户的多轮对话来逐步掌握用户需求。CRS 中的一个代表性算法是对话路径推理（CPR）算法。CPR 根据多轮对话逐步推理用户到商品的推荐路径，从而提升推荐的准确性和可解释性。图 17.1 显示了 CPR 算法在多轮对话中的推荐流程，左侧代表推荐系统和用户的对话，右侧代表根据对话在图中进行寻路的过程。CPR 算法将对话描述成图的形式，图中节点代表了用户、商品、属性，图中的边代表不同的关系。例如，用户-商品的连接代表用户与该商品具有交互的历史，而用户和属性的连接代表用户具有该项属性。CPR

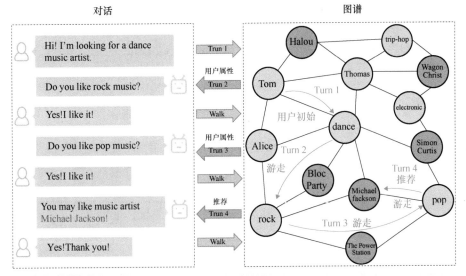

● 图 17.1　多轮对话推荐系统中的对话和图谱（见彩插）

在推荐中，根据用户和推荐系统的对话在图中进行游走。在每个时间步，推荐系统根据当前图中的位置和分支采取策略，给出推荐动作。

以图 17.1 为例，用户 Tom 首先希望得到推荐的音乐人，智能体从节点 Tom 出发，根据用户指定的 Dance 属性开始游走。随后，推荐系统在图上识别相邻属性的节点，产生对话来推荐属性，进一步咨询用户的需求；或者，推荐系统可以根据现在的节点直接给出推荐的商品，则游走结束。如果用户对咨询的属性产生正向的反馈，则智能体根据反馈在图中到达该属性的节点。否则，如果用户拒绝该属性，则智能体将停留在原始节点处，随后推荐系统给出其他的属性推荐。对话将多次重复此循环，直到用户接受推荐的项目。对话推荐可以建模为如图 17.1 所示的交互式路径推理问题，每个步骤由用户反馈决定。智能体在图中的路径可以很好地解释产生推荐的理由。同时，随着图中推荐路径的深入，能够给用户提供更加细粒度的推荐。在每个时间步，由于候选属性作为当前顶点的相邻属性，所以候选属性的搜索空间能够被限制，搜索空间大大减少。在 CPR 的作用下，对话系统和推荐系统自然结合、相互促进。一方面，在图上行走的路径为对话系统提供了自然的对话状态跟踪，可以使对话在逻辑上更加连贯；另一方面，由于能够直接从用户那里获得属性反馈，提供了可以快速删除无效的搜索分支的方法。

在交互式推荐中，每个节点需要决定是继续推荐属性来进行对话，还是直接给出商品推荐从而结束对话。持续推荐属性可以更深入地理解用户需求，从而提升推荐成功的概率；然而，这样会同时增加对话的轮数，提高了推荐的代价。推荐系统的目的可以归纳为以最少的对话轮数给出成功的推荐，CPR 使用强化学习来解决该问题。策略 $\pi(s)$ 的输入包括两个部分：$s=[s_{his},s_{len}]$。其中，s_{his} 代表了对话的历史，s_{len} 代表了候选集合的长度。动作是离散的，用来决定是继续咨询属性还是直接给出推荐。奖励包含以下几个部分：最终推荐结果是否被用户接受（$r_1=\pm1$）；当前的推荐属性是否被用户认同（$r_2=\pm1$）；对话轮数如果达到上界，则给予负的奖励（$r_3=-1$）。训练中三个部分的奖励经过加权求和，使用 actor-critic 方法进行训练。

17.3 股票交易系统

在面对复杂的、动态的金融环境时，通过自动学习得到股票交易策略是非常重要的。具体地讲，交易策略的目标是最大化收益，需要考虑交易中的期望收益和风险。传统的股票交易系统一般分为两步。首先计算股票预期收益和股票价格之间的关系，在固定风险的情况下最大化投资组合的收益；然后根据最佳投资组合配置提取最佳交易策略。然而，如果管理者想要修改在某个时间步做出的决策并加入其他的考虑因素，实施过程会存在很大困难。另一种解决方法是使用动态规划来求解，此类方法仅适用于解决小规模股票交易问题，在股票市场规模较大时存在困难。

近年来，深度强化学习被用于学习股票交易策略。Xiong 等人首先提出将股票交易系统建模为一个马尔科夫决策过程。**状态**表示为 $s = [p, h, b]$，其中 $p \in \mathbb{R}^D_+$ 代表了所考虑的 D 个股票的价格，$h \in \mathbb{Z}^D_+$ 代表当前持有的 D 个股票的数量，$b \in \mathbb{R}_+$ 代表当前剩余的资金。对于每只股票而言，**动作**包括基本的出售、购买、持有等操作，将会分别导致持有股票的减少、增加和不变。**奖励**代表采取动作后投资组合价值的变化，代表所持股票的价值和当前的投资余额。**策略**表示在状态 s 处所采取的动作，也可以表示为一个概率分布。**值函数**表示在状态 s 处执行动作 a 时的值函数。将股票市场当作是强化学习的环境，可以使用交互学习的方法来学习最优策略。Xiong 等人使用深度确定性策略梯度（DDPG）来与环境进行交互学习，得到的策略可以超越传统方法。

▶▶ 17.3.1　FinRL 强化学习框架

考虑到股票交易系统的复杂性，在使用强化学习算法时，一般需要利用现有的框架。此类框架可以在很大程度上简化训练过程，提升学习效率。FinRL⊖ 是一个基于强化学习的股票交易学习环境，由三部分组成：股票市场环境（FinRL Meta）、强化学习算法和应用。每层之间是较为独立的，各层之间使用一定的结构进行联系，如图 17.2 所示。

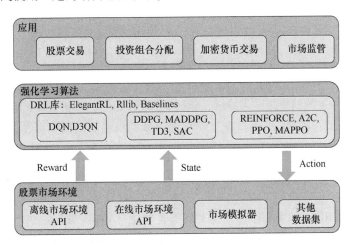

● 图 17.2　FinRL 的结构层次图

在股票交易任务中，FinRL Meta⊖ 首先对市场数据进行预处理，随后构建股票环境。环境返回所有股票价格的变化以及其他市场的特征，智能体根据策略来选择动作，目标为最大化累计回报。通常，强化学习环境具有明确的规则定义和状态转移函数。而股票交易环境则更加复杂，

⊖　https://github.com/AI4Finance-Foundation/FinRL
⊖　https://github.com/AI4Finance-Foundation/FinRL-Meta

FinRL Meta 通过真实的市场数据构建模拟器，使用具有代表性的市场环境，包括纳斯达克 100 指数、道琼斯工业平均指数、标准普尔 500 指数、上证 50 指数、沪深 300 指数和恒生指数，以及用户定义的环境。通过对市场数据的处理，FinRL Meta 使用户可以避免进行烦琐而耗时的数据预处理工作。此外，FinRL Meta 为用户自定义的数据提供了方便的支持，并允许用户调整时间步长的粒度。FinRL Meta 使用数据处理器可以访问数据、清理数据，并从各种数据源中高质量、高效率地提取特征。数据层为模型部署提供了灵活性。FinRL Meta 给出了"训练-测试-交易"的标准流程。深度强化学习智能体首先从训练环境中学习，然后在验证环境中进行验证和调参，最后在历史数据集中进行回测。进行训练和测试后，将策略部署在模拟交易或实时交易市场中。该框架具有许多优势，首先，解决了信息泄露问题，在调整智能体策略时交易数据不会泄露；其次，统一的训练框架可以允许不同算法和策略之间进行公平比较。整体过程如图 17.3 所示。

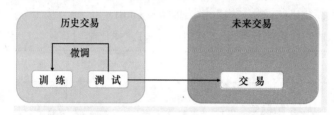

● 图 17.3　FinRL 中的"训练-测试-交易"的标准流程

FinRL 中支持多种主流的强化学习算法，包括 DQN、DDPG、Multi-Agent DDPG、PPO、SAC、A2C 和 TD3 等。特别的，FinRL 库中包含了现有强化学习算法的简洁实现，能够方便地应用到 FinRL 的任务中。同时，根据需求场景的变化，FinRL 可以引入新开发的强化学习算法。

▶▶ 17.3.2　FinRL 训练示例

下面举例介绍 FinRL 的训练流程。首先安装雅虎财经（Yahoo Finance API），Gym 及其他的相应环境。雅虎财经提供了股票数据、财经新闻、财务报告等网站，其数据是免费的。随后引入相关的环境。

```
1   import yfinance as yf
2   from stockstats import Stock Data Frame as Sdf
3
4   import pandas as pd
5   import matplotlib.pyplot as plt
6
7   import gym
8   from stable_baselines import PPO2,DDPG,A2C,ACKTR,TD3
```

```
1    model=model_td3
2    env_test=DummyVecEnv([lambda:Single Stock Env(test)])
3    obs_test=env_test.reset()
4    print("============== Model Predi Ction ===========")
5    for i in range(len(test.index.unique())):
6        action,_states=model.predict(obs_test)
7        obs_test,rewards,dones,info=env_test.step(action)
8        env_test.render()
```

测试后如果满足性能要求，可以将算法用于真实的股票交易环境中进行交易。

```
9   from stable_baselines import DDPG
10  from stable_baselines import A2C
11  from stable_baselines import SAC
12  from stable_baselines.common.vec_env import Dummy VecEnv
13  from stable_baselines.common.policies import Mlp Policy
```

FinRL 使用 YahooDownloader 类来提取数据,并将其保存在 Pandas 中。

```
df=YahooDownloader(start_date='2009-01-01',end_date='
    2020-09-30',ticker_list=config_tickers.DOW_30_TICKER).
    fetch_data()
```

根据雅虎财经提供的接口,可以获取实际交易中的各种信息,如历史股价、当前持股、技术指标等。FinRL 可以计算技术指标,包括移动平均收敛散度(MACD)、相对强弱指数(RSI)、平均方向指数(ADX)、商品通道指数(CCI)和其他各种指标和统计数据。随后使用 FinRL 的 FeatureEngineer 类对数据进行预处理,并提取特征。

```
df=FeatureEngineer(df.copy(),use_technical_indicator=True,
    tech_indicator_list=config.INDICATORS,use_turbulence=True,
    user_defined_feature=False).preprocess_data()
```

根据 FinRL 的自动化流程,可以将股票交易系统抽象为马尔科夫决策过程,通过 EnvSetup 来构建环境。

```
1   env_setup=EnvSetup(stock_dim=stock_dimension,
2                      state_space=state_space,
3                      hmax=100,
4                      initial_amount=1000000,
5                      transaction_cost_pct=0.001,
6                      tech_indicator_list=config.INDICATORS)
7   env_train=env_setup.create_env_training(data=train,env_class
        =Stock Env Train)
```

FinRL 提供了与大多数强化学习环境类似的标准接口,可以从标准库中引入的模型直接用于训练。例如,引入 TD3 算法进行训练:

```
1   env_train=DummyVecEnv([lambda:Single Stock Env(train)])
2   model_td3=TD3('MlpPoliCy',env_train,tensorboard_log="./
        single_stoCk_trading_2_tensorboard/")
3   model_td 3.learn(total_timesteps=100000,tb_log_name=" run_aapl_td3")
```

模型训练结束后可以进行测试。下面假设有 100 000 美元的初始资金,使用 TD3 模型来进行交易: